高等学校土木工程专业"十四五"系列教材

# 建筑结构抗震设计
## （第二版）

张荣兰　陈桂平　主　编
尹红宇　支正东　朱　华　副主编

中国建筑工业出版社

图书在版编目（CIP）数据

建筑结构抗震设计 / 张荣兰，陈桂平主编；尹红宇，支正东，朱华副主编. -- 2版. -- 北京：中国建筑工业出版社，2025.3. --（高等学校土木工程专业"十四五"系列教材）. -- ISBN 978-7-112-31014-2

Ⅰ. TU352.104

中国国家版本馆CIP数据核字第2025HL2706号

本书根据教育部高等学校土木工程专业教学指导分委员会对土木工程专业的培养要求和结构抗震设计课程教学大纲要求，结合《建筑与市政工程抗震通用规范》GB 55002—2021和《建筑抗震设计标准》GB/T 50011—2010等最新规范修订而成。

本书主要内容包括：地震及结构抗震的基本知识；场地、地基和基础；抗震概念设计的基本原则；结构地震反应分析与抗震计算；混凝土结构房屋抗震设计；砌体结构房屋抗震设计；钢结构房屋抗震设计；结构隔震与消能减震设计的基础知识；非结构构件抗震设计。全书在介绍基本概念和基础理论的同时，还辅助以几类工程的抗震设计实例，以便于读者深刻理解基本概念和规范中的设计方法。

本书既可用作土木工程专业及相关专业的教材或教学参考书，也可供土建类专业的技术人员参考。

为了更好地支持教学，我社向采用本书作为教材的教师提供课件，有需要者可与出版社联系，索取方式如下：建工书院 https://edu.cabplink.com，邮箱 jckj@cabp.com.cn，电话（010）58337285。

\* \* \*

责任编辑：仕　帅
责任校对：张惠雯

高等学校土木工程专业"十四五"系列教材
**建筑结构抗震设计（第二版）**
张荣兰　陈桂平　主　编
尹红宇　支正东　朱　华　副主编

\*

中国建筑工业出版社出版、发行（北京海淀三里河路9号）
各地新华书店、建筑书店经销
霸州市顺浩图文科技发展有限公司制版
廊坊市文峰档案印务有限公司印刷

\*

开本：787毫米×1092毫米　1/16　印张：17　字数：421千字
2025年3月第二版　　2025年3月第一次印刷
定价：48.00元（赠教师课件及配套数字资源）
ISBN 978-7-112-31014-2
(42227)

**版权所有　翻印必究**
如有内容及印装质量问题，请与本社读者服务中心联系
电话：(010) 58337283　　QQ：2885381756
（地址：北京海淀三里河路9号中国建筑工业出版社604室　邮政编码：100037）

# 第二版前言

本书根据教育部高等学校土木工程专业教学指导分委员会对土木工程专业的培养要求和结构抗震设计课程教学大纲要求，结合《建筑与市政工程抗震通用规范》GB 55002—2021、《工程结构通用规范》GB 55001—2021、《混凝土结构通用规范》GB 55008—2021、《建筑工程抗震设防分类标准》GB 50223—2008、《建筑抗震设计标准》GB/T 50011—2010（2024年版）（简称《标准》）等最新规范局部修订而成。

与已出版同类代表性教材比较，具有以下改革思路：

（1）《建筑与市政工程抗震通用规范》GB 55002—2021 和《工程结构通用规范》GB 55001—2021 于 2022 年 1 月 1 日实施，《混凝土结构通用规范》GB 55008—2021 于 2022 年 4 月 1 日实施，《建筑工程抗震设防分类标准》GB 50223—2008 于 2021 年 12 月局部修订，《混凝土结构设计规范（2015 年版）》GB 50010—2010 于 2020 年 11 月局部修订，《建筑抗震设计标准》GB/T 50011—2010 于 2024 年 8 月 1 日实施，据此最新规范进行编写。

（2）基于教材，主编建设校级线下一流课程，主编申报校教改重点资助课题——以赛促教的竞赛实践与研究。

（3）教材来源工程实践，具有丰富课程理论、诸多例题，针对知识点配有大量数字资源。

（4）修订教材为产教融合教材。

与出版同类代表性教材比较，主要特色与创新表现在：

（1）结合《建筑与市政工程抗震通用规范》GB 55002—2021、《工程结构通用规范》GB 55001—2021、《混凝土结构通用规范》GB 55008—2021、《建筑工程抗震设防分类标准（2021 局部修订）》GB 50223—2008、《混凝土结构设计标准》GB/T 50010—2010 等国家最新规范进行编写。

（2）全书体现应用型本科教学，针对晦涩难懂的理论，附有诸多例题、习题并有习题解答，配有大量数字资源。

（3）内容全，书中包括抗震设计理论，还包括浅基础和桩基础抗震内容。

（4）具备较丰富的数字资源库。

本书内容全面，可满足各层次学生学习，还可作为注册工程师考试和工程设计人员参考教材。

本书在编写过程中，学习和参考了已出版的大量教材和论著，谨向原编著者致以诚挚的谢意。感谢盐城工学院教材基金资助出版。

本书由盐城工学院土木工程学院张荣兰副教授和盐城市建筑设计研究院有限公司陈桂平正高级工程师担任主编，由盐城工学院土木工程学院尹红宇副教授、支正东副教授、朱华教授担任副主编；具体分工如下：第 1 章、第 4 章、附录由张荣兰编写，第 2 章由陈桂平编写，第 5 章、第 6 章由尹红宇编写，第 7 章由朱华编写，第 3 章、第 8 章、第 9 章由支正东编写。全书由张荣兰负责统稿。

限于时间和水平，书中的疏漏和不妥之处，敬请读者批评指正。

编　者
2024 年 11 月

# 第一版前言

本书根据高等学校土木工程学科专业指导委员会对土木工程专业的培养要求和结构抗震设计课程教学大纲要求，结合《建筑抗震设计规范》GB 50011—2010（2016年版）和《中国地震动参数区划图》GB 18306—2015等国家规范进行编写。

与已出版同类代表性教材比较，具有以下改革思路：

（1）《中国地震动参数区划图》GB 18306—2015于2016年6月1日实施。《建筑抗震设计规范》GB 50011—2010（2016年版）做了修订。

（2）主编发表过"基于OBE模式在建筑结构抗震设计课程中的实践"教研论文，且完成了教育部土木工程专业认证中"建筑结构抗震设计"课程达成度分析，同时熟悉培养计划、课程大纲、应用型学生学什么、需要何种教材、教材内容等。

（3）本书来源工程实践、根据新规范编写所有章节内容，建筑结构抗震设计课程内容包括：课程理论、诸多例题、工程实例抗震图纸、桩基础抗震等。

（4）插图根据新图集《混凝土结构施工图平面整体表示方法制图规则和构造详图（现浇混凝土框架、剪力墙、梁、板）》16G101-1编写。

（5）主编有经验丰富的企业专家。

与已出版同类代表性教材比较，主要特色与创新表现在：

（1）按《建筑抗震设计规范》GB 50011—2010（2016年版）和《中国地震动参数区划图》GB 18306—2015编写。

（2）本书体现应用型本科教学，方便消化和理解理论，附有诸多例题和工程插图。

（3）内容全面，书中还包括浅基础和桩基础抗震内容。

（4）具有较成熟的在线课程建设基础——盐城工学院天空教室，具备较丰富的数字资源库（如教学大纲、电子教案、教学设计、学习目标、重点难点、习题解答、多媒体课件等）。

本书内容全面，可满足各层次学生学习，还可作为注册工程师考试和工程设计人员参考教材。

本书在编写过程中，学习和参考了已出版的大量教材和论著，谨向原编著者致以诚挚的谢意。感谢盐城工学院教材基金资助出版赞助。

本书由盐城工学院土木工程学院张荣兰副教授、盐城市建筑设计研究院有限公司陈桂平高级工程师担任主编，由盐城工学院土木工程学院朱华教授、尹红宇副教授、支正东副教授担任副主编；具体分工如下：第1章、第4章、附录由张荣兰编写，第2章由陈桂平编写，第5章、第6章由尹红宇编写，第7章由朱华编写，第3章、第8章、第9章由支正东编写。全书由张荣兰负责统稿。

限于时间和水平，书中的疏漏和不妥之处，敬请读者批评指正。

编 者
2018年11月

# 目　　录

## 第1章　地震及结构抗震的基本知识 ········································· 1
### 1.1　地震成因与地震类型 ··············································· 2
#### 1.1.1　地球构造 ····················································· 2
#### 1.1.2　地震的发生过程 ··············································· 2
#### 1.1.3　地震的成因与类型 ············································· 3
### 1.2　地震波及其传播 ··················································· 3
#### 1.2.1　体波 ························································· 3
#### 1.2.2　面波 ························································· 4
#### 1.2.3　地震波的主要特性及其在工程中的应用 ··························· 4
### 1.3　地震震级与地震烈度 ··············································· 6
#### 1.3.1　地震震级 ····················································· 6
#### 1.3.2　地震烈度 ····················································· 7
#### 1.3.3　震级与震中烈度的关系 ········································· 9
### 1.4　中国地震的特点与地震灾害 ········································· 9
#### 1.4.1　中国的地震活动与分布 ········································· 9
#### 1.4.2　中国地震活动的主要特点 ······································· 10
#### 1.4.3　中国的地震灾害 ··············································· 11
### 1.5　结构的抗震设防 ··················································· 13
#### 1.5.1　抗震设防类别 ················································· 13
#### 1.5.2　抗震设防标准 ················································· 13
#### 1.5.3　抗震设防的目标 ··············································· 14
#### 1.5.4　抗震设防目标的实现 ··········································· 15
#### 1.5.5　建筑结构抗震设计的基本要求 ··································· 16
### 1.6　抗震例题 ························································· 17
### 思考题与习题 ························································· 18

## 第2章　场地、地基和基础 ················································· 21
### 2.1　工程地质条件对震害的影响 ········································· 22
#### 2.1.1　局部地形条件的影响 ··········································· 22
#### 2.1.2　局部地质构造的影响 ··········································· 22
#### 2.1.3　地下水位的影响 ··············································· 22
### 2.2　场地 ····························································· 22
#### 2.2.1　场地土 ······················································· 22
#### 2.2.2　场地覆盖层厚度 ··············································· 23
#### 2.2.3　土层等效剪切波速 ············································· 24
#### 2.2.4　场地类别 ····················································· 24
### 2.3　地基及基础的抗震验算 ············································· 25

## 目录

  2.3.1 天然地基的抗震能力 ……………………………………………………… 25
  2.3.2 天然地基的抗震验算 ……………………………………………………… 26
 2.4 液化土 …………………………………………………………………………… 27
  2.4.1 地基土的液化现象 ………………………………………………………… 27
  2.4.2 地基土的液化判别 ………………………………………………………… 28
 2.5 地基抗震措施及处理 …………………………………………………………… 32
  2.5.1 可液化地基的抗震措施及处理 …………………………………………… 32
  2.5.2 其他地基的抗震措施及处理 ……………………………………………… 34
 2.6 桩基抗震验算 …………………………………………………………………… 35
  2.6.1 可不进行桩基抗震承载力验算的建筑 …………………………………… 35
  2.6.2 桩基的抗震验算原则 ……………………………………………………… 35
 2.7 抗震例题 ………………………………………………………………………… 36
 思考题与习题 ………………………………………………………………………… 40

### 第3章 抗震概念设计的基本原则 ……………………………………………………… 45
 3.1 概念设计、计算设计和构造设计 ……………………………………………… 46
 3.2 场地与地基 ……………………………………………………………………… 46
 3.3 建筑形体的规则性 ……………………………………………………………… 47
  3.3.1 抗震设计中的建筑形体和布置 …………………………………………… 47
  3.3.2 平面布置 …………………………………………………………………… 48
  3.3.3 竖向布置 …………………………………………………………………… 51
  3.3.4 不规则程度的划分 ………………………………………………………… 54
  3.3.5 防震缝 ……………………………………………………………………… 54
 3.4 抗震结构体系 …………………………………………………………………… 55
  3.4.1 应具有明确的计算简图和合理的地震作用传递途径 …………………… 55
  3.4.2 合理的刚度和承载力分布 ………………………………………………… 56
  3.4.3 多道抗震防线 ……………………………………………………………… 56
  3.4.4 避免竖向承载力与刚度突变 ……………………………………………… 58
  3.4.5 结构构件应注意强度、刚度和延性之间的合理均衡 …………………… 59
  3.4.6 确保结构的整体性，加强构件间的连接 ………………………………… 60
 3.5 结构分析 ………………………………………………………………………… 61
 3.6 结构材料与施工 ………………………………………………………………… 62
 3.7 建筑抗震性能化设计 …………………………………………………………… 63
 3.8 抗震例题 ………………………………………………………………………… 65
 思考题与习题 ………………………………………………………………………… 68

### 第4章 结构地震反应分析与抗震计算 ……………………………………………… 73
 4.1 概述 ……………………………………………………………………………… 74
  4.1.1 结构地震反应 ……………………………………………………………… 74
  4.1.2 地震作用 …………………………………………………………………… 74
  4.1.3 结构动力计算简图及体系自由度 ………………………………………… 74
 4.2 单自由度体系的弹性地震反应分析 …………………………………………… 75
  4.2.1 运动方程 …………………………………………………………………… 75
  4.2.2 运动方程的解 ……………………………………………………………… 76
 4.3 单自由度体系的水平地震作用与反应谱 ……………………………………… 80

4.3.1　水平地震作用的定义 ································································· 80
　　4.3.2　地震反应谱 ··········································································· 80
　　4.3.3　设计反应谱 ··········································································· 81
　　4.3.4　建筑物的重力荷载代表值 ··························································· 90
4.4　多自由度弹性体系的地震反应分析 ··························································· 92
　　4.4.1　多自由度弹性体系的运动方程 ······················································ 92
　　4.4.2　多自由度体系的自由振动 ··························································· 93
　　4.4.3　地震反应分析的振型分解法 ························································ 96
4.5　多自由度弹性体系的最大地震反应与水平地震作用 ······································· 97
　　4.5.1　振型分解反应谱法 ···································································· 98
　　4.5.2　《标准》振型分解反应谱法 ························································· 99
　　4.5.3　楼层最小地震剪力的规定 ··························································· 101
　　4.5.4　底部剪力法 ············································································ 102
　　4.5.5　楼层地震剪力的分配 ································································· 105
　　4.5.6　地基与结构相互作用的考虑 ························································ 105
　　4.5.7　多自由度体系地震反应的时程分析 ················································ 106
4.6　竖向地震作用计算 ················································································ 108
4.7　结构抗震验算 ······················································································ 111
　　4.7.1　结构抗震计算的一般原则 ··························································· 111
　　4.7.2　可不进行截面抗震验算的结构 ······················································ 111
　　4.7.3　截面抗震验算 ········································································· 111
　　4.7.4　抗震变形验算 ········································································· 113
4.8　抗震例题 ··························································································· 116
思考题与习题 ···························································································· 125

## 第5章　混凝土结构房屋抗震设计 ···································································· 133
5.1　抗震设计的一般要求 ············································································· 134
　　5.1.1　抗震等级 ··············································································· 137
　　5.1.2　防震缝 ·················································································· 139
　　5.1.3　设计原则 ··············································································· 139
5.2　框架结构的抗震设计 ············································································· 141
　　5.2.1　框架结构的抗震计算 ································································· 141
　　5.2.2　框架的基本抗震构造措施 ··························································· 152
5.3　抗震墙结构的抗震设计 ·········································································· 157
　　5.3.1　抗震墙结构的抗震计算 ······························································ 157
　　5.3.2　抗震墙结构的基本抗震构造措施 ·················································· 162
5.4　框架-抗震墙结构的抗震设计 ··································································· 165
　　5.4.1　框架-抗震墙结构的抗震性能 ······················································· 165
　　5.4.2　框架-抗震墙结构的抗震设计 ······················································· 166
　　5.4.3　框架-抗震墙结构的构造措施 ······················································· 167
5.5　抗震例题 ··························································································· 167
思考题与习题 ···························································································· 174

## 第6章　砌体结构房屋抗震设计 ······································································ 177
6.1　一般规定 ··························································································· 178

  6.1.1 多层砌体房屋的建筑布置和结构体系要求 ······ 181
  6.1.2 多层房屋的层数和高度要求 ······ 181
  6.1.3 房屋层高要求 ······ 182
  6.1.4 房屋高宽比要求 ······ 182
  6.1.5 房屋抗震横墙的间距 ······ 182
  6.1.6 多层砌体房屋中砌体墙段的局部尺寸限值 ······ 182
  6.1.7 底部框架-抗震墙砌体房屋的结构布置要求 ······ 182
 6.2 多层砌体房屋的抗震验算 ······ 183
  6.2.1 水平地震作用和层间剪力的计算 ······ 184
  6.2.2 楼层水平地震剪力在各抗侧力墙体间的分配 ······ 184
  6.2.3 墙体截面的抗震受剪承载力验算 ······ 186
 6.3 多层砖砌体房屋抗震构造措施 ······ 188
  6.3.1 构造柱设置要求 ······ 188
  6.3.2 构造柱构造要求 ······ 188
  6.3.3 圈梁设置要求 ······ 189
  6.3.4 圈梁构造要求 ······ 190
  6.3.5 多层砖砌体房屋的其他要求 ······ 190
 6.4 多层砌块房屋抗震构造措施 ······ 191
 思考题与习题 ······ 193

## 第7章 钢结构房屋抗震设计 195

 7.1 钢结构房屋的震害 ······ 196
 7.2 高层钢结构房屋抗震设计 ······ 196
  7.2.1 高层钢结构体系 ······ 196
  7.2.2 高层建筑钢结构抗震设计 ······ 199
 7.3 钢构件及其连接的抗震设计 ······ 202
  7.3.1 钢梁的抗震设计 ······ 202
  7.3.2 钢柱的抗震设计 ······ 203
  7.3.3 支撑构件的抗震设计 ······ 203
  7.3.4 梁与柱的连接抗震设计 ······ 206
 思考题与习题 ······ 210

## 第8章 结构隔震与消能减震设计的基础知识 211

 8.1 概述 ······ 212
  8.1.1 结构隔震 ······ 212
  8.1.2 结构消能减震 ······ 212
 8.2 建筑结构的基础隔震 ······ 213
  8.2.1 隔震装置 ······ 214
  8.2.2 隔震房屋的设计原理和设计要求 ······ 215
 8.3 建筑结构的消能减震 ······ 219
  8.3.1 消能减震技术的特点 ······ 219
  8.3.2 消能减震装置 ······ 220
  8.3.3 消能减震建筑工程的设计要点 ······ 223
 8.4 抗震例题 ······ 226
 思考题与习题 ······ 228

## 第9章 非结构构件抗震设计 ............................................. 229
### 9.1 概述 ............................................. 230
### 9.2 抗震计算要点 ............................................. 231
### 9.3 建筑非结构构件的基本抗震措施 ............................................. 234
### 9.4 建筑附属机电设备支架的基本抗震措施 ............................................. 236
### 9.5 考虑附属设备与结构共同工作的简化抗震分析方法 ............................................. 237
#### 9.5.1 计算设备地震反应的时程分析法 ............................................. 237
#### 9.5.2 楼面设备地震反应的实用计算方法 ............................................. 238
### 9.6 抗震设计例题 ............................................. 238
### 思考题与习题 ............................................. 240
## 附录 A 建筑结构抗震设计——小设计 ............................................. 241
## 附录 B 部分思考题与习题答案 ............................................. 249
## 参考文献 ............................................. 261

# 第 1 章

## 地震及结构抗震的基本知识

## 1.1 地震成因与地震类型

地震是一种自然现象。据统计，全世界每年发生的地震次数达500万次，由于绝大多数地震发生在地球深处或者释放的能量较小，所以人们难以感觉到这些地震。人们能感觉到的地震统称为有感地震，占地震总数的1％左右。造成灾害的强烈地震则为数更少，平均每年发生十几次。强烈地震会引起地震区地面剧烈摇晃和颠簸，并会危及人民生命财产安全和造成工程建筑物的破坏。地震还可能引起火灾、水灾、山崩、滑坡以及海啸等其他自然灾害。

### 1.1.1 地球构造

地球是一个近似于球体的椭球体，平均半径约6370km，赤道半径约6378km，两极半径约6357km。从物质成分和构造特征来划分，地球可分为地壳、地幔和地核，如图1-1所示。

地壳是地球外表面的一层很薄的外壳，由各种不均匀的岩石组成。地壳的下界称为莫霍界面，或称莫霍不连续面。地壳的厚度在全球变化很大，大陆内一般厚16～40km，高山地区厚度更大，中国西藏高原及天山地区厚达70km；海洋下面厚度最小，一般为10～15km，最薄的约5km，世界上绝大部分地震都发生在这一层薄薄的地壳内。地壳表面为沉积层，陆地下面主要有花岗岩层和玄武岩层，海洋下面的地壳一般只有玄武岩层。

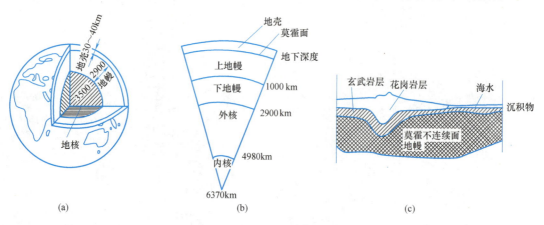

图1-1 地球断面与地壳剖面
(a) 地球断面；(b) 分层结构；(c) 地壳剖面

地壳以下到深度约2895km的古登堡界面为止的部分为地幔，约占地球体积的5/6。地幔由密度较大的黑色橄榄岩等超基性岩石组成，其中上地幔物质结构不均匀，中、下地幔部分是比较均匀的。由于地幔能传播横波（剪切波），所以根据推算，地幔应为固体。

古登堡界面以下直到地心的部分为地核，地核半径约为3500km，又可分为外核和内核。据推测，地核的物质成分主要为镍和铁。由于至今还没有发现有地震横波通过外核，故推断外核处于液态，而内核可能是固态。

### 1.1.2 地震的发生过程

地震是由于地球内某处岩层突然破裂，或因局部岩层塌陷、火山爆发等发生了振动，并以波的形式传到地表引起的地面的颠簸和摇晃。发生地震的地方叫震源。震源是有一定范围的,但地震学里常常把它当作一个点来处理,这是因为地震学考虑的是大范围的问题,震源相对来说很小,可以当作一个点。震源在地表的投影叫震中。震源至地面的垂直距离叫震源深度。通常把震源深度在60km以内的地震叫浅源地震,在60~300km之间的叫中源地震,在300km以上的叫深源地震。

世界上绝大部分地震是浅源地震,震源深度集中在5~20km之间,中源地震比较少,而深源地震更少。我国吉林省东部地区曾发生过深源地震。一般来说,对于同样大小的地震,当震源较浅时,波及范围较小,而破坏程度较大;当震源深度较大时,波及范围则较大,而破坏程度相对较小,深度超过100km的地震在地面上不会引起灾害。

### 1.1.3 地震的成因与类型

地震按成因可分为构造地震、火山地震、塌陷地震等,此外,水库也能诱发地震,核爆炸可能在场地激发地震。

构造地震是由于地应力在某一地区逐渐增加,岩石变形也不断增加,到一定程度,在岩石比较薄弱的地方突然发生断裂错动,部分应变能突然释放,其中一部分能量以波的形式在地层中传播而产生。构造地震发生断裂错动的地方形成的断层,叫发震断层,以区别于其他一些由于地震地面运动而造成的断层。构造地震常常发生在已有的断层上,这是因为这些地方既是应力集中的地方,又是岩石强度低的地方。

由于火山爆发,岩浆猛烈冲击地面而引起的地面震动叫火山地震。火山地震的影响一般比较小,不致引起较大的灾害。

由于地表或地下岩层因某种原因(如较大的地下溶洞的塌陷或古旧矿坑的塌陷等)突然造成大规模陷落和崩塌时导致小范围内的振动叫塌陷地震。塌陷地震造成的危害一般比较小。

一般来说,造成较大灾害的为构造地震,尤以浅源构造地震造成的危害大。因此,从工程抗震角度来说,本书主要是研究占全球地震发生总数约90%的构造地震。

## 1.2 地震波及其传播

地震发生时,震源岩石断裂错动,其能量以波动形式向各方向传播,这种波就是地震波,如图1-2所示。地震波是震源辐射的弹性波,一般分为体波和面波。体波是纵波和横波的总称,包括原生体波和各种折射、反射及其转换波。面波为次生波,一般指勒夫(Love)波和瑞利(Rayleigh)波。下面分别介绍这两种波的主要特性。

### 1.2.1 体波

体波是指通过地球本体内传播的波,它包含纵波与横波两种。

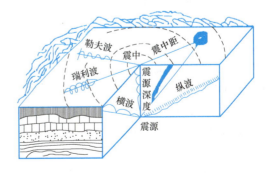

图1-2 地震波

纵波是由震源向外传递的压缩波,质点的振动方向与波的前进方向一致,如图1-3所示,一般表现出周期短、振幅小的特点。

纵波的传播是介质质点间弹性压缩与张拉变形相间出现、周而复始的过程，因此，纵波在固体、液体里都能传播。纵波波速快，在地壳内一般以 $v_P = 500 \sim 600 \text{m/s}$ 的速度传播，能引起地面上下颠簸（竖向振动）。

横波是由震源向外传递的剪切波，质点的振动方向与波的前进方向垂直，如图 1-4 所示，一般表现为周期长、振幅较大的特点。由于横波的传播过程是介质质点不断受剪变形的过程，因此横波只能在固体介质中传播。横波波速慢，在地壳内一般以 $v_s = 300 \sim 400 \text{m/s}$ 的速度传播，能引起地面摇晃（水平振动）。可见，纵波比横波传播速度要快。

一般情况下，纵波传播速度比横波传播速度要快，在仪器观测到的地震记录图上，一般也是纵波先于横波到达。因此，通常也把纵波叫 P 波（Primary wave），把横波叫 S 波（Secondary wave）。

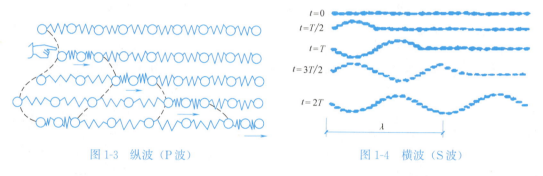

图 1-3　纵波（P 波）　　　　　　图 1-4　横波（S 波）

### 1.2.2　面波

面波是指沿介质表面（或地球地面）及其附近传播的波，又称 L 波，一般可以认为是体波经地层界面多次反射形成的次生波，它包含瑞利波和勒夫波两种。

瑞利波是纵波（P 波）和横波（S 波）在固体层中沿界面传播相互叠加的结果。瑞利波传播时，质点在波的传播方向与地表面法向组成的平面内做逆进椭圆运动，如图 1-5 所示。瑞利波在震中附近并不出现，要离开震中一段距离才会形成，而且其振幅沿径向按指数规律衰减。

勒夫波的形成与波在自由表面的反射和波在两种不同介质界面上的反射、折射有关。勒夫波的传播，类似于蛇行运动，即质点在与波传播方向相垂直的水平方向做剪切型运动，如图 1-6 所示。质点在水平向的振动与波行进方向并合后会产生水平扭转分量，这是勒夫波的一个重要特点。

地震波的传播以纵波最快，横波次之，面波最慢。面波振幅大、周期长，只在地表附近传播，振幅随深度的增加迅速减小，速度约为横波的 90%，面波比体波衰减慢，能传播到很远的地方。所以在地震记录上，纵波最先到达，横波到达较迟，面波在体波之后到达，一般当横波或面波到达时，地面振动最强烈。地震波记录是确定地震发生的时间、震级和震源位置的重要依据，也是研究工程结构物在地震作用下的实际反应的重要资料。

### 1.2.3　地震波的主要特性及其在工程中的应用

由震源释放出来的地震波传到地面后引起地面运动，这种地面运动可以用地面上质点的加速度、速度或位移的时间函数来表示，用地震仪记录到的这些物理量的时程曲线习惯上又称为地震加速度波形、速度波形和位移波形。我国在 2008 年 5 月 12 日汶川地震中记录到的加速度时程曲线，如图 1-7 所示，是我国近年来记录到的最有价值的地震地面运动记录之一。在目前的结构抗震设计中，常用到的则是地震加速度波形，以下就地震加速度波形的一些特性作简单的介绍。

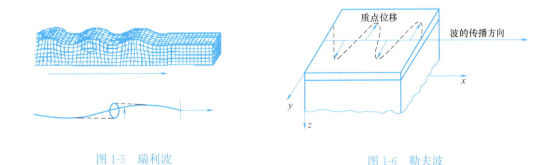

图 1-5　瑞利波　　　　　　　　　图 1-6　勒夫波

**1. 地震加速度波形的最大幅值**

最大幅值是描写地震地面运动强烈程度的最直观的参数，尽管它在描写地震波的特性时还存在一些问题，但它仍然是实际工程中应用最为普遍的分析手段。在抗震设计中对结构进行时程反应分析时，往往要给出输入的最大加速度峰值。在设计用反应谱中，地震影响系数的最大值也与地面运动最大加速度峰值直接相关。

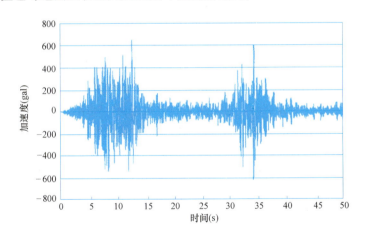

图 1-7　汶川地震中记录到的加速度时程曲线

**2. 地震加速度波形的频谱特性**

对时域的地震加速度波形进行变换，就可以了解这种波形的频谱特性，频谱特性可以用功率谱、反应谱和傅立叶谱来表示。图 1-8 和图 1-9 是根据日本一批强地震记录求得的功率谱，它们处于同一地震、震中距近似相同而地基类型不同，可以从中发现硬土、软土的功率谱成分有很大不同，即软土地基上地震加速度波形中长周期分量比较显著；而硬土地基上地震加速度波形则包含着多种频谱成分，一般情况下，短周期的分量比较显著。利用这一概念，在设计结构物时，人们就可以根据地基土的特性，采取刚柔不同的体系，以减少地震引起结构物共振的可能性，减少地震造成的破坏。

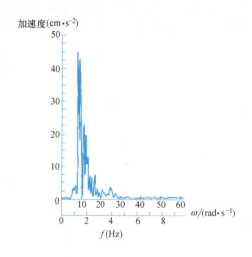

图 1-8　软土地基功率谱示意图　　　　图 1-9　硬土地基功率谱示意图

**3. 地震加速度波形的持续时间**

人们很早就从震害经验中认识到强震持续时间对结构物破坏的重要影响，并且认识到这种影响主要表现在结构物开裂以后的阶段。在地震地面运动的作用下，一个结构物从开裂到全部倒塌一般是有一个过程的，如果结构物在开裂后又遇到了一个加速度峰值很大的地震脉冲并且结构物产生了很大的变形，那么，结构的倒塌与一般的静力试验中的现象比较相似，即倒塌取决于最大变形反应。另一种情况是，结构物从开裂到倒塌，往往要经历几次、几十次甚至几百次的反复振动过程，在某一振动过程中，即使结构最大变形反应没有达到静力试验条件下的最大变形，结构也可能由于长时间的振动和反复变形而发生倒塌破坏。很明显，在结构已发生开裂时，连续振动的时间越长，则结构倒塌的可能性就越大。因此，地震地面运动的持续时间成为人们研究结构物抗倒塌性能的一个重要参数。在抗震设计中对结构物进行非线性时程反应分析时，往往也要给出一个加速度波形的持续时间。

## 1.3　地震震级与地震烈度

### 1.3.1　地震震级

地震震级是表征地震强弱的指标，它是地震的基本参数，也是地震预报和其他有关地震工程学研究中的一个重要参数。地震震级的最早定义由美国的里克特（C. F. Richter）给出，计算震级 $M$ 的公式为：

$$M = \log A \tag{1-1}$$

式中　$A$——地震记录的最大幅值。

里克特规定：地震震级是用标准地震仪（周期 0.8s，阻尼系数 0.8，放大倍率 2800 倍），在震中距 100km 处，以微米为单位的最大水平地动位移（振幅）。例如，在距震中 100km 处地震仪记录的振幅是 100mm，即 $100\,000\mu m$，则 $M = \log A = \log 100\,000 = 5$。

地震是地震释放多少能量的尺度，因此，一次地震只有一个震级。震级和震源释放的能量 $E$ 之间有如下对应关系 $\log E = 1.5M + 11.8$，震级每差一级，地震释放的能量将差 32 倍。

一般来说，小于 2 级的地震人们感觉不到，只有仪器才能记录下来，叫微震；2～4 级地震人就感觉到了，叫有感地震；5 级以上地震就要引起不同程度的破坏，统称为破坏性地震；7 级以上地震则称为强烈地震。震级影响因素包括哪些方面？龙泉山断裂带为什么不会发生 8 级地震？请扫描二维码 1-1 观看。

二维码 1-1

### 1.3.2 地震烈度

地震烈度是地震对地面影响的强烈程度，主要依据宏观的地震影响和破坏现象，如从人们的感觉、物体的反应、房屋建筑物的破坏和地面现象的改观（如地形、地质、水文条件的变化）等方面来判断。因此，地震烈度是表示某一区域范围内地面和各种建筑物受到一次地震影响的平均强弱程度的一个指标。这一指标反映了在一次地震中一定地区内地震动多种因素综合强度的总平均水平，是地震破坏作用大小的一个总评价。地震烈度把地震的强烈程度，从无感到建筑物毁灭及山河改观等划分为若干等级，列成表格，以统一的尺度衡量地震的强烈程度。表 1-1 为 2008 年颁布的中国地震烈度表。

汶川、庐山、长宁、青白江的四张地震烈度图具体情况请扫描二维码 1-2 观看。

二维码 1-2

中国地震烈度表（2008 年）　　　　　　　　表 1-1

| 烈度 | 在地面上人的感觉 | 房屋震害程度 | | 其他震害现象 | 水平向地面运动 | |
|---|---|---|---|---|---|---|
| | | 震害现象 | 平均震害指数 | | 峰值加速度(m/s²) | 峰值速度(m/s) |
| Ⅰ | 无感 | — | — | — | — | — |
| Ⅱ | 室内个别静止中人有感觉 | — | — | — | — | — |
| Ⅲ | 室内少数静止中人有感觉 | 门、窗轻微作响 | — | 悬挂物微动 | — | — |
| Ⅳ | 室内多数人、室外少数人有感觉，少数人梦中惊醒 | 门、窗作响 | — | 悬挂物明显摆动，器皿作响 | — | — |
| Ⅴ | 室内普遍、室外多数人有感觉，多数人梦中惊醒 | 门窗、屋顶颤动作响，灰土掉落，抹灰出现微细裂缝，有檐瓦掉落，个别屋顶烟囱掉砖 | — | 不稳定器物摇动或翻倒 | 0.31 (0.22～0.44) | 0.03 (0.02～0.04) |
| Ⅵ | 多数人站立不稳，少数人惊逃户外 | 损坏墙体出现裂缝，檐瓦掉落，少数屋顶烟囱裂缝、掉落 | 0～0.10 | 河岸和松软土出现裂缝，饱和砂层出现喷砂冒水；有的独立砖烟囱轻度裂缝 | 0.63 (0.45～0.89) | 0.06 (0.05～0.09) |
| Ⅶ | 大多数人惊逃户外，骑自行车的人有感觉，行驶中的汽车驾乘人员有感觉 | 局部破坏，开裂，小修或不需要修理可继续使用 | 0.11～0.3 | 河岸出现坍方；饱和砂层常见喷砂冒水，松软土地上地裂缝较多；大多数独立砖烟囱中等破坏 | 1.25 (0.90～1.77) | 0.13 (0.10～0.18) |
| Ⅷ | 多数人摇晃颠簸，行走困难 | 结构破坏，需要修复才能使用 | 0.31～0.5 | 干硬土上亦出现裂缝；大多数独立砖烟囱严重破坏；树梢折断；房屋破坏导致人畜伤亡 | 2.50 (1.78～3.53) | 0.25 (0.19～0.35) |

续表

| 烈度 | 在地面上人的感觉 | 房屋震害程度 | | 其他震害现象 | 水平向地面运动 | |
|---|---|---|---|---|---|---|
| | | 震害现象 | 平均震害指数 | | 峰值加速度(m/s²) | 峰值速度(m/s) |
| Ⅸ | 行动的人摔倒 | 结构严重破坏,局部倒塌,修复困难 | 0.51~0.7 | 干硬土上出现裂缝;基岩可能出现裂缝、错动;滑坡塌方常见;独立砖烟囱倒塌 | 5.00 (3.54~7.07) | 0.50 (0.36~0.71) |
| Ⅹ | 骑自行车的人会摔倒,处不稳状态的人会摔离原地,有抛起感 | 大多数倒塌 | 0.71~0.9 | 山崩和地震断裂出现;基岩上拱桥破坏;大多数独立砖烟囱从根部破坏或倒毁 | 10.00 (7.08~14.14) | 1.00 (0.72~1.41) |
| Ⅺ | — | 普遍倒塌 | 0.91~1 | 地震断裂延续很长;大量山崩滑坡 | — | — |
| Ⅻ | — | — | — | 地面剧烈变化,山河改观 | — | — |

关于各种烈度划分的说明如下：

（1）Ⅰ～Ⅴ度以人的感觉为主；Ⅵ～Ⅹ度以房屋震害为主,人的感觉仅作参考；Ⅺ度和Ⅻ度以房屋和地表现象为主。

（2）一般房屋包括用木构架,土、石、砖墙构造的旧式房屋和单层或多层的新式砖房。对于质量特别差或特别好的房屋,可根据具体情况,对烈度表所列各烈度的震害程度和震害指数予以提高或降低。

（3）震害指数以"完好"为0,"全毁"为1,中间按轻重分级；平均震害指数为各级震害指数与相应破坏率（%）乘积的总和。

（4）震害程度分类如下：

基本完好——承重和非承重构件完好,或个别非承重构件轻微损坏,不加修理可继续使用,震害指数0~0.1。

轻微破坏——个别承重构件出现可见裂缝,非承重构件有明显裂缝,不需要修理或稍加修理即可继续使用,震害指数0.1~0.3。

中等破坏——多数承重构件出现轻微裂缝,部分有明显裂缝,个别非承重构件破坏严重,需要一般修理后可使用,震害指数0.3~0.55。

严重破坏——多数承重构件破坏较严重,非承重构件局部倒塌,房屋修复困难,震害指数0.55~0.85。

毁坏——多数承重构件严重破坏,房屋结构濒于崩溃或已倒毁,已无修复可能,震害指数0.85~1。

（5）使用时可根据具体情况,做出临时的补充规定。

（6）在农村可以自然村为单位,在城镇可以分区进行烈度的评定,但面积以1km²左右为宜。

(7) 烈度表数量词的含义：个别指 10% 下；少数指 10%～45%；多数指 40%～70%；大多数指 60%～90%；绝大多数指 80% 以上。

国际上目前使用的地震烈度表还有：①修订的麦卡利烈度表（modified mercalli scale，MMS），主要为美国、加拿大和拉丁美洲国家所采用。②MSK 烈度表，由麦德维捷夫、施蓬怀尔和卡尔列克于 1964 年共同提出，主要在欧洲各国使用。③日本七阶烈度表，1949 年由大森房吉提出，适合于日本国情，在日本使用。

### 1.3.3 震级与震中烈度的关系

地震震级和地震烈度是完全不同的两个概念。地震震级近似表示一次地震释放能量的大小，地震烈度则是经受一次地震时一定地区内地震影响强弱程度的总评价。如果把地震比作一次炸弹爆炸，则炸弹的药量就好比震级；炸弹对不同地点的破坏程度就好比是烈度。一次地震只有一个震级，然而烈度则随地而异，有不同的烈度。对于中浅源地震，震级与震中烈度大致关系如表 1-2 所示。

地震震级与震中烈度大致关系　　　　表 1-2

| 地震震级($M$) | 2 | 3 | 4 | 5 | 6 | 7 | 8 | 8 以上 |
|---|---|---|---|---|---|---|---|---|
| 震中烈度($I_0$) | 1～2 | 3 | 4～5 | 6～7 | 7～8 | 9～10 | 11 | 12 |

## 1.4 中国地震的特点与地震灾害

### 1.4.1 中国的地震活动与分布

中国地处世界上两个最活跃的地震带中间，东濒环太平洋地震带，西部和西南部是欧亚地震带所经过的地区，是世界上多地震国家之一。中国台湾大地震最多，新疆、西藏次之，西南、西北、华北和东南沿海地区也是破坏性地震较多的地区。

《中国地震动参数区划图》GB 18306—2015 附录 A 仅给出了我国各县级及县级以上城镇的中心地区（如城关地区）的抗震设防烈度、设计基本地震加速度和所属的设计地震分组。

北京市朝阳区 8 度（0.2g），第二组；天津市和平区 8 度（0.2g），第二组；河北省石家庄市长安区 7 度（0.1g），第二组；山西省太原市古交市 7 度（0.15g），第二组；内蒙古自治区呼和浩特市新城区 8 度（0.2g），第二组；辽宁省沈阳市和平区 7 度（0.1g），第一组；吉林省长春市南关区 7 度（0.1g），第一组；吉林省长春市南关区 7 度（0.1g），第一组；黑龙江省哈尔滨市方正县 8 度（0.2g），第一组；浙江省杭州市上城区 7 度（0.1g），第一组；安徽省合肥市肥东县 7 度（0.1g），第一组；福建省福州市鼓楼区 7 度（0.1g），第三组；江西省南昌市东湖区 6 度（0.05g），第一组；山东省济南市长清区 7 度（0.1g），第三组；河南省郑州市中原区 7 度（0.15g），第二组；湖北省武汉市新洲区 7 度（0.1g），第一组；广东省广州市番禺区 7 度（0.1g），第一组；广西壮族自治区南宁市隆安县 7 度（0.15g），第一组；海南省海口市琼山区 8 度（0.3g），第二组；重庆市黔江区 7 度（0.1g），第一组；四川省成都市都江堰市 8 度（0.2g），第二组；贵州省贵阳市云岩区 6 度（0.05g），第一组；云南省昆明市东川区 9 度（0.4g），第三组；西藏自治区拉萨市当雄县 9 度（0.4g），第三组；陕西省西安市雁塔区 8 度（0.2g），第二组；

甘肃省兰州市城关区 8 度（0.2g），第三组；青海省西宁市城东区 7 度（0.1g），第三组；江苏省南京市六合区 7 度（0.1g），第二组；江苏省无锡市梁溪区 7 度（0.1g），第一组；江苏省徐州市新沂市 8 度（0.2g），第二组；江苏省常州市钟楼区 7 度（0.1g），第一组；江苏省苏州市虎丘区 7 度（0.1g），第一组；江苏省南通市崇川区 7 度（0.1g），第二组；江苏省连云港市连云区 7 度（0.1g），第三组；江苏省淮安市淮阴区 7 度（0.1g），第三组；江苏省盐城市亭湖区 7 度（0.1g），第二组；江苏省扬州市广陵区 7 度（0.15g），第二组；江苏省镇江市京口区 7 度（0.15g），第一组；江苏省泰州市海陵区 7 度（0.1g），第二组；江苏省宿迁市宿豫区 8 度（0.3g），第二组。

其余城市和地区的地震基本烈度、设计基本地震加速度和分组可以从现行《建筑抗震设计标准》GB/T 50011—2010 局部修订中查到。

当在各县级及县级以上城镇中心地区以外的行政区域从事建筑工程建设活动时，应根据工程场址的地理坐标查询《中国地震动参数区划图》GB 18306—2015 的"附录 A（规范性附录）中国地震动峰值加速度区划图"和"附录 B（规范性附录）中国地震动加速度反应谱特征周期区划图"，以确定工程场址的地震动峰值加速度和地震加速度反应谱特征周期，并根据表 1-3 和表 1-4 确定工程场址所在地的抗震设防烈度、设计基本地震加速度和所属的设计地震分组。

抗震设防烈度、设计基本地震加速度和 GB 18306 地震动峰值加速度的对应关系　　表 1-3

| 抗震设防烈度 | 6 | 7 | | 8 | | 9 |
|---|---|---|---|---|---|---|
| 设计基本地震加速度值 | 0.05g | 0.1g | 0.15g | 0.2g | 0.3g | 0.4g |
| GB 18306 地震动峰值加速度 | 0.05g | 0.1g | 0.15g | 0.2g | 0.3g | 0.4g |

注：g 为重力加速度。

设计地震分组与 GB 18306 地震动加速度反应谱特征周期的对应关系　　表 1-4

| 设计地震分组 | 第一组 | 第二组 | 第三组 |
|---|---|---|---|
| GB 18306 地震加速度反应谱特征周期 | 0.35s | 0.40s | 0.45s |

### 1.4.2　中国地震活动的主要特点

1. **分布范围广**

据历史记载，中国的绝大多数省份都曾发生过 6 级以上的地震，地震基本烈度 6 度及其以上地区的面积占全部国土面积的 79%。由于地震活动范围广，震中分散，再加之科学技术上的原因，以致不易捕捉地震发生的具体地点，难以集中采取防御措施。

2. **地震的震源浅、强度大**

中国的地震大部分发生在大陆地区，这些地震绝大多数是震源深度为 20~30km 的浅源地震，对地面建筑物和工程设施的破坏较重。只有东北鸡西、延吉一带及西藏、新疆西部个别地区，发生过震源深度大于 300km 的深源地震。近几十年来，中国发生 7 级以上强震约占全球的 1/10，而地震释放的能量则占全球同期强震释放总能量的 1/5~3/10。

3. **位于地震区的大、中城市多，建筑物抗震能力低**

中国城市中，位于地震区的占 74.5%，其中有一半位于地震基本烈度 7 度及其以上地区；百万以上人口的特大城市，有 85.7% 位于地震区，50 万~100 万人口的大城市和 20 万~50 万人口的中等城市 80% 位于地震区。特别是一些重要城市，如北京、昆明、太原、呼和浩特、拉萨、西安、兰州、乌鲁木齐、银川、海口、台北等，都位于地震基本烈度8度的高烈度地震区。

在20世纪70年代以前，新建工程一般均未考虑抗震设防，因此这些房屋和工程设施一般不能抵抗地震的袭击。城市的大部分老旧房屋，广大农村建筑，土、石结构房屋，南方地区的空斗墙房屋，抗震能力更差。历次地震造成的人民生命财产的损失，主要是由于抗震能力差的房屋和工程设施的破坏造成的。

4. 强震的重演周期长

中国强震的重演周期大多在百年乃至数百年，因此，地震的活动范围和地震烈度很难预测，在中国的一些6度区发生高于或远高于6度强震的许多实例，就充分说明了这一点。在中国人口稠密、城市密集、工业集中的东部地区，自1604年福建泉州8级地震，1668年山东郯城8.5级地震，1679年河北三河、平谷8级地震和1695年山西临汾8级地震之后，在280多年内没有发生8级左右的大震。河北历史上发生过3次7.5级以上的强震，发震时间分别相隔151年和146年。山西历史上发生过7.5级以上强震，发震时间分别相隔791年和392年。山东的郯城和菏泽相隔269年发生强烈地震。由于强震的重演周期长，容易使人们在现实生活中忽视地震灾害的威胁，也容易忘记地震灾害的惨痛教训，因而对抗震设计与研究工作的重要性认识不足，对于地震灾害的突发性准备不够，这样地震时就可能造成较大的灾害。

### 1.4.3 中国的地震灾害

中国是世界上地震灾害最严重的国家之一，地震造成的经济损失巨大，地震造成的房屋破坏和倒塌。地震灾害主要表现在地表破坏、工程建筑物破坏和因地震而引起的各种次生灾害等方面。

1556年华县8.3级地震死亡人数高达83万人，1920年海原8.5级地震死亡人数24万人，1827年古浪8级地震死亡人数4万人，1970年通海7.8级地震死亡人数1.5万人，1976年唐山7.8级地震死亡人数24.2万人，2008年汶川8.0级地震死亡人数9万人。

1. 地表破坏

地震引起的地表破坏一般有地裂缝、喷砂冒水、滑坡塌方等。

地震引起的地裂缝主要有两种：一种是强烈地震时由于地下断层的错动使地面的岩层发生错移形成地面的断裂；另一种是在故河道、河堤岸边、陡坡等土质松软地方产生交错裂缝，大小形状不一，规模也较前一种小。

地震时引起喷砂冒水的现象一般发生在沿海或地下水位较高的地区，地震波的强烈振动使含水层受到挤压，地下水往往从地裂缝或土质松软的地方冒出路面，在有砂层的地方则夹带砂子喷出形成喷砂冒水现象。

地震时引起的滑坡塌方常发生在陡峻的山区，在强烈地震的摇动下，由于陡崖失稳常引起塌方、山体滑移、山石滚落等现象。

2. 建筑物破坏

典型城市震灾如下：

(1) 1999年集集地震中的台北东星大楼，如图1-10所示，12层，87人死亡，震级7.7级，距离震中约150km，7度。

(2) 2016年高雄美浓地震导致台南维冠金龙大楼倒塌，如图1-11所示，16层，115

人死亡，震级 6.6 级，当地加速度记录 148gal，7 度。

地震时各类建筑物的破坏是导致人民生命财产损失的主要原因，也是抗震工作的主要对象，建筑物的地震破坏与建筑物本身的特性密切相关，各类房屋的破坏特征将在以后各章节中介绍，本节仅以建筑物地震破坏等级为标准，从统计的角度介绍各种房屋遭受地震破坏的比例。

图 1-10　集集地震中的台北东星大楼

图 1-11　高雄美浓地震导致台南维冠金龙大楼倒塌

建筑物的地震破坏一般可分为基本完好（含完好）、轻微损坏、中等破坏、严重破坏、倒塌五个等级。其划分标准如下：

（1）基本完好：承重构件完好，个别非承重构件轻微损坏；附属构件有不同程度的破坏。

（2）轻微损坏：个别承重构件轻微裂缝，个别非承重构件明显破坏；附属构件有不同程度的破坏。

（3）中等破坏：多数承重构件轻微裂缝，部分明显裂缝；个别非承重构件严重破坏。

（4）严重破坏：多数承重构件严重破坏或部分倒塌。

（5）倒塌：多数承重构件倒塌。

中国 20 世纪 60 年代以来主要破坏性地震中多层砖房震害的统计结果显示，较大比例的砖房遭到不同程度的破坏，而倒塌的砖房一般在 9 度以上的高烈度区才占有较大比例。

单层钢筋混凝土厂房的震害统计结果显示，一般来说，在 7 度区主体结构基本完好，8 度区有一定数量的主体结构局部损坏，9 度区主体结构破坏较重。

钢筋混凝土框架房屋的抗震性能较好，主要是砖填充墙容易发生破坏，结构中的薄弱层容易发生破坏，柱端及角柱容易发生破坏，框架结构的震害统计资料较少。

3. 次生灾害

在地震工程中一般把地震灾害划分为一次灾害和次生灾害。一次灾害是指地震造成的直接灾害，如建筑物倒塌、地面破坏和工程设施的破坏等。次生灾害是指由一次灾害诱发的，如地震后引起的火灾、水灾、海啸、逸毒、空气污染等灾害。这种由地震引起的间接灾害，有时比地震直接造成的损失还大。由于中国这方面的资料较少，现介绍国外因地震引起的次生灾害造成的损失情况。1906 年美国旧金山大地震后的大火使全城几乎成为一片废墟，毁坏建筑物达 28 000 余幢，地震损失与火灾损失之比为 1∶4。1964 年日本新潟地震，由于护岸破坏，使城市部分地区在相当长的时间里遭受水灾，给震后救灾和恢复生产造成了很大的困难。1970年秘鲁大地震后形成的泥石流，摧毁、淹没了村镇和建筑物，使地形改观，死亡人数达25 000人。1960年智利沿海发生地震后22h，海啸袭击了17 000km以外的日本本州和北海道的太平洋沿岸地区，冲毁了海港、码头和沿岸建筑物。1993年1月日本北海道地震，由于煤气中毒和火灾引起的受伤人员达224人，而地震时直接受伤的人数却没有超过200人。2004年12月的印度尼西亚地震后，引起的海啸造成了更大的人员伤亡和财产损失。2008年5月我国的汶川地震引发的滑坡和泥石流灾害以及堰塞湖，也造成了重大的经济损失和进一步的次生灾害。

## 1.5 结构的抗震设防

### 1.5.1 抗震设防类别

抗震设防类别是根据建筑遭遇地震破坏后，可能造成人员伤亡、直接和间接经济损失、社会影响的程度及其在抗震救灾中的作用等因素，对各类建筑所做的设防类别划分。

1. 建筑抗震设防类别划分的因素

(1) 建筑破坏造成的人员伤亡、直接和间接经济损失及社会影响的大小。

(2) 城镇的大小、行业的特点、工矿企业的规模。

(3) 建筑使用功能失效后，对全局的影响范围大小、抗震救灾影响及恢复的难易程度。

(4) 建筑各区段的重要性有显著不同时，可按区段划分抗震设防类别。下部区段的类别不应低于上部区段。区段指由防震缝分开的结构单元、平面内使用功能不同的部分或上下使用功能不同的部分。

(5) 不同行业的相同建筑，当所处地位及地震破坏所产生的后果和影响不同时，其抗震设防类别可不相同。抗震设防分类标准包括哪些内容？请扫描二维码1-3观看。

2. 建筑工程的四个抗震设防类别

(1) 特殊设防类指使用上有特殊设施，涉及国家公共安全的重大建筑工程和地震时可能发生严重次生灾害等特别重大灾害后果需要进行特殊设防的建筑，简称甲类。

二维码1-3

(2) 重点设防类指地震时使用功能不能中断或需尽快恢复的生命线相关建筑，以及地震时可能导致大量人员伤亡等重大灾害后果，需要提高设防标准的建筑，简称乙类。

(3) 标准设防类指大量的除 (1)、(2)、(4) 款以外按标准要求进行设防的建筑，简称丙类。

(4) 适度设防类指使用上人员稀少且震损不致产生次生灾害，允许在一定条件下适度降低要求的建筑，简称丁类。

### 1.5.2 抗震设防标准

抗震设防标准是指衡量抗震设防要求高低的尺度，由抗震设防烈度或设计地震动参数及建筑抗震设防类别确定。

各抗震设防类别建筑的抗震设防标准，应符合下列要求：

(1) 标准设防类，应按本地区抗震设防烈度确定其抗震措施和地震作用，达到在遭遇高于当地抗震设防烈度的预估罕遇地震影响时不致倒塌或发生危及生命安全的严重破坏的抗震设防目标。但对于划为重点设防类而规模很小的工业建筑，当改用抗震性能较好的材料且符合抗震设计规范对结构体系的要求时，允许按标准设防类设防。

（2）重点设防类，应按高于本地区抗震设防烈度一度的要求加强其抗震措施；但抗震设防烈度为9度时应按比9度更高的要求采取抗震措施；地基基础的抗震措施，应符合有关规定。同时，应按本地区抗震设防烈度确定其地震作用。

（3）特殊设防类，应按高于本地区抗震设防烈度提高一度的要求加强其抗震措施；但抗震设防烈度为9度时应按比9度更高的要求采取抗震措施。同时，应按批准的地震安全性评价的结果且高于本地区抗震设防烈度的要求确定其地震作用。

（4）适度设防类，允许比本地区抗震设防烈度的要求适当降低其抗震措施，但抗震设防烈度为6度时不应降低。一般情况下，仍应按本地区抗震设防烈度确定其地震作用。

地震作用：由地震动引起的结构动态作用，包括水平地震作用和竖向地震作用。

抗震措施：除地震作用计算和抗力计算以外的抗震设计内容，包括抗震构造措施。

抗震构造措施：根据抗震概念设计原则，一般不需计算而对结构和非结构各部分必须采取的各种细部要求。

### 1.5.3 抗震设防的目标

抗震设防烈度为按国家规定的权限批准作为一个地区抗震设防依据的地震烈度。

基本烈度、抗震设防烈度、中震、基本地震动，一般情况下，取50年内超越概率10%的地震烈度。

小震、众值烈度、多遇地震动，指50年超越概率为63.2%的烈度。

大震、罕遇地震动相应于50年超越概率为2%的烈度。

极罕遇地震动相应于年超越概率为$10^{-4}$的地震动。

抗震设防是以现有的科学水平和经济条件为前提的，根据目前世界各国的研究水平和震害经验，在抗震设防目标上，世界各主要国家的设计规范中所体现的准则如下：

美国建筑物抗震设计暂行条例（1978年）中指出，按本条例设计的目标是减少伤亡及提高重要设施在地震时和地震后保持正常使用的能力。

日本修正建筑标准法（1981年）规定，本抗震设计方法的目标是使建筑物几乎没有损伤地抵御在建筑物使用期间可能发生几次中等的地震运动，而在遭遇建筑物使用期间可能发生不大于一次的强烈地震时，不至于倒塌，也不发生人身伤亡。

希腊抗震规范（1978年）中规定，在建筑物的有效使用期间内，在很可能发生的比较强的地震作用下，要避免发生建筑物暂时丧失使用功能或修复费用过高的情况；在极少可能发生的强烈地震作用下，也要保证建筑物不至于倾覆、倒塌或遭到彻底的破坏。

秘鲁抗震设计规范（1977年）指出，遭受轻微地震时建筑物无损害，遭受中等地震时，结构有轻微损坏的可能性，遭受严重地震时，建筑物不大可能倒塌。

中国抗震设计规范（1989年、2001年、2010年）指出，按本规范设计的建筑，当遭受低于本地区抗震设防烈度的多遇地震影响时，主体结构不受损伤或不需修理仍可继续使用；当遭受相当于本地区抗震设防烈度的设防地震影响时，可能发生损坏，但经一般性修理仍可继续使用；当遭受高于本地区抗震设防烈度的罕遇地震影响时，不致倒塌或发生危及生命的严重破坏。

概括地说，中国抗震规范确定的抗震设防要求为"小震不坏，中震（设防烈度）可修，大震不倒"，也就是人们常说的三水准的设防要求，这一设计思想与世界各国公认的抗震设计准则是一致的。我国 2001 年和 2010 年抗震设计规范一直沿用这一抗震设计思想。

多遇地震、设防地震和罕遇地震，一般按地震基本烈度区划或地震动参数区划对当地的规定采用，分别为 50 年超越概率 63.2%、10% 和 2% 的地震，或重现期分别为 50 年、475 年和 1600～2400 年的地震。

基本烈度是抗震设防的依据，小震和大震与基本烈度之间必有一定的关系。根据有关单位对华北、西南、西北 45 个城镇的地震烈度概率分析，基本烈度大体为在设计基准期内超越概率为 10% 的地震烈度（简称为中震），并分别计算出这 45 个城镇在设计基准期内超越概率为 10% 的地震烈度与众值烈度的平均差值为 1.55 度。因此，可以认为，基本烈度与众值烈度差的平均值为 1.55 度。大震烈度比基本烈度高 1 度左右，相当于基本烈度为 6 度、7 度、8 度、9 度的大震烈度分别约为 7 度强、8 度、9 度弱、9 度强。三种烈度关系示意图如图 1-12 所示。

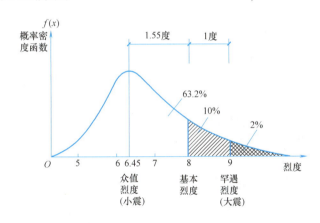

图 1-12　三种烈度关系示意图

### 1.5.4　抗震设防目标的实现

中国抗震设防的目标是根据不同的水准用不同的抗震设计方法和要求来实现的，称为三水准、二阶段抗震设计方法，可具体阐述如下。

1. 第一水准

建筑物在遭受频度较高、强度较低的多遇地震时，一般不损坏也不需修理。结构在弹性阶段工作，可按线弹性理论进行分析，用弹性反应谱求地震作用，按强度要求进行截面设计。

2. 第二水准

建筑物在遭受基本烈度的地震影响时，允许结构部分达到或超过屈服极限，或者结构的部分构件发生裂缝，结构通过塑性变形消耗地震能量，结构的变形和破坏程度发生在可以修复使用的范围之中。本水准的设防要求主要通过概念设计和构造措施来实现。

3. 第三水准

建筑物在遭受预估的罕遇的强烈地震时，不至于发生结构倒塌或危及生命安全的严重破坏，这时，应该按防止倒塌的要求进行抗震设计。对脆性结构，主要从抗震措施上来考虑加强；对延性结构，特别是地震时易倒塌的结构，要进行弹塑性变形验算，使之不超过容许的变形限值。

### 1.5.5　建筑结构抗震设计的基本要求

同一结构单元的基础不宜设置在性质截然不同的地基上；同一结构单元不宜部分采用天然地基、部分采用桩基。当建筑物地基主要受力层范围为软土层时，可采取减小基础偏心、加强基础的整体性和刚性等措施。对于可液化地基，一般应避免采用未经加固处理的可液化土层作为天然地基的持力层，根据液化等级，结合具体情况选用适当的抗震措施。

建筑及其抗侧力结构的平面布置宜规则、对称，并应具有良好的整体性；建筑的立面和竖向剖面宜规则，结构的侧向刚度宜均匀变化，竖向抗侧力构件的截面尺寸和材料强度宜自下而上逐渐减小，避免抗侧力结构的侧向刚度和承载力的突变，楼层不宜错层。地震灾害表明，简单、对称的建筑在地震时不容易破坏。从结构设计的角度来看，简单、对称结构的地震反应也容易估计，抗震构造措施的细部设计也容易处理。当由于建筑物的体型复杂需要设置防震缝时，应将建筑分成规则的结构单元，结构的计算模型应能反映这种实际情况。

抗震结构体系要综合考虑采用经济而合理的类型。对抗震结构体系的要求有：

（1）应具有清晰、合理的地震作用传递途径。

（2）具有多道抗震防线。应具有避免因部分结构或构件破坏而导致整个结构丧失抗震能力或重力荷载的承载能力。

（3）具有必要的刚度、强度和耗能能力。

（4）具有合理的刚度和承载力分布，避免因局部削弱或突变形成薄弱部位，产生过大的应力集中或塑性变形集中。

（5）结构在两个主轴方向的动力特性宜相近。

（6）结构构件应具有足够的延性，避免脆性破坏。

（7）各类构件之间应具有可靠的连接，支撑系统应能保证地震时结构稳定。

要选择符合结构实际受力特性的力学模型，对结构进行内力和变形的抗震计算分析，包括线弹性分析和弹塑性分析。当利用计算机进行结构抗震分析时，应符合下列要求：

（1）计算模型的建立、必要的简化计算与处理，应符合结构的实际工作状况。

（2）计算软件的技术条件应符合现行《建筑抗震设计标准》GB/T 50011—2010（2024年版）（后简称《标准》）及有关技术标准的规定，并应明确其特殊处理的内容和依据。

（3）复杂结构进行多遇地震作用下的内力和变形分析时，应采用不少于两个不同的力学模型和计算软件，并对其计算结果进行分析对比。

（4）所有计算机计算结果，应经分析判断确认其合理、有效后方可用于工程设计。

应考虑非结构构件对抗震结构的不利或有利影响，避免不合理设置而导致主体结构构件的破坏。非结构构件，包括建筑非结构构件和建筑附属机电设备。非结构构件自身及其与结构主体的连接，应进行抗震设计。建筑非结构构件一般指下列几类：①附属结构构件，如女儿墙、高低跨封墙、雨篷等；②装饰物，如贴面、顶棚、悬吊重物等；③围护墙和隔墙。处理好非结构构件和主体结构的关系，可防止附加灾害，减少地震损失。

对材料与施工的要求，包括对结构材料性能指标的最低要求，材料使用方面的特性要求以及对施工程序的要求；主要目的是减少材料的脆性，避免形成新的薄弱部位以及加强结构的整体性等。

上述的基本要求将在本书的后续章节中结合不同的结构体系予以详细说明。很明显，对于不同的结构体系，将有不同的抗震设计要求。

## 1.6 抗震例题

【例 1-1】《标准》的适用范围是（　　）。
（A）抗震设防烈度为 6～9 度地区的建筑抗震设计
（B）抗震设防烈度为 7～9 度地区的建筑抗震设计
（C）抗震设防震级为 6～9 级地区的建筑抗震设计
（D）抗震设防震级为 7～9 级地区的建筑抗震设计

【例 1-2】 按《标准》基本抗震设防目标设计的建筑，当遭受本地区设防烈度的地震影响时，建筑物应处于下列何种状态（　　）。
（A）不受损坏
（B）一般不受损坏或不需修理仍可继续使用
（C）可能损坏，经一般修理或不需修理仍可继续使用
（D）严重损坏，需大修后方可继续使用

【例 1-3】 某建筑物，其抗震设防烈度为 8 度，根据《标准》，"大震不倒"的设防目标是指（　　）。
（A）当遭受 8 度的地震影响时，不致发生危及生命的严重破坏
（B）当遭受 8 度的地震影响时，一般不致倒塌伤人，经修理后仍可继续使用
（C）当遭受高于 8 度的预估的罕遇地震影响时，不致倒塌，经一般修理仍可继续使用
（D）当遭受高于 8 度的预估的罕遇地震影响时，不致倒塌或发生危及生命的严重破坏

【例 1-4】 地震时使用功能不能中断的建筑应划分为（　　）。
（A）甲类　　　　（B）乙类　　　　（C）丙类　　　　（D）丁类

【例 1-5】 抗震设计时，建筑物应根据其重要性分为甲、乙、丙、丁四类。一幢 18 层的普通高层住宅应属于（　　）。
（A）甲类　　　　（B）乙类　　　　（C）丙类　　　　（D）丁类

【例 1-6】 建筑抗震设防为（　　）类建筑时，抗震措施应允许比本地区抗震设防烈度的要求适当降低。
（A）甲、乙　　　（B）丙、丁　　　（C）丙　　　　　（D）丁

【例 1-7】 根据其抗震重要性，某建筑为乙类建筑，设防烈度为 7 度。下列抗震设计标准正确的是（　　）。
（A）按 8 度计算地震作用
（B）按 7 度计算地震作用

(C) 按 7 度计算地震作用，抗震措施按 8 度要求采用

(D) 按 8 度计算地震作用并实施抗震措施

【例 1-8】 某地区的设计基本地震加速度为 $0.10g$，对于此地区丙类建筑的抗震设计，下列说法中正确的是（　　）。

(A) 按 8 度进行抗震设计，按 7 度设防采取抗震措施

(B) 按 7 度进行抗震设计（包括计算和抗震措施）

(C) 按 7 度进行抗震计算，按 8 度设防采取抗震措施

(D) 按 7 度进行抗震计算，抗震措施可适当降低

【例 1-1】～【例 1-8】　答案：ACDBC　DCB。

## 思考题与习题

1. 简述地震分类，通常所说地震属于哪种地震？
2. 何谓纵波、横波和面波？它们分别引起建筑物的哪些震动现象？
3. 震级和烈度有什么区别和联系？
4. 试说明抗震设防的类别及其抗震设防标准。
5. 试说明抗震设防目标及分类。
6. 怎样理解小震、中震与大震？
7. 某丙类建筑所在场地为Ⅰ类，设防烈度为 6 度，其抗震构造措施应按下列（　　）要求处理。

(A) 7 度　　　(B) 5 度　　　(C) 6 度　　　(D) 处于不利地段时，7 度

8. 某乙类多层建筑所在场地为Ⅰ类，抗震设防烈度为 6 度，确定其抗震构造措施，应按下列（　　）要求处理。

(A) 6 度　　　(B) 7 度　　　(C) 8 度　　　(D) 不能确定

9. 某丙类多层建筑所在场地为Ⅰ类，抗震设防烈度为 7 度，确定其抗震构造措施，应按下列（　　）要求处理。

(A) 6 度　　　(B) 7 度　　　(C) 8 度　　　(D) 不能确定

10. 某丙类多层建筑所在场地为Ⅳ类场地，抗震设防烈度为 7 度，设计基本地震加速度为 $0.15g$，其房屋抗震构造措施，应按下列（　　）要求处理。

(A) 6 度　　　(B) 7 度　　　(C) 8 度　　　(D) 9 度

11. A、B 两幢多层建筑：A 为乙类建筑，位于 6 度地震区，场地为Ⅰ类；B 为丙类建筑，于 8 度地震区，场地为Ⅰ类，其抗震设计，应按下列（　　）进行。

(A) A 幢建筑不必作抗震计算，按 6 度采取抗震措施，按 6 度采取抗震构造措施；B 幢建筑按 8 度计算，按 8 度采取抗震措施，按 6 度采取抗震构造措施

(B) A 幢建筑按 6 度计算，按 7 度采取抗震措施，按 6 度采取抗震构造措施；B 幢建筑按 8 度计算，按 8 度采取抗震措施，按 6 度采取抗震构造措施

(C) A 幢建筑不必作抗震计算，按 6 度采取抗震措施，按 6 度采取抗震构造措施；B 幢建筑按 9 度计算，按 9 度采取抗震措施，按 6 度采取抗震构造措施

(D) A 幢建筑不必作抗震计算，按 7 度采取抗震措施，按 7 度采取抗震构造措施；B 幢建筑按 8 度计算，按 8 度采取抗震措施，按 7 度采取抗震构造措施

12. 乙类、丙类高层建筑应进行抗震设计，其地震作用计算按下列（　　）才符合《标准》的规定。

(A) 6 度时不必计算，7～9 度应按本地区设防烈度计算地震作用

(B) 按本地区的设防烈度提高一度计算地震作用

(C) 6 度设防时Ⅰ、Ⅱ类场地上的建筑不必计算，Ⅲ、Ⅳ类场地上的建筑及 7～9 度设防的建筑应按

本地区的设防烈度计算地震作用

（D）所有设防烈度的建筑结构均应计算地震作用

13. 在设防烈度为6～9度地区内的乙类、丙类高层建筑，应进行抗震设计，其地震作用计算按下列（    ）做法才符合《标准》的规定。

（A）各抗震设防的高层建筑结构均应计算地震作用

（B）6度设防时，Ⅰ～Ⅲ类场地上的建筑不必计算，Ⅳ类场地上的较高建筑及7～9度设防的建筑应按本地区设防烈度计算

（C）6度不必计算，7～9度设防的建筑应按本地区设防烈度计算

（D）6度设防对Ⅰ、Ⅱ类场地上的建筑不必计算，Ⅲ类和Ⅳ类场地上建筑及7～9度设防的建筑应按本地区设防烈度计算

# 第 2 章

## 场地、地基和基础

## 2.1 工程地质条件对震害的影响

### 2.1.1 局部地形条件的影响

我国多次地震震害调查结果表明,地震时局部地形条件(如孤突地形)对建筑物的破坏有较大影响。一般来说,当局部地形高差 30～50m 时,震害有明显差异,位于高处的建筑震害加重。如 1920 年宁夏海原 8.5 级地震时,处于渭河谷地的姚庄烈度为 7 度,而 2km 外的牛家山庄因位于高出百米的黄土梁上,烈度则达 9 度。云南通海地震、东川地震,辽宁海城 7.3 级地震等地震调查也发现,位于陡坡或小山包上的建筑物,震害趋于加重,孤立突出的条带状山嘴,震害也明显加重。海城地震时,在大石桥盘龙山高差达 58m 的两个测点的强余震加速度记录表明,孤突地形上的地面最大加速度较山坡脚下的地面加速度平均高出 1.84 倍。

如上所述,孤突的山梁、山包、条状山嘴,高差较大的台地、陡坡及故河道岸边等,均对建筑抗震不利。

### 2.1.2 局部地质构造的影响

局部地质构造主要是指断裂带。断裂带为地质构造的薄弱环节,可将其分为发震断裂带和非发震断裂带。具有潜在地震活动的断裂通常称为发震断裂。与地震活动没有成因联系的一般断裂,在地震作用下不会产生新的错动,称为非发震断裂。多数浅源地震均与发震断裂活动有关。如 1906 年美国旧金山大地震,圣安德烈斯断裂两侧相对错动达 3～6m。地震时,发震断裂附近地表很可能发生新的错动,若建筑物位于其上,将会遭到严重破坏。在选择场地时,应尽量使房屋或工程设施远离断裂带及其破碎带。近年来,对非发震断裂的大量调查研究表明,这类断裂对建筑物的破坏无明显影响,断裂带处烈度也无增高趋势;但在具体进行建筑布置时,不宜将建筑物横跨在断裂带上,以避免可能发生的错动或不均匀沉降带来危害。

### 2.1.3 地下水位的影响

地震时,地下水位对建筑物的危害程度有明显不同。水位越浅震害越重。地下水位深度在 5m 以内时,对震害影响最明显;当地下水位较深时,其影响就很小。对不同类别的地基土,地下水位的影响程度也有所差别。对软弱土层,如粉砂、细砂、淤泥质土等,其影响最大,对黏性土影响其次,对碎石、角砾等影响较小。

综上所述,工程地质条件对震害是有较大影响的,因此,在设计时要按抗震设计的原则和要求选择建筑场地。

## 2.2 场　　地

### 2.2.1 场地土

场地即指建筑物所在地,在平面上大体相当厂区、居民点或自然村的区域范围。场地土则是指在场地范围内的地基土。

选择建筑场地时,应按表 2-1 划分对建筑抗震有利、一般、不利和危险的地段。

有利、一般、不利和危险地段的划分　　　　　　　　　　　　　表 2-1

| 地段类别 | 地质、地形、地貌 |
|---|---|
| 有利地段 | 稳定基岩,坚硬土,开阔、平坦、密实、均匀的中硬土等 |
| 一般地段 | 不属于有利、不利和危险的地段 |
| 不利地段 | 软弱土,液化土,条状突出的山嘴,高耸孤立的山丘,陡坡,陡坎,河岸和边坡的边缘,平面分布上成因、岩性、状态明显不均匀的土层(含故河道、疏松的断层破碎带、暗埋的塘浜沟谷和半填半挖地基),高含水量的可塑黄土,地表存在结构性裂缝等 |
| 危险地段 | 地震时可能发生滑坡、崩塌、地陷、地裂、泥石流等及发震断裂带上可能发生地表错位的部位 |

多次地震的震害表明,即使在同一烈度区内,由于场地土质条件的不同,建筑物的破坏程度也有很大差异。表现在对地面运动的影响上,一般规律是:在同一地震和同一震中距离时,软弱地基与坚硬地基相比,软弱地基地面的自振周期长、振幅大、振动持续时间长、震害也重。其一,表现在对地基稳定和变化的影响上,软弱地基在振动的情况下容易产生不稳定状态和不均匀沉陷,甚至会发生液化、滑动、开裂等严重现象,而硬地基则没有这种危险;其二,表现在改变建筑物的动力特性上,因为地基和上部结构是不可分割的整体,所以,地基土质势必影响结构的整体性能。软弱地基对建筑物有增长周期、改变振型和增大阻尼的作用。国外研究也指出,在厚的软弱土层上建造的高层建筑,其地震反应比在硬土上的反应大 3~4 倍。场地土的类型划分和剪切波速范围如表 2-2 所示。

场地土的类型划分和剪切波速范围　　　　　　　　　　　　　表 2-2

| 土的类型 | 岩土名称和性状 | 土层剪切波速范围(m/s) |
|---|---|---|
| 岩石 | 坚硬、较硬且完整的岩石 | $v_s > 800$ |
| 坚硬土或软质岩石 | 破碎和较破碎的岩石或软和较软的岩石,密实的碎石土 | $800 \geqslant v_s > 500$ |
| 中硬土 | 中密、稍密的碎石土,密实、中密的砾、粗、中砂,$f_{ak} > 150$ 的黏性土和粉土,坚硬黄土 | $500 \geqslant v_s > 250$ |
| 中软土 | 稍密的砾、粗、中砂,除松散外的细、粉砂,$f_{ak} \leqslant 150$ 的黏性土和粉土,$f_{ak} > 130$ 的填土,可塑新黄土 | $250 \geqslant v_s > 150$ |
| 软弱土 | 淤泥和淤泥质土,松散的砂,新近沉积的黏性土和粉土,$f_{ak} \leqslant 130$ 的填土,流塑黄土 | $v_s \leqslant 150$ |

注:$f_{ak}$ 为由载荷试验等方法得到的地基承载力特征值(kPa);$v_s$ 为岩土剪切波速。

此外,震害调查还说明,场地土土层的组成不同对震害的影响也是不同的。如唐山地震时,天津市某区地表下 10m 左右处有低剪切波速的淤泥质粉质黏土夹层,与地质条件大体相同的区域相比,其震害就重得多。

由上所述,场地土的影响主要取决于土的坚硬程度。场地土可根据常规勘探资料,按土的剪切波速分类。土层剪切波速的测量及钻孔数量可按《标准》要求进行。

对丁类建筑及层数不超过 10 层且高度不超过 24m 的丙类建筑,当无实测剪切波速时,可根据岩土名称和性状按表 2-2 划分土的类型,再利用当地经验在表 2-2 的剪切波速范围内估计各土层的剪切波速。

### 2.2.2　场地覆盖层厚度

覆盖层厚度不同所产生的震害差异,很早就引起了人们的注意。一般讲,震害随覆盖层厚度的增加而加重。如1976年唐山地震时，市区西南部基岩深度达500~800mm，房屋倒塌率近100%，而市区东北部大城山一带，则因覆盖土层较薄，多数厂房（如422水泥厂、唐山钢厂、建筑陶瓷厂等）虽然也位于极震区，但房屋倒塌率仅为50%。又如1923年日本关东地震中，房屋的破坏率明显随冲积层厚度的加大而增高。1967年委内瑞拉地震时，也发现同一地区覆盖层厚度不同震害有差异的现象，特别是9~12层房屋在厚的冲填土上破坏率高得多。

覆盖层厚度即从地面至基岩顶面的距离。我国《标准》对建筑场地覆盖层厚度的确定，提出以下要求：

（1）一般情况下，应按地面至剪切波速大于500m/s且其下卧各层岩土的剪切波速均不小于500m/s的土层顶面的距离确定。

（2）当地面5m以下存在剪切波速大于其上部各土层剪切波速2.5倍的土层，且该层及其下卧各层岩土的剪切波速均不小于400m/s时，可按地面至该土层顶面的距离确定。

（3）剪切波速大于500m/s的孤石、透镜体，应视同周围土层。

（4）土层中的火山岩硬夹层，应视为刚体，其厚度应从覆盖土层中扣除。

### 2.2.3 土层等效剪切波速

土层等效剪切波速按下式计算：

$$v_{se} = d_0/t \tag{2-1}$$

$$t = \sum_{i=1}^{n}(d_i/v_{si}) \tag{2-2}$$

式中　$v_{se}$——土层等效剪切波速（m/s）；

　　　$d_0$——计算深度（m），取覆盖层厚度和20m两者的较小值；

　　　$t$——剪切波在地面至计算深度之间的传播时间；

　　　$d_i$——计算深度范围内第 $i$ 土层的厚度（m）；

　　　$v_{si}$——计算深度范围内第 $i$ 土层的剪切波速（m/s）；

　　　$n$——计算深度范围内土层的分层数。

### 2.2.4 场地类别

场地条件对地震的影响已为多次大地震震害现象、理论分析结果和强震观测资料所证实。但是，世界各国对场地类别的划分并不一致，大多按土层一般描述、岩性和厚度、岩性和土力学指标以及地面脉动、波速、标贯值 $N$、地下水位进行划分。

通过总结国内外对场地划分的经验及对震害的总结、理论分析和实际勘察资料，

各类建筑场地的覆盖层厚度（m）　　　　　　　表2-3 (a)

| 岩石的剪切波速$v_s$或土的等效剪切波速(m/s) | 场地类别 | | | | |
|---|---|---|---|---|---|
| | $I_0$ | $I_1$ | II | III | IV |
| $v_{se} > 800$ | 0 | — | — | — | — |
| $800 \geq v_{se} > 500$ | — | 0 | — | — | — |
| $500 \geq v_{se} > 250$ | — | — | <5 | ≥5 | — |
| $250 \geq v_{se} > 150$ | — | — | <3 | 3~50 | >50 |
| $v_{se} \leq 150$ | — | — | <3 | 3~15 | 15~80 | >80 |

注：表中 $v_s$ 系岩石的剪切波速。

工程场地应根据岩石的剪切波速或土层等效剪切波速和场地覆盖层厚度按表 2-3（a）或表 2-3（b）进行分类，或扫描二维码 2-1。

场内存在发震断裂时，应对断裂的工程影响进行评价，并应符合下列要求：

二维码 2-1

1）对符合下列规定之一的情况，可忽略发震断裂错动对地面建筑的影响：

（1）抗震设防烈度小于 8 度；

（2）非全新世活动断裂；

（3）抗震设防烈度为 8 度和 9 度时，隐伏断裂的土层覆盖厚度分别大于 60m 和 90m。

场地类别划分表  表 2-3（b）

| 岩石的剪切波速或土的等效剪切波速(m/s) | 场地覆盖层厚度 $d$ (m) | | | | | |
|---|---|---|---|---|---|---|
| | $d=0$ | $0<d<3$ | $3 \leqslant d<5$ | $5 \leqslant d<15$ | $15 \leqslant d<50$ | $50 \leqslant d<80$ | $d \geqslant 80$ |
| $v_{se}>800$ | $I_0$ | — | | | | | |
| $800 \geqslant v_{se}>500$ | $I_1$ | — | | | | | |
| $500 \geqslant v_{se}>250$ | — | $I_1$ | | II | | | |
| $250 \geqslant v_{se}>150$ | — | $I_1$ | | II | | III | |
| $v_{se} \leqslant 150$ | — | $I_1$ | | II | | III | IV |

2）对不符合本条 1）款规定的情况，应避开主断裂带，其避让距离不宜小于表 2-4 对发震断裂最小避让距离的规定。在避让距离的范围内确有需要建造分散的、低于三层的丙、丁类建筑时，应按提高一度采取抗震措施，并提高基础和上部结构的整体性，且不得跨越断层线。

当需要在条状突出的山嘴、高耸孤立的山丘、非岩石和强风化岩石的陡坡、河岸和边坡边缘等不利地段建造丙类及丙类以上建筑时，除保证其在地震作用下的稳定性外，尚应估计不利地段对设计地震动参数可能产生的放大作用，其水平地震影响系数最大值应乘以增大系数。其值应根据不利地段的具体情况确定，在 1.1～1.6 范围内采用。

发震断裂的最小避让距离（m）  表 2-4

| 烈度 | 建筑抗震设防类别 | | | |
|---|---|---|---|---|
| | 甲 | 乙 | 丙 | 丁 |
| 8 | 专门研究 | 200 | 100 | — |
| 9 | 专门研究 | 400 | 200 | — |

## 2.3 地基及基础的抗震验算

### 2.3.1 天然地基的抗震能力

从我国多次强地震中遭受破坏的建筑来看，在天然地基上只有少数房屋是因地基的原因而导致上部结构的破坏，而且这类地基多为液化地基、易产生震陷的软弱黏性土地基或严重不均匀地基。大量的一般性地基具有较好的抗震性能，极少发现因地基承载力不足而导致的震害。震害调查结果也发现，不仅在坚硬或中硬场地土上，而且大量在中软或软弱场地土上未经抗震设防的建筑，地基和基础一般均能经受包括唐山7.8级这样强烈地震的考验，并未发生地基震害。这可能是由于一般天然地基在静力荷载作用下，具有相当大的安全储备。我国相当一部分地区在房屋设计中所采用的地基承载力是由地基变形值来控制，如按强度控制，则地基承载力的设计值理应可取得再高些，也就是地震作用时有强度富余的原因。另外，在建筑物自重的长期作用下地基产生固结，使承载能力还会有所提高。地震时，尽管地基所受的作用力有所增加，但由于地震作用历时较短，动载下地基动承载力也有所提高。上述这些因素使地基遭受破坏的可能性大为减小。

应该指出，尽管由于地基原因造成的建筑震害仅占建筑破坏总数的一小部分，但砂土液化、软土震陷和不均匀地基沉降等给上部结构带来的破坏仍然不能忽视。因为地基一旦发生破坏，震后修复加固是很困难的，有时甚至是不可能的。因此，应对地基是否可能产生震害进行具体的分析和采取相应的抗震措施。

如上所述，既然大量的一般地基具有较好的抗震性能，按地基静力承载力设计的地基能够满足抗震要求，所以，为了简化和减少抗震设计的工作量，《标准》规定了相当大的一部分建筑物可不进行天然地基及基础的抗震承载力验算，它们是：

1) 《标准》规定可不进行上部结构抗震验算的建筑。
2) 地基主要受力层范围内不存在软弱黏性土层的下列建筑：
   (1) 一般的单层厂房和单层空旷房屋；
   (2) 砌体房屋；
   (3) 不超过8层且高度在24m以下的一般民用框架和框架-抗震墙房屋；
   (4) 基础荷载与（3）项相当的多层框架厂房和多层混凝土抗震墙房屋。

上述规定中软弱黏性土层指7度、8度和9度时，地基承载力特征值分别小于80、100和120kPa的土层。

### 2.3.2 天然地基的抗震验算

进行天然地基基础的抗震验算，首先要确定地震作用下地基土的承载力。地震作用是附加于原有静荷载上的一种动力作用，其性质属于不规则的低频（1～5Hz）有限次数（10～40次）的脉冲作用。地震作用下土的动力强度，一般是在一定静应力的基础上再加上30次左右的循环动荷载使土样达到一定应变值（常取静载的极限应变值）时的总作用应力。国内外研究资料表明，除十分软弱的土之外，地震作用下一般土的动强度皆比静强度高。另外，基于地震作用的偶然性和短暂性以及工程经济性考虑，地基在地震作用下的可靠度应该比静力荷载下有所降低。天然地基基础抗震验算时，应采用地震作用效应标准组合，且地基抗震承载力应取地基承载力特征值乘以地基抗震承载力调整系数 $\xi_a$ 计算。$\xi_a$ 综合考虑了土在动荷载下强度的提高和可靠度指标的降低两个因素而确定。地基抗震承载力按下式确定：

$$f_{aE}=\xi_a f_a \tag{2-3}$$

式中　$f_{aE}$——调整后的地基抗震承载力；

　　　$\xi_a$——地基抗震承载力调整系数，应按表2-5采用；

　　　$f_a$——深宽修正后的地基承载力特征值，应按现行国家标准《建筑地基基础设计规范》GB 50007采用。

## 2.4 液化土

地基抗震承载力调整系数　　　　　　　　　　　　表 2-5

| 岩土名称和性状 | $\xi_a$ |
| --- | --- |
| 岩石，密实的碎石土，密实的砾、粗、中砂，$f_{ak} \geqslant 300\text{kPa}$ 的黏性土和粉土 | 1.5 |
| 中密、稍密的碎石土，中密和稍密的砾、粗、中砂，密实和中密的细、粉砂，$150\text{kPa} \leqslant f_{ak} < 300\text{kPa}$ 的黏性土和粉土，坚硬黄土 | 1.3 |
| 稍密的细、粉砂，$100\text{kPa} \leqslant f_{ak} < 150\text{kPa}$ 的黏性土和粉土，可塑黄土 | 1.1 |
| 淤泥，淤泥质土，松散的砂，杂填土，新近堆积黄土及流塑黄土 | 1.0 |

地基和基础的抗震验算，一般采用的是所谓的"拟静力法"，即假定地震作用如同静力作用，然后验算地基的承载力和稳定性。《标准》规定，验算天然地基地震作用下的竖向承载力时，按地震作用效应标准组合的基础底面平均压力和边缘最大压力应符合下列各式要求：

$$p_k \leqslant f_{aE} \qquad (2-4)$$

$$p_{k\max} \leqslant 1.2 f_{aE} \qquad (2-5)$$

式中　$p_k$——地震作用效应标准组合的基础底面平均压力；

$p_{k\max}$——地震作用效应标准组合的基础边缘的最大压力。

高宽比大于 4 的高层建筑，在地震作用下基础底面不宜出现脱离区（零应力区）；其他建筑，基础底面与地基土之间脱离区（零应力区）面积不应超过基础底面面积的 15%。

## 2.4　液　化　土

### 2.4.1　地基土的液化现象

处于地下水位以下的饱和砂土和粉土在地震时容易发生液化现象。地震引起的强烈地面运动使得饱和砂土或粉土颗粒间发生相对位移，土颗粒结构趋于密实（图 2-1a）。如果土体本身渗透系数较小，当颗粒结构压密时，短时间内孔隙水排泄不出而受到挤压，孔隙水压力将急剧增加。在地震作用的短暂时间内，这种急剧上升的孔隙水压力来不及消散，使原先由土颗粒通过其接触点传递的压力（也称有效压力）小，当有效压力完全消失时，砂土颗粒局部或全部处于悬浮状态（图 2-1b）。此时，土体抗剪强度等于零，形成有如"液体"的现象，即称为"液化"。

液化时因下部土层的水头压力比上部高，所以水向上涌，把土粒带到地面上来，即产生冒水喷砂现象。随着水和土粒不断涌出，孔隙水压力降低至一定程度时，只冒水而不喷土粒。当孔隙水压力进一步消散，冒水终将停止，土的液化过程结束。当砂土和粉土液化时，其强度将完全丧失从而导致地基失效。

《标准》提出：地面下存在饱和砂土和饱和粉土时，除 6 度外，应进行液化判别；存在液化土层的地基，应根据建筑的抗震设防类别、地基的液化等级，结合具体情况采取相应的措施。这里饱和土液化判别要求不含黄土、粉质黏土。

为了减少地基液化的危害，应采取的对策：首先，液化判别的范围为除 6 度设防外存在饱和砂土和饱和粉土的土层；其次，一旦属于液化土，应确定地基的液化等级；最后，

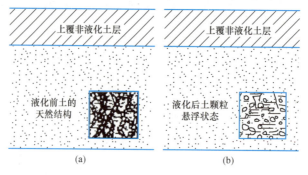

图 2-1 土的液化示意图

根据液化等级和建筑抗震设防分类，选择合适的处理措施，包括地基处理和对上部结构采取加强整体性的相应措施等。

### 2.4.2 地基土的液化判别

《标准》规定：饱和砂土和饱和粉土（不含黄土）的液化判别和地基处理，6 度时，一般情况下可不进行判别和处理，但对液化沉陷敏感的乙类建筑可按 7 度的要求进行判别和处理，7～9 度时，乙类建筑可按本地区抗震设防烈度的要求进行判别和处理。

震害调查结果表明在 6 度区液化对房屋结构所造成的震害比较轻，因此，除对液化沉陷敏感的乙类建筑外，6 度区的一般建筑可不考虑液化影响。当然，6 度的甲类建筑的液化问题也需要专门研究。对其他情况均应考虑液化判别问题。地基土液化类别可扫描二维码 2-2 观看。

1. 二阶段液化判别原则

土层的液化判别是非常复杂的，如图 2-2 所示，《标准》给出一个二阶段判别的方法，即初步判别和标准贯入试验判别。

根据地震液化现场资料的研究，发现地基的液化受多种因素的影响，主要的因素有：

（1）土层的地质年代。地质年代古老的饱和砂土比地质年代较新的不容易液化。

（2）土的组成和密实程度。一般来说，颗粒均匀单一的土比颗粒级配良好的土容易液化；松砂比密砂容易液化；细砂比粗砂容易液化。粉土中黏性颗粒多的要比黏性颗粒少的不容易液化。这是因为随着土的黏聚力增加，土颗粒就越不容易流失。

（3）液化土层的埋深。液化砂土层埋深越大，砂土层上的有效覆盖压力加大，就越不容易液化。

（4）地下水位深度。地下水位高时比地下水位低时容易液化。

（5）地震烈度和持续时间。地震烈度越高，越容易发生液化；地震动持续时间越长，越容易发生液化。所以同等烈度情况下的远震与近震相比较，远震较近震更容易液化。

利用这些关系即可对土层液化进行判别，这属于初步判别。初步判别的作用是排除一大批不会液化的工程，可少做标准贯入试验，达到省时、省钱的目的。凡经初步判别为不液化或不考虑液化影响的就可不进行第二步判别，以节省勘察工作。

当经初步判别还不能排除地基土液化的可能性时，就要采用标准贯入试验作为第二步判别的基本方法。第二步作用是判别液化程度和液化后果，为采取工程上的处理方法提供依据。

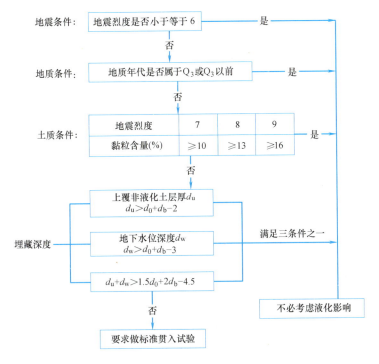

图2-2 液化判别的总框图

2. 初步判别

《标准》给出的初步判别方法,饱和的砂土或粉土(不含黄土),当符合下列条件之一时,可初步判别为不液化或可不考虑液化影响:

(1) 地质年代为第四纪晚更新世($Q_3$)及其以前时,7、8度时可判为不液化。

(2) 粉土的黏粒(粒径小于0.005mm的颗粒)含量百分率,7度、8度和9度分别不小于10、13和16时,可判为不液化土。

注:用于液化判别的黏粒含量系采用六偏磷酸钠作分散剂测定,采用其他方法时应按有关规定换算。

(3) 浅埋天然地基的建筑,当上覆非液化土层厚度和地下水位深度符合下列条件之一时,可不考虑液化影响:

$$d_u > d_0 + d_b - 2 \tag{2-6}$$

$$d_w > d_0 + d_b - 3 \tag{2-7}$$

$$d_u + d_w > 1.5 d_0 + 2 d_b - 4.5 \tag{2-8}$$

式中 $d_w$——地下水位深度(m),宜按设计基准期内年平均最高水位采用,也可按近期内年最高水位采用;

$d_u$——上覆盖非液化土层厚度(m),计算时宜将淤泥和淤泥质土层扣除;

$d_b$——基础埋置深度(m),不超过2m时应采用2m;

$d_0$——液化土特征深度(m),可按表2-6采用。

**液化土特征深度（m）** 表2-6

| 饱和土类别 | 7度 | 8度 | 9度 |
|---|---|---|---|
| 粉土 | 6 | 7 | 8 |
| 砂土 | 7 | 8 | 9 |

注：当区域的地下水位处于变动状态时，应按不利的情况考虑。

1）初判要求之一：工程地质年代属 $Q_3$ 或 $Q_3$ 以前

地质年代的新老，意味着土层沉积时间的长短。较老的沉积土层经过长期的固结作用、历次地震作用以及水化学作用影响，除了使土层密度增大之外，还往往形成一定的胶结紧密结构。因此，地层地质年代越老，则土的固结程度、密实程度和结构性也就越好，抗液化性能则越强。相反年代越新，则抗液化性能越差。

2）初判要求之二：黏粒含量满足初判要求

粉土是黏性土与砂性类土之间的过渡性的土，黏性颗粒的含量多少决定这类土的性质。粉土的黏粒含量超过一定限值时，使土的黏聚力加大，其性质接近黏性土，抗液化性能将大大增强。因此，可根据粉土的黏粒含量的多寡大致判别地基土的液化可能性。

3）初判要求之三：地下水位、覆盖土层满足初判要求

上覆非液化土层厚度是指地震时能抑制可液化土层喷水冒砂的厚度。当覆盖层中夹有软土层，对抑制喷水冒砂作用很小，且其本身在地震中很可能发生软化现象时，该土层应从覆盖层中扣除。覆盖层厚度一般从第一层可液化土层的顶面算至地表。实际震害现场宏观调查表明，砂土和粉土当覆盖层厚度超过其界限值时，未发现土层发生液化现象。

地下水位高低是影响喷水冒砂的一个重要因素，实际震害调查表明，当砂土和粉土的地下水位低于其界限值时，未发现土层发生液化现象。

3. 标准贯入试验判别

《标准》给出的进一步判别方法：当饱和砂土、粉土的初步判别认为需进一步进行液化判别时，应采用标准贯入试验判别法判别地面下 20m 范围内土的液化；但对《标准》规定可不进行天然地基及基础的抗震承载力验算的各类建筑，可只判别地面下 15m 范围内土的液化。当饱和土标准贯入锤击数（未经杆长修正）小于或等于液化判别标准贯入锤击数临界值时，应判为液化土。当有成熟经验时，尚可采用其他判别方法。

在地面下 20m 深度范围内，液化判别标准贯入锤击数临界值可按下式计算：

$$N_{cr}=N_0\beta[\ln(0.6d_s+1.5)-0.1d_w]\sqrt{3/\rho_c} \tag{2-9}$$

式中 $N_{cr}$——液化判别标准贯入锤击数临界值；

$N_0$——液化判别标准贯入锤击数基准值，可按表2-7采用；

$d_s$——饱和土标准贯入点深度（m）；

$d_w$——地下水位（m）；

$\rho_c$——黏粒含量百分率，当小于3或为砂，应采用3；

$\beta$——调整系数，设计地震第一组取 0.80，第二组取 0.95，第三组取 1.05。

凡土层初判为可能液化或需要考虑液化影响时，应采用标准贯入试验进一步确定其是否液化。标准贯入试验设备由标准贯入器、触探杆和重 63.5kg 的穿心锤等部分组成。操作时先将标准贯入器打入到待试验的土层标高处，然后在锤的落距为 76cm 的条件下，打

入土层 30cm，记录下的锤击数即为标贯值。由此可见，当标贯值（锤击数）越大，说明土的密实程度越高，土层就越不容易液化。采用标准贯入试验的判别公式为：

$$N_{63.5} < N_{cr} \tag{2-10}$$

液化判别标准贯入锤击数基准值 $N_0$　　　　　　　　　　　　　表 2-7

| 设计基本地震加速度($g$) | 0.10 | 0.15 | 0.20 | 0.30 | 0.40 |
|---|---|---|---|---|---|
| 液化判别标准贯入锤击数基准值 | 7 | 10 | 12 | 16 | 19 |

当式（2-10）满足时，则应判为可液化土，否则判为不液化土。$N_{63.5}$ 为饱和砂土或饱和粉土中实测标准贯入锤击数（未经杆长修正），$N_{cr}$ 为液化判别标准贯入锤击数的临界值。

标准贯入试验结论的实质是对土的密实程度作出评价，由此间接地评判土层液化的可能性。如果用其他手段也能对土的密实程度作出定量的评价，那么同样也可评判土层液化的可能性。所以《标准》在指定用标准贯入试验作为评判土层液化依据的同时又称："当有成熟经验时，尚可采用其他判别方法。"

从式（2-9）可以看出，当地下水位深度越浅、黏粒含量百分率越小、地震烈度越高、地震加速度越大、地震作用持续时间越长，土层越容易液化，则标准贯入锤击数临界值就越大。反之，当标准贯入锤击数临界值越大，就越容易被判别为液化土层。

**4. 液化指数与液化等级**

采用标准贯入试验，得到的是地表以下土层中若干个高程处的标准贯入值（锤击数），可相应判别该点附近土层的液化可能性，是对地基液化的定性判别，还不能对液化程度及液化危害作定量评价。但建筑场地一般是由多层土组成，其中一些土层被判别为液化，而另一些土层被判别为不液化，这是常常遇见的情况；即使多层土均被判别为液化，由于液化程度不同，对结构造成的破坏程度也存在很大差异，亦应进一步作液化危害性分析，对液化的严重程度作出评价。所以，需要有一个可判定土的液化可能性和危害程度的定量指标。《标准》给出了定量指标。

对存在液化砂土层、粉土层的地基，应探明各液化土层的深度和厚度，按下式计算每个钻孔的液化指数，并按表 2-8 综合划分地基的液化等级：

$$I_{lE} = \sum_{i=1}^{n} \left[ 1 - \frac{N_i}{N_{cri}} \right] d_i W_i \tag{2-11}$$

式中　$I_{lE}$——液化指数；

　　　$n$——在判别深度范围内每一个钻孔标准贯入试验点的总数；

$N_i$、$N_{cri}$——分别为 $i$ 点标准贯入锤击数的实测值和临界值；当实测值大于临界值时，应取临界值；当只需要判别 15m 范围以内的液化时，15m 以下的实测值可按临界值采用；

　　　$d_i$——$i$ 点所代表的土层厚度（m），可采用与该标准贯入试验点相邻的上、下两标准贯入试验点深度差的一半，但上界不高于地下水位深度，下界不深于液化深度；

　　　$W_i$——$i$ 土层单位土层厚度的层位影响权函数值（$m^{-1}$）；当该层中点深度不大于 5m 时应采用 10，当等于 20m 时应采用零值，当在 5～20m 之间时应按线性内插法取值。

**液化等级与液化指数的对应关系** 表 2-8

| 液化等级 | 轻微 | 中等 | 严重 |
| --- | --- | --- | --- |
| 液化指数 $I_{lE}$ | $0 < I_{lE} \leqslant 6$ | $6 < I_{lE} \leqslant 18$ | $I_{lE} > 18$ |

震害调查表明，液化的危害主要在于因土层液化和喷冒现象而引起建筑物的不均匀沉降。在同一地震强度下，可液化土层的厚度越大，埋深越浅，土的密实度越小，实测标准贯入锤击数比液化临界锤击数小得越多，地下水位越高，则液化所造成的沉降量越大，因而对建筑物的危害程度也越大。土层的沉降量与土的密实度有关，而标准贯入锤击数可反映土的密实度，如标准贯入锤击数值越小，其沉降量也越大。为此，引入液化强度比 $F_{lE} = N/N_{cr}$，式中，$N$ 和 $N_{cr}$ 分别为实测标准贯入锤击数和液化判别标准贯入锤击数临界值。液化强度比 $F_{lE}$ 越小，说明实测标准贯入锤击数相对于标准贯入锤击数临界值越小。对于同一标高的土层，当液化强度比 $F_{lE}$ 越小，则 $1 - F_{lE}$ 的值越大，说明单位厚度液化土所产生的液化沉降量的值就越大。若将 $(1 - F_{lE})$ 的值沿土层深度积分，并在积分过程中引入反映层位影响的极函数，其结果能反映整个可液化土层的危害性。如把积分式改为多项式求和的公式，则得《标准》中用于衡量液化场地危害程度的液化指数 $I_{lE}$ 的计算式：

$$I_{lE} = \sum_{i=1}^{n} \left(1 - \frac{N_i}{N_{cri}}\right) d_i W_i = \sum_{i=1}^{n} (1 - F_{lEi}) d_i W_i \quad (2-12)$$

计算对比表明，液化指数 $I_{lE}$ 与液化危害程度之间存在着明显的对应关系。液化指数的大小，从定量上反映了土层液化的可能性大小和液化危害的轻重程度。一般地，液化指数越大，场地的喷水冒砂情况和建筑物的液化震害就越严重，因此可以根据液化指数 $I_{lE}$ 的大小来区分地基的液化危害程度，即地基的液化等级，其分级结果和相应震害情况见《标准》表 2-8。该表中将液化等级分为轻微、中等和严重三种情况。

当液化等级为轻微时，液化指数 $0 < I_{lE} \leqslant 6$，地面一般无喷水冒砂现象，仅在洼地、河边有零星的喷水冒砂点。场地上的建筑物一般没有明显的沉降或不均匀沉降，液化危害很小。

当液化等级为中等时，液化指数 $6 < I_{lE} \leqslant 18$，液化危害增大，喷水冒砂频频出现，常常导致建筑物产生明显的不均匀沉降或裂缝，尤其是那些直接用液化土做地基持力层的建筑和农村简易房屋，受到的影响普遍较重。

当液化等级为严重时，液化指数 $I_{lE} > 18$，液化危害普遍较重，场地喷水冒砂严重，涌砂量大，地面变形明显，覆盖面广，建筑物的不均匀沉降很大，有的建筑物还会产生倾倒。

## 2.5 地基抗震措施及处理

### 2.5.1 可液化地基的抗震措施及处理

地震时，饱和砂土、饱和粉土的液化将引起地基的不均匀沉降，导致建筑物的破坏。倾斜场地的土层液化也往往带来大体积土体滑动而造成严重后果。因而，为保障建筑物安全，应根据建筑物的重要性及地基的液化等级，结合具体情况综合考虑，选择恰当的抗液化措施。

当液化土层较平坦、均匀时，可按表2-9选择适当的抗液化措施。一般情况下，除丁类建筑外，不应将未经处理的液化土层作为天然地基的持力层。

**抗液化措施**　　　　　　　　　　　　　　　表 2-9

| 建筑抗震设防类别 | 地基的液化等级 | | |
|---|---|---|---|
| | 轻微 | 中等 | 严重 |
| 乙类 | 部分消除液化沉陷，或对基础和上部结构处理 | 全部消除液化沉陷，或部分消除液化沉陷且对基础和上部结构处理 | 全部消除液化沉陷 |
| 丙类 | 基础和上部结构处理，亦可不采取措施 | 基础和上部结构处理，或更高要求的措施 | 全部消除液化沉陷，或部分消除液化沉陷且对基础和上部结构处理 |
| 丁类 | 可不采取措施 | 可不采取措施 | 基础和上部结构处理，或其他经济的措施 |

注：甲类建筑的地基抗液化措施应进行专门研究，但不宜低于乙类的相应要求。

1. 全部消除地基液化沉陷的措施

（1）采用桩基时，桩端伸入液化深度以下稳定土层中的长度（不包括桩尖部分），应按计算确定，且对碎石土，砾、粗、中砂，坚硬黏性土和密实粉土尚不应小于0.8m，对其他非岩石土尚不宜小于1.5m。

（2）采用深基础时，基础底面应埋入液化深度以下的稳定土层中，其深度不应小于0.5m。

（3）采用加密法（如振冲、振动加密、挤密碎石桩、强夯等）加固时，应处理至液化深度下界；振冲或挤密碎石桩加固后，桩间土的标准贯入锤击数不宜小于按式（2-9）规定的液化判别标准贯入锤击数临界值。

（4）用非液化土替换全部液化土层，或增加上覆非液化土层的厚度。

（5）采用加密法或换土法处理时，在基础边缘以外的处理宽度，应超过基础底面下处理深度的1/2且不小于基础宽度的1/5。

2. 部分消除地基液化沉陷

（1）处理深度应使处理后的地基液化指数减少，其值不宜大于5；大面积筏基、箱基的中心区域，处理后的液化指数可比上述规定降低1；对独立基础和条形基础，尚不应小于基础底面下液化土特征深度和基础宽度的较大值。

注：中心区域指位于基础外边界以内沿长宽方向距外边界大于相应方向1/4长度的区域。

（2）采用振冲或挤密碎石桩加固后，桩间土的标准贯入锤击数不宜小于按式（2-9）规定的液化判别标准贯入锤击数临界值。

（3）基础边缘以外的处理宽度，全部消除地基液化沉陷的措施中第（5）条要求。

（4）采取减小液化震陷的其他方法，如增厚上覆非液化土层的厚度和改善周边的排水条件等。

3. 减轻液化影响的基础和上部结构处理

(1) 选择合适的基础埋置深度。

(2) 调整基础底面积,减少基础偏心。

(3) 加强基础的整体性和刚度,如采用箱基、筏基或钢筋混凝土交叉条形基础,加设基础圈梁等。

(4) 减轻荷载,增强上部结构的整体刚度和均匀对称性,合理设置沉降缝,避免采用对不均匀沉降敏感的结构形式等。

(5) 管道穿过建筑处应预留足够尺寸或采用柔性接头等。

### 2.5.2 其他地基的抗震措施及处理

当建筑物地基主要受力层范围内存在软弱黏性土层时,由于其承载力低、压缩性大、房屋不均匀沉降大,如设计不周,就会使房屋大量下沉,造成下部结构开裂,地震时会加剧房屋破坏,故应首先做好静力条件下的地基基础设计,并结合具体情况综合考虑适当的抗震措施。这些措施主要是:采用桩基或其他人工地基。其他人工地基如换土垫层,是将基础底面下一定范围内的软弱土层挖去,换以低压缩性材料,分层夯实做好基础下的垫层(垫层材料可以是砂、碎石、灰土、矿渣等),借以提高持力层的承载力,并通过垫层将应力扩散,以减少垫层下天然土层所承受的压力,减少地基的沉陷量(图 2-3)也可采用化学加固法,即在黏性土中,用高压旋喷法向四周土体喷射水泥浆、硅酸钠等化学浆液,形成旋喷桩。其作用与灌注桩类似,但强度较低,造价较贵;也可以用电硅化法,借助于电渗作用,使注入软土中的硅酸钠(水玻璃)和氧化钙溶液顺利进入土的孔隙中,形成硅胶,将土粒胶结起来。加固后的地基,强度提高,压缩性低,但造价很高。

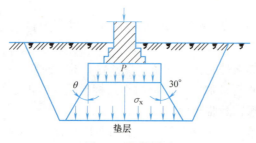

图 2-3 垫层剖面

当建筑物地基位于边坡的半挖半填地段,或位于山区的岩土地基,或位于局部的或不均匀的可液化土层,或位于成因、岩性或状态明显不同的严重不均匀地层时,应根据地质、地貌、地形条件及具体情况采取适当的抗震措施。

对半挖半填地基,因山坡地多为岩石或岩石风化层,地震时可能造成填土的压缩沉降而引起地基的不均匀下沉,填土也可能整体向下滑移,加重上部结构的震害。故在施工时要严格控制填土的施工质量,填土要密实,还应将坡地面挖成台阶形。对岩土地基,若建筑物基础部分落在岩石上,部分落在覆土上,地震时,可能因沉降差异而造成破坏。故应尽量避免将建筑物建在岩土地基上,无法避开时,应在覆土部分采用短桩等办法,使整个建筑物都坐落在同一岩层上。对杂填土地基,因其均匀性差、密实度低、压缩性高,故应进行必要的处理,如采用重锤夯实、振动压实、灰土挤密桩、灰土井柱等办法解决。

应尽量避免在故河道、暗藏沟坑边缘等地震时可能导致滑移、地裂的地段建造建筑物。无法避开时,可采用上述对不均匀地基的处理办法进行解决。但当有液化土层时,尤应慎重对待。

## 2.6 桩基抗震验算

由地震震害调查分析可知,桩基的抗震性能一般比同类结构的天然地基要好。根据我国多年的设计实践经验,并与国内有关规范协调,参照国外有关基础抗震设计的资料,《标准》提出了可不进行桩基抗震承载力验算的建筑和低承台桩在非液化土及液化土层中抗震验算原则。

### 2.6.1 可不进行桩基抗震承载力验算的建筑

对以承受竖向荷载为主的低承台桩基:当地下无液化土层,桩承台周围无淤泥、淤泥质土和地基承载力特征值不大于100kPa的填土时,下列建筑可不进行桩基抗震承载力的验算:

(1)砌体房屋和可不进行上部结构抗震验算的建筑。

(2)6~8度时的下列建筑:①一般的单层厂房和单层空旷房屋;②不超过8层且高度在24m以下的一般民用框架房屋和框架-抗震墙房屋;③基础荷载与②项相当的多层框架厂房和多层混凝土抗震墙房屋。

### 2.6.2 桩基的抗震验算原则

对不符合上述条件的建筑,除按现行《建筑地基基础设计规范》GB 50007—2011进行桩基计算外,尚应按下述原则进行桩基抗震验算。

1. 非液化土中低承台桩基的抗震验算

(1)单桩的竖向和水平向抗震承载力特征值,可均比非抗震设计时提高25%。

(2)当承台周围的回填土夯实至于密度不小于现行国家标准《建筑地基基础设计规范》GB 50007—2011对填土的要求时,可由承台正面填土与桩共同承担水平地震作用;但不应计入承台底面与基土间的摩擦力。

2. 存在液化土层的低承台桩基抗震验算

(1)承台埋深较浅时,不宜计入承台周围土的抗力或刚性地坪对水平地震作用的分担作用。

(2)当桩承台底面上、下分别有厚度不小于1.5m、1.0m的非液化土层或非软弱土层时,可按下列两种情况进行桩的抗震验算,并按不利情况设计。第一种情况,桩承受全部地震作用,桩承载力按上述第(1)条取用,液化土的桩周摩阻力及桩水平抗力均应乘以表2-10的折减系数。第二种情况,地震作用按水平地震影响系数最大值的10%采用,桩承载力仍按上述第(1)条取用,但应扣除液化土层的全部摩阻力及桩承台下2m深度范围内非液化土的桩周摩阻力。

土层液化影响折减系数　　　　　　　　　　　　　　表2-10

| 实际标贯锤击数/<br>临界标贯锤击数 | 土层深度 $d_s$(m) | 折减系数 $\psi$ |
| --- | --- | --- |
| ≤0.6 | $d_s \leq 10$ | 0 |
|  | $10 < d_s \leq 20$ | 1/3 |

续表

| 实际标贯锤击数/临界标贯锤击数 | 土层深度 $d_s$(m) | 折减系数 $\psi$ |
| --- | --- | --- |
| 0.6～0.8 | $d_s \leqslant 10$ | 1/3 |
|  | $10 < d_s \leqslant 20$ | 2/3 |
| 0.8～1.0 | $d_s \leqslant 10$ | 2/3 |
|  | $10 < d_s \leqslant 20$ | 1 |

**3. 打入式预制桩及其他挤土桩**

当平均桩距为 2.5～4 倍桩径且桩数不少于 5×5 时，可计入打桩对土的加密作用及桩身对液化土变形限制的有利影响。当打桩后桩间土的标准贯入锤击数值达到不液化的要求时，单桩承载力可不折减，但对桩尖持力层作强度校核时，桩群外侧的应力扩散角应取为零。打桩后桩间土的标准贯入锤击数宜由试验确定，也可按式（2-13）计算：

$$N_1 = N_p + 100\rho(1 - e^{-0.3N_p}) \tag{2-13}$$

式中　$N_1$——打桩后的标准贯入锤击数；

　　　$\rho$——打入式预制桩的面积置换率；

　　　$N_p$——打桩前的标准贯入锤击数。

处于液化土中的桩基承台周围，宜用密实干土填筑夯实，若用砂土或粉土则应使土层的标准贯入锤击数不小于式（2-9）规定的液化判别标准贯入锤击数临界值。

液化土和震陷软土中桩的配筋范围，应自桩顶至液化深度以下符合全部消除液化沉陷所要求的深度，其纵向钢筋应与桩顶部相同，箍筋应加粗和加密。

在有液化侧向扩展的地段，桩基除应满足本节中的其他规定外，尚应考虑土流动时的侧向作用力，且承受侧向推力的面积应按边桩外缘间的宽度计算。

## 2.7 抗震例题

【例 2-1】 已知某建筑场地的地质钻探资料如表 2-11 所示，试确定该建筑场地的类别。

场地的地质钻探资料　　　　　　　表 2-11

| 层底深度(m) | 土层厚度(m) | 土层名称 | 土层剪切波速(m/s) |
| --- | --- | --- | --- |
| 9.5 | 9.5 | 砂 | 170 |
| 37.8 | 28.3 | 淤泥质黏土 | 135 |
| 48.6 | 10.8 | 砂 | 240 |
| 60.1 | 11.5 | 淤泥质粉质黏土 | 200 |
| 68 | 7.9 | 细砂 | 330 |
| 86.5 | 18.5 | 砾石夹砂 | 550 |

【解】 1) 确定地面下 20m 范围内土的类型

剪切波从地表到 20m 深度范围的传播时间：

$$t = \sum_{i=1}^{n}(d_i/v_{si}) = (9.5/170 + 10.5/135)\text{s} = 0.1337\text{s}$$

等效剪切波速：
$$v_{se}=d_0/t=(20/0.134)\text{m/s}=149.6\text{m/s}$$
查表 2-2 等效剪切波速：$v_{se}<150\text{m/s}$，故表层土属于软弱土。

2）确定覆盖层厚度

由表 2-11 可知 68m 以下的土层为砾石夹砂，土层剪切波速大于 500m/s，覆盖层厚度应定为 68m。

3）确定建筑场地的类别

根据表层土的等效剪切波速 $v_{se}<150\text{m/s}$ 和覆盖层厚度 68m（在 15～80m 范围内）两个条件，查表 2-3 得该建筑场地的类别属Ⅲ类。

【例 2-2】 某 10 层框架高 34m，横向为双跨，跨度为 5.4m、6.6m，柱距为 3.6m。地表下 2m 开始为粉质黏土，孔隙比 $e=0.787$，液性指数 $I_L=0.6$，承载力特征值 $f_{ak}=180\text{kPa}$，土层厚度约为 6～7m，地下水在 -8m 以下。基础埋深 $d=3\text{m}$。设防烈度为 8 度，Ⅲ类场地，设计地震分组第二组，场地特征周期为 0.55s。

作用在一层中柱柱底的内力标准组合标准值为：轴力 $N_k=2627\text{kN}$；弯矩 $M_k=568\text{kN·m}$；剪力 $V_k=189\text{kN}$。近似认为纵、横两个方向的内力相同。试进行独立基础的抗震验算。

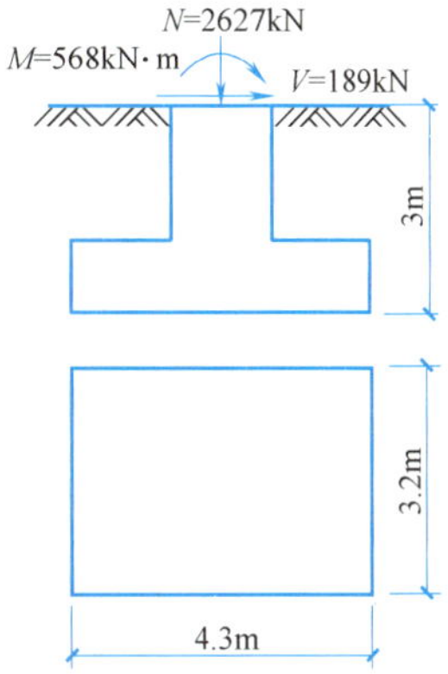

【解】 独立基础尺寸经试算后取 3.2m×4.3m，见图 2-4。

1）承载力特征值的深、宽修正

地基承载力特征值的深、宽修正公式为：
$$f_a=f_{ak}+\eta_b\gamma(b-3)+\eta_d\gamma_m(d-0.5)$$

查《建筑地基基础设计规范》GB 50007—2011 表 5.2.4，对于 $e$ 及 $I_L$ 均小于 0.85 的黏性土，取 $\eta_b=0.3$，$\eta_d=1.6$。基础底面以上土的加权平均重度 $\gamma_m=20\text{kN/m}^3$ 和基底以下土的重度 $\gamma=20\text{kN/m}^3$。将 $f_{ak}=180\text{kPa}$、$b=3.2\text{m}$ 和基础埋深 $d=3\text{m}$ 代入上式，得：
$$f_a=180+0.3\times20\times(3.2-3)+1.6\times20\times(3-0.5)=261.2\text{kPa}$$

2）确定地基抗震承载力 $f_{aE}$

由表 2-5 中查出，$f_{ak}=180\text{kPa}$ 的黏性土，地基抗震承载力调整系数 $\zeta_a=1.3$，得到：
$$f_{aE}=\zeta_a\cdot f_a=1.3\times261.2=339.6\text{kPa}$$

3）验算横向地震作用时的地基承载力

由图 2-4 看到，作用于基础底面的轴压力标准值：
$$N_{k基底}=N_{k基顶}+\gamma_G Ad=2627+20\times3.2\times4.3\times3=2627+825.6=3452.6\text{kN}$$

基础底面平均压力标准值：
$$p_k=\frac{N_{k基底}}{A}=\frac{3452.6}{3.2\times4.3}\text{kPa}=250.9\text{kPa}\leqslant f_{aE}=339.6\text{kPa}$$

边缘平均压力标准值：
$$p_{k\max}=\frac{N_{k底}}{A}+\frac{M_{k底}}{W_1}=\frac{3452.6}{3.2\times4.3}+\frac{568+189\times3}{3.2\times4.3^2/6}$$

图 2-4 独立基础及荷载图

$$=250.9+115.1=366\text{kPa}$$
$$\leqslant 1.2\times 339.6=407.5\text{kPa}，满足要求。$$

4）验算纵向地震作用，由题意知内力标准组合数值不变，但力矩方向要差 90°，此时边缘最大压力

$$p_{k\max}=\frac{N_{k底}}{A}+\frac{M_{k底}}{W_2}$$

$$=\frac{3452.6}{3.2\times 4.3}+\frac{568+189\times 3}{4.3\times 3.3^2/6}=250.9+154.6$$

$$=405.5\text{kPa}\leqslant 1.2\times 339.6=407.5\text{kPa}，满足要求。$$

【例 2-3】 钻孔地质资料如表 2-12 所示，地质年代属 $Q_3$ 以后，地下水位接近地表，取地下水深度为零，基础埋深取 3m，按 7 度设防。试进行液化的初判。

钻孔地质资料　　　　　　　　表 2-12

| 序号 | 土层名称 | 黏粒含量 $\rho_c$（%） | 厚度（m） | 层底深度（m） |
|---|---|---|---|---|
| 1 | 素填土 | — | 1.2 | 1.2 |
| 2 | 粉质黏土 | — | 1.4 | 2.6 |
| 3 | 淤泥质土 | — | 2.2 | 4.8 |
| 4 | 黏土 | — | 5 | 9.8 |
| 5 | 粉土 | 2 | 3.4 | 13.2 |
| 6 | 粉砂 | 0 | 2.7 | 15.9 |
| 7 | 粉砂 | 0 | 2.6 | 18.5 |
| 8 | 粉土 | 8 | 9.4 | 27.9 |

【解】 由于地质年代属 $Q_3$ 以后，因此《标准》初判第 1 款不符合。7 度设防，粉土中最大黏粒含量为 8，因此《标准》初判第 2 款也不符合。查《标准》初判第 3 款时先确定相应数值：$d_w=0$；$d_b=3\text{m}$；$d_u=9.8\text{m}-2.2\text{m}$（淤泥质土）$=7.6\text{m}$；$d_0=6$ 或 7 中取 7（表 2-6）。

$7.6<7+3-2=8$，不满足式（2-6）$d_u>d_0+d_b-2$。

$0<7+3-3=7$，不满足式（2-7）$d_w>d_0+d_b-3$。

$7.6<1.5\times 7+2\times 3-4.5=12$，不满足式（2-8）$d_u+d_w>1.5d_0+2d_b-4.5$。

3 个式子均不满足要求，因此需进一步进行标贯判别。

值得注意的是，若基础埋深取 2.5m，根据式（2-6）$7.6>7+2.5-2=7.5$，只要有一式满足就可不考虑液化影响。此时将不需要进一步判别。这表明本题处于可考虑与可不考虑液化影响的边界，因此进一步判别还是应当进行的。

【例 2-4】 某小区经岩土工程勘察，已知该地层为第四纪全新世标准贯入试验设备冲积层，自上至下为 5 层：第 1 层为素填土，天然重度 $\gamma_1=18\text{kN/m}^3$，层厚 0.8m；第 2 层为粉质黏土，$\gamma_2=19\text{kN/m}^3$，层厚 0.7m；第 3 层为中密粉砂，层厚 2.3m；标准贯入试验实测值，深度 2.0~2.3m，$N=12$；深度 3.0~3.3m，$N=13$；第 4 层为中密细砂，层厚 4.3m；深度 5.0~5.3m，$N=15$；深度 7.0~7.3m，$N=16$；第 5 层为可塑-硬塑粉质黏土，层厚 5.6m。地下水位埋深 2.5m，位于第 3 层粉砂层的中部。当地地震烈度为 7 度，设计基本地震加速度 0.15g，设计地震分组为第一组。判别地基是否会发生液化。

【解】 1）初步判别

从地质年代判别：该地基为第四纪全新世冲积层，在第四纪晚更新世之后。因此不能判别为不液化土。当地 7 度地震烈度，液化土特征深度对砂土为 $d_0=7$；上覆非液化土层厚度仅为 $d_u=2.5\text{m}$；地下水位深度 $d_w=2.5\text{m}$。按式（2-6）～式（2-8）判别，都不符合要求，必须进一步判别。

2）标准贯入试验判别法

(1) 深度 2.0～2.3m，位于地下水位以上，为不液化土。

(2) 深度 3.0～3.3m，$N=13$。标准贯入锤击数 $N_{cr}$，按下式计算：

$$N_{cr}=N_0\beta[\ln(0.6d_s+1.5)-0.1d_w]\sqrt{3/\rho_c}$$

式中，液化判别标准贯入锤击数基准值由 7 度烈度 0.15g 得 $N_0=10$；饱和土标准贯入点深度 $d_s$ 取中点值 3.15m；地下水位深度 $d_w$ 为 2.50m；砂土的黏粒含量百分率取 $\rho_c=3$。

按上述公式计算得：

$N_{cr}=10\times 0.8\times[\ln(0.6\times 3.15+1.5)-0.1\times 2.5]\sqrt{3/3}=7.77\leqslant N=13$，不会液化。

(3) 深度 5.0～5.3m，$N=15$；同理计算 $N_{cr}$ 值为：

$N_{cr}=10\times 0.8\times[\ln(0.6\times 5.15+1.5)-0.1\times 2.5]\sqrt{3/3}=10.19\leqslant N=15$，不会液化。

(4) 深度 7.0～7.3m，$N=16$；同理计算 $N_{cr}$ 值为：

$N_{cr}=10\times 0.8\times[\ln(0.6\times 7.15+1.5)-0.1\times 2.5]\sqrt{3/3}=12.05\leqslant N=16$，不会液化。

【例 2-5】 某工程按 8 度设防，其工程地质年代属 $Q_4$，钻孔资料自上向下为：砂土层至 2.1m，砂砾层至 4.4m，细砂层至 8.0m，粉质黏土层至 15m，砂土层及细砂层黏粒含量百分率 $\rho_c$ 均低于 8%，地下水位深度 1.0m，基础埋深 1.5m，设计地震场地分组属于第一组。试验结果见表 2-13。试对该工程场地液化可能作出评价。

【解】 1）初判

地质年代属 $Q_4$。

**液化分析表**   表 2-13

| 测点 | 测点深度 $d_{si}$(m) | 标贯值 $N_i$ | 测点土层厚 $d_i$(m) | 标贯临界值 $N_{cri}$ | $d_i$ 的中点深度 $z_i$(m) | $W_i$(m$^{-1}$) | $I_{lE}$ |
|---|---|---|---|---|---|---|---|
| 1 | 1.4 | 5 | 1.1 | 9.4 | 1.55 | 10 | 5.15 |
| 2 | 5.0 | 7 | 1.1 | 13 | 4.95 | 10 | 5.08 |
| 3 | 6.0 | 11 | 1.0 | 14 | 6.0 | 9 | 1.93 |
| 4 | 7.0 | 16 | 1.0 | 15 | — | — | — |

$d_0+d_b-2=8+2-2=8>d_u=0$，不满足 $d_u>d_0+d_b-2$；

$d_0+d_b-3=8+2-3=7>d_w=1$，不满足 $d_w>d_0+d_b-3$；

$1.5d_0+2d_b-4.5=1.5\times 8+2\times 2-4.5=11.5>d_w+d_u=1$，不满足 $d_u+d_w>1.5d_0+2d_b-4.5$；

均不满足不液化条件，需进一步判别。

2）标准贯入试验判别

(1) 按式（2-9）计算 $N_{cri}$，式中 $N_0=10$（8 度、第一组），$d_w=1$，题中已给出各测点标贯值所代表土层厚度，计算结果见表 2-13，可见 4 点为不液化土层。

(2) 计算层位影响函数。例如第一点，地下水位为 1.0m，故上界为 1.0m，土层厚 1.1m，故 $Z_1=1.0+1.1/2=1.55$，$W_1=10$。

第二点，上界为砂砾层层底深 4.4m，代表土层厚 1.1m，故 $Z_2=4.4+1.1/2=4.95$，$W_1=10$，其余类推。

(3) 按式（2-12）计算各层液化指数，第一层的液化指数：

$$I_{lE}=\left(1-\frac{N_1}{N_{cr1}}\right)d_1W_1=\left(1-\frac{5}{9.4}\right)\times 1.1\times 10=5.15$$

第二层的液化指数：

$$I_{lE}=\left(1-\frac{N_2}{N_{cr2}}\right)d_2W_2=\left(1-\frac{7}{13}\right)\times 1.1\times 10=5.08$$

第三层的液化指数：

$$I_{lE}=\left(1-\frac{N_3}{N_{cr3}}\right)d_3W_3=\left(1-\frac{11}{14}\right)\times 1\times 9=1.93$$

各层的计算结果见表 2-13。

最终给出 $I_{lE}=12.16$，据表 2-8，液化等级为中等。

【例 2-6】 已知某预制方桩，桩截面积为 350mm×350mm，桩长 16.5m，桩顶离地面 −1.5m，桩承台底面离地面 −2.0m，桩顶 0.5m 嵌入桩承台，地下水位于地表下 −3.0m，8 度地震区。土层分布从上向下为：0～−5m 为黏土，$q_{sia}=30$kPa；−5～−15m 为粉土，$q_{sia}=20$kPa，黏粒含量 2.5％；−15～−30m 为密砂，$q_{sia}=50$kPa，$q_{pa}=3500$kPa。

求地表下 −10.0m 处实际标准贯入锤击数为 12 击，临界标准贯入锤击数 10 击时，单桩竖向抗震承载力特征值 $R_{aE}$。

【解】 地表下 −10.0m 处实际标准贯入锤击数为 12 击，临界标准贯入锤击数 10 击时，根据式（2-9）知该场地为非液化土层。单桩竖向承载力特征值为：

$$R_a=4\times 0.35\times (3\times 30+10\times 20+3\times 50)+0.35^2\times 3500=1044.75\text{kN}$$

根据《标准》，非液化土中低承台桩基的抗震验算时，桩的竖向抗震承载力特征值，比非抗震设计时提高 25％。单桩竖向抗震承载力特征值为：

$$R_{aE}=1.25\times 1044.75\text{kN}=1306\text{kN}$$

### 思考题与习题

1. 试分析不同场地土上建筑物的震害特点。
2. 试简述场地土液化及其判别方法。
3. 怎样正确选择抗液化措施？
4. 某丁类建筑位于黏性土场地，地基承载力特征值 $f_{ak}=210$kPa，未进行剪切波速测试，其土层剪切波速的估算值宜采用（　　）。
   (A) $v_s=170$m/s  (B) $v_s=250$m/s  (C) $v_s=320$m/s  (D) $v_s=520$m/s
5. 确定场地覆盖层厚度时，下述说法中不正确的是（　　）。
   (A) 一般情况下，应按地面至剪切波速大于 500m/s 的土层顶面的距离确定

(B) 当地面 5m 以下存在剪切波速大于相邻上层土剪切波速 2.5 倍的土层，且其下卧岩土的剪切波速不小于 400m/s 时，可按地面至该土层顶面的距离确定

(C) 剪切波速大于 500m/s 的孤石，透镜体可作为稳定下卧层

(D) 土层中的火山岩硬夹层，应视为刚体，其厚度应从覆盖土层中扣除

6. 关于等效剪切波速，下述说法中（  ）是正确的。
(A) 等效剪切波速为场地中所有土层波速按厚度加权平均值
(B) 等效剪切波速计算深度为覆盖厚度与 20m 两者的较小值
(C) 等效传播时间为剪切波在地面至计算深度之间的实际传播时间
(D) 等效剪切波速即加权平均剪切波速

7. 有甲、乙两个建筑场地，甲场地由两层土组成，第一层厚度为 5m，剪切波速度为 100m/s，第二层厚度为 10m，剪切波速度为 400m/s；乙场地也由两层土组成，第一层厚度为 7.5m，剪切波速度为 150m/s，第二层厚度为 7.5m，剪切波速度为 250m/s；甲、乙两个场地的等效剪切波速的关系为下列何项（  ）。
(A) 两者相等　　(B) 甲场地大于乙场地　　(C) 乙场地大于甲场地　　(D) 不能确定

8. 计算土层的等效剪切波速时，下述说法中不正确的是（  ）。
(A) 土层等效剪切波速为计算深度与剪切波速在地面与计算深度之间的传播时间比值
(B) 土层的等效剪切波速为各土层剪切波速的厚度加权平均值
(C) 当覆盖层厚度大于等于 20m 时，计算深度取 20m，当覆盖层厚度小于 20m 时，计算深度取覆盖层厚度
(D) 剪切波速在地面与计算深度之间的传播时间为剪切波速在地面与计算深度之间各土层中传播时间的和

9. 场地地层情况如下：①0～6m 淤泥质土，$v_s=130$m/s；②6～8m 粉土，$v_s=150$m/s；③8～15m 密实粗砂，$v_s=420$m/s；④15m 以下，泥岩，$v_s=1000$m/s。其场地类别应为（  ）。
(A) Ⅰ类　　(B) Ⅱ类　　(C) Ⅲ类　　(D) Ⅳ类

10. 某场地地层资料如下：①0～12m，黏土，$v_s=130$m/s；②12～22m，粉质黏土，$v_s=260$m/s；③22m 以下，泥岩，强风化，半坚硬状态，$v_s=900$m/s。该建筑场地类别应确定为（  ）。
(A) Ⅰ类　　(B) Ⅱ类　　(C) Ⅲ类　　(D) Ⅳ类

11. 在抗震设防地区，建设场地的工程地质勘察内容，除提供常规的土层名称、分布、物理力学性质、地下水位等以外，尚需提供分层土的剪切波速、场地覆盖层厚度、场地类别。根据上述内容，以下对场地的识别，（  ）是正确的。

Ⅰ. 分层土的剪切波速（单位为 m/s）越小，说明土层越密实坚硬

Ⅱ. 覆盖层越薄，震害效应越大

Ⅲ. 场地类别为Ⅰ类，说明土层密实坚硬

Ⅳ. 场地类别为Ⅳ类，场地震害效应大

(A) Ⅰ、Ⅱ　　(B) Ⅰ　　(C) Ⅲ、Ⅳ　　(D) Ⅱ

12. 某场地地质勘察资料如下：①0～2.0m，淤泥质土，$v_s=120$m/s；②2.0～25.0m，密实粗砂，$v_s=400$m/s；③25.0～26.0m，玄武岩，$v_s=800$m/s；④26.0～40.0m，密实含砾中砂，$v_s=350$m/s；⑤40.0m 以下，强风化粉砂质泥岩，$v_s=700$m/s。该场地类别为（  ）。
(A) Ⅰ类　　(B) Ⅱ类　　(C) Ⅲ类　　(D) Ⅳ类

13. 某场地地层资料如下：①0～3m 黏土，$v_s=150$m/s；②3～18m 砾砂，$v_s=350$m/s；③18～20m 玄武岩，$v_s=600$m/s；④20～27m 黏土，$v_s=160$m/s；⑤27～32m 黏土，$v_s=420$m/s；⑥32m 以下，泥岩，$v_s=600$m/s。该场地类别为（  ）。
(A) Ⅰ类　　(B) Ⅱ类　　(C) Ⅲ类　　(D) Ⅳ类

14. 下列（  ）建筑可不考虑天然地基及基础的抗震承载力。
    (A) 砌体房屋
    (B) 地基主要受力层范围内存在软弱黏性土的单层厂房
    (C) 9 度时高度不超过 100m 的烟囱
    (D) 7 度时高度为 150m 的烟囱

15. 下列建筑（  ）不能确认为可不进行天然地基及基础的抗震承载力验算的建筑物。
    (A) 砌体房屋
    (B) 地基主要受力层范围内不存在软弱土层的一般单层厂房
    (C) 8 层以下且高度在 25m 以下的一般民用框架房屋
    (D) 《标准》规定可不进行上部结构抗震验算的建筑

16. 天然地基基础抗震验算时，地基土抗震承载力应按（  ）确定。
    (A) 仍采用地基土静承载力设计值
    (B) 为地基土静承载力设计值乘以地基土抗震承载力调整系数
    (C) 采用地基土静承载力设计值，但不考虑基础宽度修正
    (D) 采用地基土静承载力设计值，但不考虑基础埋置深度修正

17. 验算天然地基在地震作用下的竖向承载力时，下述表述中（  ）是正确的。（$p$ 为地震作用效应标准组合的基础底面的平均压力；$P_{max}$ 为地震作用效应标准组合的基础边缘的最大压力；$f_{aE}$ 为调整后地基土抗震承载力）
    (A) 基础底面与地基土之间零应力区不超过 15％
    (B) 基础底面与地基土之间零应力区不超过 25％
    (C) $p \leq f_{aE}$，且 $p \leq 1.2 f_{aE}$
    (D) $p \leq f_{aE}$，或 $p \leq 1.3 f_{aE}$

18. 验算天然地基地震作用下的竖向承载力时，按地震作用效应标准组合考虑，下述表述中（  ）是不正确的。
    (A) 基础底面平均压力不应大于调整后的地基抗震承载力
    (B) 基础底面边缘最大压力不应大于调整后的地基抗震承载力的 1.2 倍
    (C) 高宽比大于 4 的高层建筑，在地震作用下基础底面不宜出现拉应力
    (D) 高宽比不大于 4 的高层建筑及其他建筑，基础底面与地基土之间零应力区面积不应超过基础底面积的 25％

19. 下述对液化土的判别的表述中，（  ）是正确的。
    (A) 液化判别的对象是饱和砂土和饱和粉土
    (B) 一般情况下 6 度烈度区可不进行液化判别
    (C) 6 度烈度区中的对液化敏感的乙类建筑可按 7 度的要求进行液化判别
    (D) 8 度烈度区中的对液化敏感的乙类建筑可按 9 度的要求进行液化判别

20. 下列对抗震设防地区建筑场地液化的叙述中，（  ）是错误的。
    (A) 建筑场地存在液化土层对房屋抗震不利
    (B) 6 度抗震设防地区的建筑场地一般情况下可不进行场地的液化判别
    (C) 饱和砂土与饱和粉土的地基在地震中可能出现液化
    (D) 黏性土地基在地震中可能出现液化

21. 在 8 度地震区，（  ）需要进行液化判别。
    (A) 砂土　　　　(B) 饱和粉质黏土　　　　(C) 饱和粉土　　　　(D) 软弱黏性土

22. 存在饱和砂土或粉土的地基，其设防烈度除（  ）外，应进行液化判别。
    (A) 6　　　　(B) 7　　　　(C) 8　　　　(D) 9

23. 进行液化初判时，下述说法正确的是（　　）。
(A) 晚更新世的土层在 8 度时可判为不液化土
(B) 粉土黏粒含量为 12% 时可判为不液化土
(C) 地下水位以下土层进行液化初判时，不受地下水埋深的影响.
(D) 当地下水埋深为 0 时，饱和砂土均为液化土

24. 对饱和砂土或粉土（不含黄土）进行初判时，下述说法不正确的是（　　）。
(A) 地质年代为第四纪晚更新世 $Q_3$，设防烈度为 9 度，判为不液化
(B) 8 度烈度区中粉土的黏粒含量为 12% 时，应判为液化
(C) 7 度烈度区中粉土的黏粒含量为 12% 时，可判为不液化
(D) 8 度烈度对粉土场地的上覆非液化土层厚度为 6.0m，地下水位埋深为 2.0m，基础埋深为 1.5m，该场地应考虑液化影响

25. 抗震设防烈度为 9 度，饱和粉土液化土特征深度 $d_0$（m）为（　　）。
(A) 6　　　　(B) 7　　　　(C) 8　　　　(D) 9

26. 试述建筑场地类别划分的依据和方法。

27. 已知表 2-14 为 8 层、高度为 29m 丙类建筑的场地地质钻孔资料（无剪切波速资料）。试确定该场地类别。

**场地的地质钻探资料**　　　　表 2-14

| 土层底部深度(m) | 土层厚度(m) | 岩土名称 | 地基土静承载力特征值(kPa) |
| --- | --- | --- | --- |
| 2.2 | 2.2 | 杂填土 | 130 |
| 8 | 5.8 | 粉质黏土 | 140 |
| 12.5 | 4.5 | 黏土 | 160 |
| 20.7 | 8.2 | 中密的细砂 | 180 |
| 25 | 4.3 | 基岩 | — |

28. 某建筑物的室内柱基础，如图 2-5 所示，考虑地震作用组合，其内力标准组合值在室内地坪（±0.000）处为：$F_k=820\text{kN}$，$M_k=600\text{kN·m}$，$V_k=90\text{kN}$。基底尺寸 $b\times l=3.0\text{m}\times 3.2\text{m}$，基础埋深 $d=2.2\text{m}$，$G_k$ 为基础自重和基础上的土重标准值，基础平均重度 $\gamma_G=20\text{kN/m}^3$；建筑场地均是红黏土，其重度 $\gamma_0=18\text{kN/m}^3$，含水比 $\alpha_w>0.8$，承载力特征值 $f_{ak}=160\text{kPa}$。试复核地基抗震承载力。

29. 已知某预制方桩，桩截面积为 350mm×350mm，桩长 16.5m，桩顶离地面 −1.5m，桩承台底面离地面 −2.0m，桩顶 0.5m 嵌入桩承台，地下水位于地表下 −3.0m，8 度地震区。土层分布从上向下为：0～−5m 为黏土，$q_{sia}=30\text{kPa}$；−5～−15m 为粉土，$q_{sia}=20\text{kPa}$，黏粒含量 2.5%；−15～−30m 为密砂，$q_{sia}=50\text{kPa}$，$q_{pa}=3500\text{kPa}$。地表下 −10.0m 处实际标准贯入锤击数为 7 击，地震作用按水平地震影响系数最大值的 10% 采用，临界标准贯入锤击数 10 击时，求单桩竖向抗震承载力特征值 $R_{aE}$。

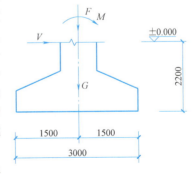

图 2-5　基础及荷载图

30. 已知某预制方桩，桩截面积为 350mm×350mm，桩长 16.5m，桩顶离地面 −1.5m，桩承台底面离地面 −2.0m，桩顶 0.5m 嵌入桩承台，地下水位于地表下 −3.0m，8 度地震区。土层分布从上向下为：0～−5m 为黏土，$q_{sia}=30\text{kPa}$；−5～−15m 为粉土，$q_{sia}=20\text{kPa}$，黏粒含量 2.5%；−15～−30m 为密砂，$q_{sia}=50\text{kPa}$，$q_{pa}=3500\text{kPa}$。地表下 −10.0m 处实际标准贯入锤击数为 7 击，临界标准贯入锤击数 10 击时，按桩承受全部地震作用，求单桩竖向抗震承载力特征值 $R_{aE}$。

# 第 3 章

# 抗震概念设计的基本原则

# 3.1 概念设计、计算设计和构造设计

实际地震的大小，是现有科学水平难以准确预估的。虽然在确定烈度区划图时是尽量体现科学性、准确性，但由于可供统计分析的历史地震资料有限，在一个地区发生超过设防烈度的地震是完全可能的。同一个建筑场地的地面运动也是不确定的，不同性质的地面运动对建筑的破坏作用不同。地震动随震源机制、震级大小、震中距和传播途径中土层性质不同而变化，影响因素甚为复杂。中国古建筑为什么在无数次地震中能屹立不倒？请扫描二维码 3-1 观看。

二维码 3-1

地震及其影响虽然具有不确定性，但根据统计分析，也存在一定的规律性。一般来说，震级大、震中距小时对较刚性建筑物破坏大；当震级大、震源深时对远距离的较柔性的建筑物影响大；此外，场地土类别和覆盖层厚度也直接影响结构效应的大小。

由于地震及地震效应的不确定性和复杂性，以及计算模型与实际情况的差异，因此，抗震设计不能仅依赖计算，结构抗震性能的决定因素首先取决于良好的概念设计。抗震设计主要包括三个方面：概念设计、计算设计（抗震计算）和构造设计（构造措施）。

概念设计是根据人们在学习和实践中所建立的正确概念，运用人的思维和判断力，正确和全面地把握结构的整体性能，即根据对结构特性（承载能力、变形能力、耗能能力等）的正确把握，合理地确定结构的总体布置与细部构造。

建筑抗震的概念设计是把地震及其影响的不确定性和规律性结合起来，就是进行结构抗震设计时着眼于结构的总体地震反应，按照结构的破坏机制和破坏过程，灵活运用抗震设计准则，从设计一开始就全面合理地把握好结构设计中的基本问题（总体布置、结构体系、刚度分布和结构延性等），并顾及关键部位的细节，力求消除结构中的薄弱环节，从根本上合理地保证结构的抗震性能。抗震设计时根据概念设计的结果制定出各项具体的"抗震措施"。

计算设计包括地震作用计算和抗力计算。计算设计是对地震作用进行定量分析，再将地震效应与其他荷载组合后，用来验算结构及构件的强度与变形。计算设计为建筑抗震设计提供了定量控制的手段。

构造措施是指采用抗震计算以外的措施，以保证结构整体性、加强局部薄弱环节等，保证抗震计算结果的有效性。

抗震设计上述三个层次的内容是一个不可分割的整体，忽略任何一部分，都可能造成抗震设计的失败。要使建筑物具有较好的抗震性能，首先应从大的方面入手，做好概念设计，再结合计算设计、构造设计，才能得到一项较为满意的抗震设计。如不重视概念设计而过分地相信仔细的计算，对结构抗震设计不仅没有必要，而且还可能在概念设计中出现不当甚至错误。

# 3.2 场地与地基

以目前对地震的认识水平，要准确预测结构物与地基在未来地震作用下的抗震能力，

尚难以做到。因此，应着眼于结构物与地基整体抗震能力的概念设计，再辅以必要的计算分析和构造措施，从根本上消除结构物与地基中的抗震薄弱环节，才有可能使设计出的结构物及所选的地基具有良好的抗震性能和足够的抗震可靠度。

1. 选择有利的建造场地

根据目前的研究，影响结构物震害和地震动参数的场地因素很多，其中包括局部地形、地质构造、地基土质等，影响的方式也各不相同。场地条件是决定地震作用的重要因素，选择合适的场地是结构抗震设计中一项十分有效、可靠而经济的抗震措施，应该高度重视场地选择的意义。选择工程结构场址时，应根据工程需要，了解地震活动情况、工程地质和地震地质的有关资料，对抗震有利、不利和危险地段作出综合评价。有利地段：稳定基岩，坚硬土、开阔、平坦、密实、均匀的中硬土等；一般地段：不属于有利、不利和危险的地段；不利地段：软弱土，液化土，条状突出的山嘴，高耸孤立的山丘，陡坡，陡坎，河岸和边坡的边缘，平面分布上成因、岩性、状态明显不均匀的土层（含故河道、疏松的断层破碎带、暗埋的塘浜沟谷和半填半挖地基），高含水量的可塑黄土，地表存在结构性裂缝等；危险地段：地震时可能发生滑坡、崩塌、地陷、地裂、泥石流等及发震断裂带上可能发生地表错位的部位。

选择建筑场地时，应根据工程需要和地震活动情况、工程地质和地震地质的有关资料，对抗震有利、不利和危险地段作出综合评价。对不利地段，应提出避开要求；当无法避开时应采取有效的措施。对危险地段，严禁建造甲、乙类的建筑，不应建造丙类的建筑。

2. 选择合适的地基和基础设计

地基和基础设计应符合下列要求：

（1）同一结构单元的基础不宜设置在性质截然不同的地基上。

（2）同一结构单元不宜部分采用天然地基部分采用桩基；当采用不同基础类型或基础埋深显著不同时，应根据地震时两部分地基基础的沉降差异，在基础、上部结构的相关部位采取相应措施。

（3）地基为软弱黏性土、液化土、新近填土或严重不均匀土时，应根据地震时地基不均匀沉降和其他不利影响，采取相应的措施。

地震发生时，基础既起着把地面震动传递给工程结构的作用，又起着把建筑物受到的地震作用传递到地基上的作用。基础底面最好处于同一标高，同一结构单元的基础设置在性质截然不同的地基上易因地面运动传递的差异而造成震害。

地基为软弱黏性土、液化土、新近填土或严重不均匀土时，应估计地震时地基不均匀沉降或其他不利影响，并采取相应措施，如增设圈梁等。

## 3.3 建筑形体的规则性

### 3.3.1 抗震设计中的建筑形体和布置

建筑设计应根据抗震概念设计的要求明确建筑形体的规则性。形体指建筑平面形状和立面、竖向剖面的变化。合理的建筑形体和布置在抗震设计中是头等重要的。提倡平面、立面简单对称，因为震害表明，简单、对称的建筑在地震时较不容易破坏，而且道理也很清楚，简单、对称的结构容易估计其地震时的反应，容易采取抗震构造措施和进行细部处理。"规则"包含了对建筑的平面、立面外形尺寸，抗侧力构件布置、质量分布，直至承载力分布等诸多因素的综合要求。"规则"的具体界限，随着结构类型的不同而异，需要建筑师和结构工程师互相配合，才能设计出抗震性能良好的建筑。

建筑形体的不规则通常表现为布置的不均匀，竖向布置不均匀产生刚度和强度的突变，引起竖向抗侧力构件的应力集中或变形集中，将降低结构抵抗地震的能力，地震时易发生损坏，甚至倒塌。

结构抗震性能的好坏，除取决于整体的承载力、变形和吸收能力外，避免局部的抗震薄弱部位是十分重要的。某一层或某一构件，特别是竖向抗侧力构件，均有可能成为结构的抗震薄弱部位，将会导致抗震性能的严重恶化，在抗震设计中应力求避免。

结构薄弱部位的形成，往往是由于刚度突变和屈服强度比突变所造成的。刚度突变一般是由于建筑体形复杂或抗震结构体系在竖向布置上不连续和不均匀性所造成的。由于建筑功能上的需要，往往在某些楼层处竖向抗侧力构件被截断，造成竖向抗侧力构件的不连续；导致传力路线不明确，从而产生局部应力集中，并过早屈服，形成结构薄弱部位，最终可能致严重破坏甚至倒塌。竖向抗侧力构件截面的突变，也会因刚度和承载力的剧烈变化，带来局部区域的应力剧增和塑性变形集中的不利影响。

建筑形体的规则通常是以结构构件在平面和竖向上均匀分布为主要特征。当结构抗力构件布置满足这一要求时，使地震作用的传递明确而直接，有助于消除局部应力集中和过早屈服的薄弱部位。

### 3.3.2 平面布置

1. 平面布置规则、对称

建筑设计应重视其平面的规则性对抗震性能及经济合理性的影响，宜择优选用规则的形体，其抗侧力构件的平面布置宜规则对称。

一般来说，地震作用的垂直分量较小，只有水平分量的 $1/3 \sim 2/3$，在很多情况下（如 6～8 度区）可主要考虑水平地震作用的影响，相应地，抗震结构的总体布置主要是抵抗水平力的抗侧力结构（框架、抗震墙、支撑、筒体等）的布置。结构的总体布置是影响建筑物抗震性能的关键问题。结构的平面布置必须有利于抵抗水平力和竖向荷载，受力明确，传力直接，建筑物的各结构单元的平面形状和抗侧力结构的分布应当力求简单规则，均匀对称，减少扭转的影响。

地震作用是由于地面运动引起的结构反应而产生的惯性力，其作用点在结构的质量中心，如果结构中各抗侧力结构抵抗水平力的合力点（即结构的刚心）与结构的重心重合，则结构在地面平动作用下，不会激起扭转振动。对称结构在单向水平地震作用下，仅发生平移振动，各层构件的侧移量相等，水平地震作用应按刚度分配，受力比较均匀。

进行结构方案平面布置时，应使结构抗侧力体系对称布置，以避免扭转。在规则平面中，如果结构刚度的分布不对称，仍然会产生扭转，因此在结构布置中，应特别注意具有很大侧向刚度的钢筋混凝土墙体和钢筋混凝土芯筒的位置，力求在平面上对称，不宜偏置在建筑的一边，也不宜将钢筋混凝土竖筒凸出建筑主体之外，如图 3-1 所示。

非对称结构由于质量中心与刚度中心不重合，即使在单向水平地震作用下也会激起扭转振动，产生平移扭转耦联振动。由于扭转振动的影响，远离刚度中心的构件侧移量明显

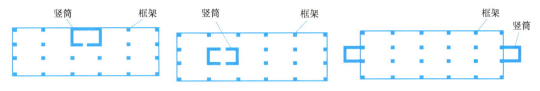

图 3-1 不利于抗震的结构布置

增大，所分担的水平地震剪力也显著增大，很容易出现因超出允许抗力和变形极限而发生严重破坏，甚至导致整体结构因一侧构件失效而倒塌。为了把扭转效应降低到最低程度，应尽可能减小结构质量中心与刚度中心的距离。

对于抗震建筑，即使结构布置是对称的，建筑的质量分布也很难做到均匀分布，质心和刚心的偏离在所难免，更何况地面运动不仅仅是平动，还常伴有转动分量，地震时结构出现扭转振动是可能的。所以，在结构布置时除了要求各向对称外，还希望能够具有较大的抗扭刚度，因此，侧移刚度大的抗震墙最好能沿建筑外墙的周边布置，以提高结构的整体抗扭刚度。同时，应特别注意具有很大抗推刚度的钢筋混凝土墙体和钢筋混凝土芯筒位置，力求在平面上要居中和对称。此外，抗震墙宜沿房屋周边布置，以使结构具有较大的抗扭刚度和较大的抗倾覆能力。同一楼层的抗侧力构件，宜具有大致相同的刚度、承载力和延性，截面尺寸不宜相差过大，以保证各构件能够共同受力，避免在地震中因受力悬殊而被各个击破。历次地震中都曾发生过这样的震例。

2. 平面不规则

地震区的建筑，平面形状以正方形、矩形、圆形为好，正多边形、椭圆形也是较好的平面形状。但是在实际工程中，由于建筑用地、城市规划、建筑艺术和使用功能等多方面要求，建筑物不可能都设计成正方形、圆形，必然会出现 L 形、T 形、U 形、H 形等各种各样的平面形状。对于非方形、非圆形的建筑平面，也不一定就是不规则的建筑，这就有一个如何认定平面规则建筑的问题。

建筑形体及其构件布置的平面、竖向不规则性，应按下列要求划分：

(1) 混凝土房屋、钢结构房屋和钢-混凝土混合结构房屋如果存在表 3-1 所列举的某项平面不规则类型，就应属于不规则的建筑。对规则与不规则的区分，规定了一些定量的参考界限。表 3-1 所列的不规则类型只是主要的而不是全部不规则，所列的指标是概念设计的参考性数值而不是严格的数值，使用时需要综合判断。建筑结构平面的凸角或凹角不规则示例详图见图 3-2，建筑结构平面的局部不连续示例（大开洞及错层）详图见图 3-3。

平面不规则的主要类型    表 3-1

| 不规则类型 | 定义和参考指标 |
| --- | --- |
| 扭转不规则 | 在具有偶然偏心的规定水平力作用下，楼层两端抗侧力构件弹性水平位移（或层间位移）的最大值与平均值的比值大于 1.2 |
| 凹凸不规则 | 平面凹进的尺寸，大于相应投影方向总尺寸的 30% |
| 楼板局部不连续 | 楼板的尺寸和平面刚度急剧变化，例如，有效楼板宽度小于该层楼板典型宽度的 50%，或开洞面积大于该层楼面面积的 30%，或较大的楼层错层 |

(2) 砌体房屋、单层工业厂房、单层空旷房屋、大跨屋盖建筑和地下建筑的平面和竖向不规则性的划分，应符合《标准》有关章节的规定。

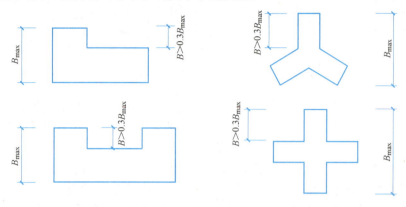

图 3-2　建筑结构平面的凸角或凹角不规则示例

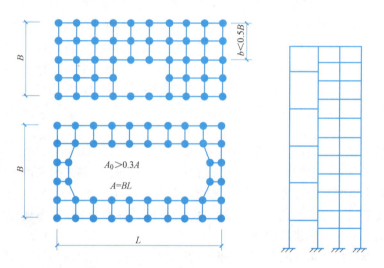

图 3-3　建筑结构平面的局部不连续示例（大开洞及错层）

### 3. 对薄弱部位采取的措施

地震时平面不规则的房屋会出现种种危险现象，如建筑平面呈 L 形、T 形、H 形、Y 形和有附属结构的结构物，容易加大扭转振动、局部振动或空间振动；如多层房屋中延性不均匀或迅速突变常常引起很大的非线性变形集中而导致严重破坏，甚至倒塌。

对平面不规则的体型复杂建筑物应进行结构抗震分析，估计其局部应力和变形集中及扭转影响，判明其易损部位，采取加强措施或提高变形能力的措施。

建筑形体及其构件布置不规则时，应按下列要求进行地震作用计算和内力调整，并应对薄弱部位采取有效的抗震构造措施。

平面不规则而竖向规则的建筑，应采用空间结构计算模型，并应符合下列要求：

(1) 扭转不规则时，应计入扭转影响，且在具有偶然偏心的规定水平力作用下，楼层两端抗侧力构件弹性水平位移或和层间位移的最大值与平均值的比值不宜大于 1.5，当最大层间位移远小于规范限值时，可适当放宽。

（2）凹凸不规则或楼板局部不连续时，应采用符合楼板平面内实际刚度变化的计算模型；高烈度或不规则程度较大时，宜计入楼板局部变形的影响。

（3）平面不对称且凹凸不规则或局部不连续，可根据实际情况分块计算扭转位移比，对扭转较大的部位应采用局部的内力增大系数。

### 3.3.3 竖向布置

1. 竖向布置宜均匀、连续

建筑设计应重视其平面、立面和竖向剖面的规则性对抗震性能及经济合理性的影响，宜择优选用规则的形体，其抗侧力构件的侧向刚度沿竖向宜均匀变化，竖向抗侧力构件的截面尺寸和材料强度宜自下而上逐渐减小，避免侧向刚度和承载力突变。

建筑体型复杂会导致结构体系沿竖向强度与刚度分布不均匀，在地震作用下某一层间或某一部位率先屈服而出现较大的弹塑性变形。例如，立面突然收进的建筑或局部凸出的建筑，会在凹角处产生应力集中；大底盘建筑，低层裙房与高层主楼相连，体型突变引起刚度突变，在裙房与主楼交接处塑性变形集中；柔性底层建筑，建筑上因底层需要大空间，上部的墙、柱不能全部落地，形成柔弱底层。图3-4为不利的建筑立面。

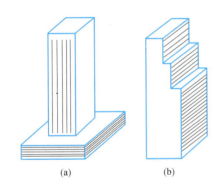 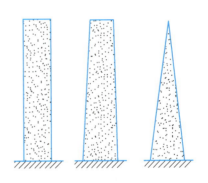

图3-4 不利的建筑立面　　　　　　　　图3-5 良好的建筑立面
（a）大底盘建筑；（b）阶梯形建筑

地震区建筑的立面也要求采用矩形、梯形、三角形等均匀变化的几何形状（图3-5），尽量避免采用带有突然变化的阶梯形立面。因为立面形状的突然变化，必然带来质量和抗侧移刚度的剧烈变化。地震时，该突变部位就会因剧烈振动或塑性变形集中而加重破坏。

质量与刚度变化均匀有两方面的含义：一是指结构平面，应尽量使结构刚度中心与质量中心相一致，否则，扭转效应将使远离刚度中心的构件产生较严重的震害；二是指结构立面沿高度方向，质量与结构刚度不宜有悬殊的变化，竖向抗侧力构件的截面尺寸和材料强度宜自下而上逐渐减小，避免抗侧力结构的侧向刚度和承载力突变。地震震害和理论分析均表明：结构刚度有突然削弱的薄弱层，在地震中会造成局部变形集中，从而加速结构的破坏，甚至倒塌。而结构上部刚度减小较快时，会形成地震反应的"鞭梢效应"，即变形在结构顶部集中的现象。

结构竖向布置的原则：尽量使结构的承载力和竖向刚度自下而上逐渐减少，变化均匀、连续，不出现突变。在实际工程设计中，往往沿竖向分段改变构件截面尺寸和材料强度，这种改变使刚度发生变化，也应自下而上递减。从施工方便来说，改变次数不宜太多；但从结构受力角度来看，改变次数太少，每次变化太大则容易产生刚度突变。所以一般沿竖向变化以不超过 4 次，每次变化，梁、柱尺寸减小 50～100mm，墙厚减少 50mm，混凝土强度降低一个等级为宜。最好尺寸减小与强度降低错开楼层，避免同层同时改变。

沿竖向刚度突变除了因为建筑的竖向体形发生突变而使得结构刚度在竖向发生突变外，还经常由于抗侧力结构的突然改变布置而出现结构竖向刚度突变。如底层或底部若干层需要大的室内空间而取消一部分抗震墙或框架柱产生的刚度突变。这时，应尽量加大落地抗震墙和下层柱的截面尺寸，并提高这些楼层的混凝土强度等级，尽量减少刚度削弱的程度。又如中间楼层或顶层由于建筑功能的需要需设置空旷的大房间，取消部分抗震墙或框架柱，则取消的墙不宜多于墙体总数的 1/3，不得超过半数，其余墙体和柱应加强配筋，以抵抗由被取消的墙体所承担的地震剪力。在上述两种情况下，还应注意加大楼板的水平刚度，以保证各抗侧力构件之间水平力的可靠传递。

在结构竖向布置时需要强调的是，不应采用上部刚度大，底层仅有柱的"鸡脚"建筑。这样的结构上部侧移刚度大，下部楼层侧移刚度小，结构柔软层出现在结构底部，地震中很容易遭到严重破坏，而且从设计上很难采取措施避免震害的发生。

2. 竖向不规则

侧向刚度不规则就是指侧向刚度沿竖向产生突变。如立面几何尺寸突变，必然带来质量和侧向刚度的剧烈变化，形成软弱层。除了建筑立面外形几何尺寸的变化外，工程中经常会由于要求大的室内空间、层高变化等建筑使用功能的要求，而出现取消部分抗震墙或结构柱的现象，这常出现在底部大空间剪力墙结构或框筒的下部大柱距楼层，或顶层设置空旷的大房间而取消部分抗震墙或内柱。这样，地震下的弹性位移有集中现象，在大震下弹塑性位移更显著增大。因突变部位的塑性变形的集中效应会加重破坏，如何认定竖向规则建筑呢？表 3-2 所列的不规则类型是主要的而不是全部不规则，所列的指标是概念设计的参考性数值而不是严格的数值，使用时需要综合判断。

(1) 混凝土房屋、钢结构房屋和钢-混凝土混合结构房屋存在表 3-2 所列举的某项竖向不规则类型以及类似的不规则类型，应属于不规则的建筑。

**竖向不规则的主要类型** 表 3-2

| 不规则类型 | 定义和参考指标 |
| --- | --- |
| 侧向刚度不规则 | 该层的侧向刚度小于相邻上一层的 70%，或小于其上相邻三个楼层侧向刚度平均值的 80%；除顶层或出屋面小建筑外，局部收进的水平向尺寸大于相邻下一层的 25%，详见图 3-6 示例 |
| 竖向抗侧力构件不连续 | 竖向抗侧力构件(柱、抗震墙、抗震支撑)的内力由水平转换构件(梁、桁架等)向下传递，详见图 3-7 示例 |
| 楼层承载力突变 | 抗侧力结构的层间受剪承载力小于相邻上一楼层的 80%，见图 3-8 |

(2) 砌体房屋、单层工业厂房、单层空旷房屋、大跨屋盖建筑和地下建筑的平面和竖向不规则性的划分，应符合《标准》有关章节的规定。

(3) 当存在多项不规则或某项不规则超过规定的参考指标较多时，应属于特别不规则的建筑。

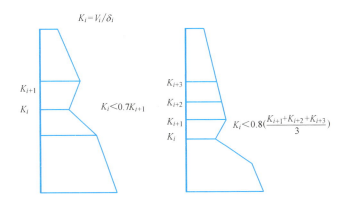

图 3-6 沿竖向的侧向刚度不规则（有软弱层）

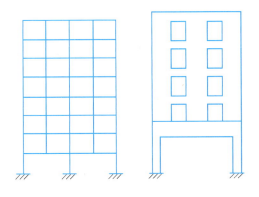

图 3-7 竖向抗侧力构件不连续示例

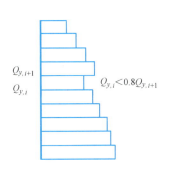

图 3-8 竖向抗侧力结构屈服抗剪强度非均匀化（有薄弱层）

**3. 对薄弱部位采取的措施**

地震时竖向不规则的房屋会出现种种危险现象，如结构抽柱、抽梁、抗震墙不落地，竖向构件承担的地震作用不能直接传给基础，一旦水平转换构件稍有破坏，则后果严重。如楼层的水平承载力沿高度突变，形成薄弱层，地震中首先破坏，刚度降低，变形增大并继续发展，产生明显的弹塑性变形集中，一旦超过结构所有的变形能力，则整个结构发生倒塌。

在进行建筑的抗震设计时，对于不规则的结构，要根据不同的要求，采用合适的计算模型，进行水平地震作用效应的计算和内力调整，并对薄弱部位采取有效的抗震措施以保证建筑的整体抗震性能。

平面规则而竖向不规则的建筑，应采用空间结构计算模型，刚度小的楼层的地震剪力应乘以不小于 1.15 的增大系数，其薄弱层应按《标准》规定进行弹塑性变形分析，并应符合下列要求：

（1）竖向抗侧力构件不连续时，该构件传递给水平转换构件的地震内力应根据烈度高低和水平转换构件的类型、受力情况、几何尺寸等，乘以 1.25～2.0 的增大系数。

（2）侧向刚度不规则时，相邻层的侧向刚度比应依据其结构类型符合《标准》相关章节的规定。

(3) 楼层承载力突变时，薄弱层抗侧力结构的受剪承载力不应小于相邻上一楼层的 65%。

### 3.3.4 不规则程度的划分

不规则的建筑应按规定采取加强措施；特别不规则的建筑应进行专门研究和论证，采取特别的加强措施；不应采用严重不规则的建筑。当存在多项不规则或某项不规则超过规定的参考指标较多时，应属于特别不规则的建筑。

要区分不规则、特别不规则和严重不规则等不规则程度，避免采用抗震性能差的严重不规则的设计方案。

三种不规则程度的主要划分方法如下。不规则，指的是超过表 3-1 和表 3-2 中一项及以上的不规则指标。特别不规则，指具有较明显的抗震薄弱部位，可能引起不良后果者，通常有三类：其一，同时具有表 3-1 和表 3-2 所列六个主要不规则类型的三个或三个以上；其二，具有表 3-2 所列的一项不规则；其三，具有表 3-1 和表 3-2 所列两个方面的基本不规则且其中有一项接近表 3-3 的不规则指标。

特别不规则的项目举例　　　　表 3-3

| 序号 | 不规则类型 | 简要含义 |
|---|---|---|
| 1 | 扭转偏大 | 裙房以上有较多楼层考虑偶然偏心的扭转位移比大于 1.4 |
| 2 | 抗扭刚度弱 | 扭转周期比大于 0.9，混合结构扭转周期比大于 0.85 |
| 3 | 层刚度偏小 | 本层侧向刚度小于相邻上层的 50% |
| 4 | 高位转换 | 框支墙体的转换构件位置：7 度超过 5 层，8 度超过 3 层 |
| 5 | 厚板转换 | 7～9 度设防的厚板转换结构 |
| 6 | 塔楼偏置 | 单塔或多塔合质心与大底盘的质心偏心距大于底盘相应边长 20% |
| 7 | 复杂连接 | 各部分层数、刚度、布置不同的错层或连体两端塔楼显著不规则的结构 |
| 8 | 多重复杂 | 同时具有转换层、加强层、错层、连体和多塔类型中的 2 种以上 |

### 3.3.5 防震缝

体型复杂、平立面不规则的建筑，应根据不规则程度、地基基础条件和技术经济等因素的比较分析，确定是否设置防震缝。防震缝设置请扫描二维码 3-2 观看。

二维码 3-2

(1) 当不设置防震缝时，应采用符合实际的计算模型，分析判明其应力集中、变形集中或地震扭转效应等导致的易损部位，采取相应的加强措施。

(2) 当在适当部位设置防震缝时，宜形成多个较规则的抗侧力结构单元。防震缝应根据抗震设防烈度、结构材料种类、结构类型、结构单元的高度和高差以及可能的地震扭转效应的情况，留有足够的宽度，其两侧的上部结构应完全分开。

(3) 当设置伸缩缝和沉降缝时，其宽度应符合防震缝的要求。

体型复杂的建筑并不一概提倡设置防震缝。由于是否设置防震缝各有利弊，历来有不同的观点，总体倾向是：

(1) 可设缝、可不设缝时，不设缝。设置防震缝可使结构抗震分析模型较为简单，容易估计其地震作用和采取抗震措施，但需考虑扭转地震效应，并按规范各章的规定确定缝宽，使防震缝两侧在预期的地震（如中震）下不发生碰撞或减轻碰撞引起的局部损坏。

（2）当不设置防震缝时，结构分析模型复杂，连接处局部应力集中，需要加强，而且需仔细估计地震扭转效应等可能导致的不利影响。

合理地设置防震缝，可以将体形复杂的建筑物划分成"规则"的结构单元。通过设置防震缝将平面凸凹不规则的L形建筑划分为两个规则的矩形结构单元。设置防震缝，可以降低结构抗震设计的难度，提高各结构单元的抗震性能，但同时也会带来许多新的问题。如由于缝的两侧均须设置墙体或框架柱而使得结构复杂，并可使得建筑使用不便，建筑立面处理困难。更为突出的问题是：地震时缝两侧的结构进入弹塑性状态，位移急剧增大而发生相互碰撞，产生严重的震害。轻者外装修、女儿墙、檐口损坏，重者主体结构破坏。所以，体型复杂的建筑并不一概提倡设置防震缝。应当调整平面尺寸和结构布置，采取构造措施和施工措施，能不设缝就不设缝，能少设缝就少设缝；不设防震缝时，应进行更加细微的抗震分析，并采取加强延性的构造措施。如果没有采取措施或必须设缝时，则必须保证有必要的缝宽以防止震害。

在遇到下列情况时，还是应该设置防震缝，将整个建筑划分为若干个规则的独立结构单元：

（1）平面形状属于不规则类型，或竖向属于不规则类型。

（2）房屋长度超过相关结构设计规范规定的伸缩缝最大间距，又没有条件采取特殊措施而必须设置伸缩缝时。

（3）地基土质不均匀或上部结构荷载相差较大，房屋各部分的预计沉降过大，必须设置沉降缝时。

（4）房屋各部分的结构体系截然不同，质量或侧移刚度大小悬殊时。

防震缝应该在地面以上沿全高设置，缝中不能有填充物。当不作为沉降缝时，基础可以不设防震缝，但在防震缝处基础要加强构造和连接。在建筑中凡是设缝的，就要彻底分开；凡是不设缝的，就要连接牢固，保证其整体性。绝对不要将各部分设计的似分不分，似连不连，"藕断丝连"，否则连接处在地震中很容易破坏。

## 3.4 抗震结构体系

抗震结构体系是抗震设计中应考虑的最关键问题，结构方案选取是否合理对安全和经济起主要作用。结构体系应根据建筑的抗震设防类别、抗震设防烈度、建筑高度、场地条件、地基、结构材料和施工等因素，经技术、经济和使用条件综合比较确定。

### 3.4.1 应具有明确的计算简图和合理的地震作用传递途径

因为抗震结构体系要求受力明确、传力合理且传力路线不间断，这样就可以比较明确地确定地震作用的效应，使结构的抗震分析更符合结构在地震时的实际表现。知道地震作用是怎样和通过什么途径从上部结构传至下部结构乃至地基的，这对提高结构的抗震性能十分有利，是结构选型与布置抗侧力体系时首先考虑的条件之一。

结构在两个主轴方向的动力特性宜相近。

对于结构体系来讲，结构的横向和纵向构件相互支承。结构的动力特性为结构固有的特性，若纵横向结构构件差异比较大，则表明两个方向的刚度差异比较大，必然反映到纵横两个方向的抗震承载力差异比较大。若一个方向的抗震能力比较差，在地震作用下一个方向率先破坏和退出工作，则另一个方向因缺少支承而加速破坏，甚至导致整个结构垮塌。要做到结构在两个主轴方向的动力特性宜相近，结构纵横向的抗侧力构件布置应基本一致。框架-抗震墙结构和抗震墙结构的纵横向钢筋混凝土抗震墙数量应基本一致；多层住宅砌体结构应控制内外纵墙的开洞率，使得纵向墙体的数量与横墙大体一致。

### 3.4.2 合理的刚度和承载力分布

建筑物承受的静力荷载是基本稳定的（如自重、楼面活荷载等），而地震时所受的地震作用大小则与结构的动力特性密切相关。建筑物的侧移刚度越大，则自振周期越短，地震作用也越大，要求结构构件具有较高的承载力。提高结构的侧移刚度，往往以提高造价和降低结构变形能力为代价，因此在确定结构体系时，需要在刚度、承载力之间寻求较好匹配关系。

应具备必要的抗震承载力，良好的变形能力和消耗地震能量的能力。必要的抗震承载力是指应具备必要的强度。良好的变形能力是指不致引起结构功能丧失或超越容许破坏程度的变形值范围。良好的耗能能力是指结构能吸收和消耗地震输入能量而保存下来的能力，也即应具备良好的延性。

结构体系的抗震能力综合表现在强度、刚度和延性三者的统一，即抗震结构体系应具备必要的强度和良好的延性或变形能力，如果抗震结构体系有较高的抗侧强度，但同时缺乏足够的延性，这样的结构在地震时很容易破坏。例如不配筋又无钢筋混凝土构造柱的砌体结构，其抗震性能是很不好的。如果结构有较大的延性，但抗侧力的强度不符合要求，这样的结构在强烈地震作用下，必然产生相当大的变形，如纯框架结构，其抗震性能也是不理想的。震害调查表明，在历次地震中，钢筋混凝土纯框架严重破坏，甚至倒塌者屡见不鲜。因此，重视结构整体性与变形能力是防止在大震下结构倒塌的关键。

### 3.4.3 多道抗震防线

应避免因部分结构或构件破坏而导致整个结构丧失抗震能力或对重力荷载的承载能力，宜有多道抗震防线。多道防线对于结构在强震下的安全是很重要的。所谓多道防线的概念，通常指的是：

第一，整个抗震结构体系由若干个延性较好的分体系组成，并由延性较好的结构构件连接起来协同工作。如框架-抗震墙体系是由延性框架和抗震墙两个系统组成；双肢或多肢抗震墙体系由若干个单肢墙分系统组成；框架-支撑框架体系由延性框架和支撑框架两个系统组成；框架-筒体体系由延性框架和筒体两个系统组成。

第二，抗震结构体系应具有最大可能数量的内部、外部赘余度，有意识地建立起一系列分布的塑性屈服区，以使结构能吸收和耗散大量的地震能量，一旦破坏也易于修复。设计计算时，需考虑部分构件出现塑性变形后的内力重分布，使各个分体系所承担的地震作用的总和大于不考虑塑性内力重分布时的数值。

1. 整个抗震结构体系由若干个延性较好的分体系组成

单一结构体系只有一道防线，一旦破坏就会造成建筑物倒塌，抗震结构不宜采用单一结构体系。因为一次大地震，某场地产生的地震动，能造成建筑物破坏的强震持续时间少则几秒，多则十几秒，甚至更长；且是很多次的地震动，一个接一个的强脉冲对建筑物产生多次往复式冲击，造成累积式的破坏。如果建筑物采用的是单一结构体系，仅有一道抗震防线，该防线一旦破坏后，接踵而来的持续地震动，就会促使建筑物倒塌。如果建筑物采用的是多重抗侧力体系，第一道防线的抗侧力构件在强烈地震袭击下遭到破坏后，后备的第二道乃至第三道防线的抗侧力构件立即接替，抵挡住后续的地震动的冲击，可保证建筑物最低限度的安全，免于倒塌。所以在抗震结构体系中，设置多道抗震防线是十分必要的。

限于中长期地震预报水平以及地震的不确定性，一个地区在一定年限内发生高于基本烈度的地震，绝不是不可能的。防止在罕遇大震时发生建筑物倒塌，是抗震设计的最低设防标准。多道抗震防线概念的应用，对于实现这一目标是有效的，是能保障人民生命安全的。符合多道抗震防线的结构体系有框架-抗震墙体系、框架-支撑体系、框架-筒体体系、筒中筒体系等。在这些结构体系中，由于抗震墙、支撑、筒体的侧向刚度比框架大得多，在水平地震作用的作用下，通过楼板的协同工作，大部分的水平力首先由这些侧向刚度大的抗侧力构件予以承担，而形成第一道防线，框架退居为第二道防线。

1) 第一道防线的构件选择

地震倒塌宏观现象表明，一般情况下，倒塌物很少远离原来的平面位置。据此可以认为，地震的往复作用使结构遭到严重破坏，而最后倒塌则是结构因破坏而丧失了承受重力荷载的能力。所以，可以说房屋倒塌的最直接原因，是承重构件竖向承载能力下降到低于有效重力荷载的水平。按照上述原则处理，充当第一道防线的构件即使有损坏，也不会对整个结构的竖向构件承载能力有太大影响；如果利用轴压比值较大的框架柱充当第一道防线，框架柱在侧力作用下损坏后，竖向承载能力就会大幅度下降，当下降到低于所负担的重力荷载时，就会危及整个结构的安全。因此从总的原则上说，应优先选择不负担或少负担重力荷载的竖向支撑或填充墙，或者选用轴压比值较小的抗震墙、实墙筒体之类的构件，作为第一道抗震防线的抗侧力构件。一般情况下，不宜采用轴压比很大的框架柱兼作第一道防线的抗侧力构件。

2) 结构体系的多道设防

框架-抗震墙结构体系的主要抗侧力构件是剪力墙，它是第一道防线。在弹性地震反应阶段，大部分侧向地震作用由抗震墙承担，但是一旦抗震墙开裂或屈服，此时框架承担地震作用的份额将增加，框架部分起到第二道防线的作用，并且在地震动过程中承受主要的竖向荷载。

单层厂房纵向体系中，柱间支撑是第一道防线，柱是第二道防线。通过柱间支撑的屈服来吸收和消耗地震能量，从而保证整个结构的安全。

3) 结构构件的多道防线

联肢抗震墙中，连系梁先屈服，然后墙肢弯曲破坏，丧失承载力。当连系梁钢筋屈服并具有延性时，它既可以吸收大量的地震能量，又能继续传递弯矩和剪力，对墙肢有一定的约束作用，使抗震墙保持足够的刚度和承载力，延性较好。如果连系梁出现剪切破坏，按照抗震结构多道设防的原则，只要保证墙肢安全，整个结构就不至于发生严重破坏或倒塌。

"强柱弱梁"型的延性框架，在地震作用下，梁处于第一道防线，用梁的变形去消耗输入的地震能量。其屈服先于柱的屈服，使柱处于第二道防线。

在超静定结构构件中，赘余构件为第一道防线，由于主体结构仍是静定或超静定结构，这些赘余构件的先期破坏并不影响整个结构的稳定和继续承受荷载的能力。

2. 抗震结构体系应建立起一系列分布的塑性屈服区

结构的抗震能力依赖于组成结构的各部分的吸能和耗能能力。在抗震体系中，吸收和消耗地震输入能量的各部分称为抗震防线。一个良好的抗震结构体系应尽量设置多道防线。当某部分结构出现破坏、降低或丧失抗震能力，其余部分仍能继续抵抗地震作用。具有多道防线的结构，一是要求结构具有良好的延性和耗能能力，二是要求结构具有尽可能多的抗震赘余度。结构的吸能和耗能能力，主要依靠结构或构件在预定部位产生塑性铰，即结构可承受反复的塑性变形而不倒塌，仍具有一定的承载能力。若结构没有足够的超静定次数，一旦某部位形成塑性铰后，会使结构变成可变体系而丧失整体稳定。另外，应控制塑性铰出现在恰当位置，塑性铰的形成不应危及整体结构的安全。

为贯彻此概念，其设计处理的办法是：

（1）利用结构各部分的联系构件或非主要承重构件形成"耗能元件"。在对这种耗能元件合理设计后，可使整个结构在预估的罕遇地震下产生可以承受的破坏，并消耗相当的地震输入能量，从而维持了整个结构体系的稳定和继续承受荷载的能力。如具有连梁的并联抗震墙，连梁即可设计成很好的耗能元件，以使在罕遇地震下连梁先出现塑性铰。又如框架结构的填充墙，经合理设计填充墙可以增加结构的强度和刚度，同时在地震反复作用下填充墙产生裂缝，可以大量吸收和耗散地震能量，起到耗能元件作用。

（2）将塑性铰控制在一系列有利部位，把能量耗散在整个结构的平面和高度方面上，为使结构在强震下出现塑性铰以吸能和耗能，必须在设计时有意识地在一些构件中采取特殊的构造措施，使塑性变形集中在一些潜在的屈服区，使结构具有更有利的塑性重分布的能力。使这些并不危险的部位首先形成塑性铰或发生可以修复的破坏，从而保护主要承重体系，否则塑性铰的出现可能使结构过早倒塌。如在钢筋混凝土框架结构中要求"强柱弱梁"的原则，其目的就在于使框架结构的塑性铰先出现在各梁端而不是柱端。

（3）要求结构具有尽可能多的赘余度。若结构没有适当的赘余度，在出现塑性铰时就会形成几何可变的"机构"，失去承载能力而倒塌。一般来说，超静定次数越高，对抗震越有利，但这不是充分条件，主要与形成屈服区和塑性铰的部位直接相关。如在框架或框架-剪力墙体系中，当框架梁端或连梁端部出现塑性铰时，均不至于导致整个结构破坏。因此，抗震设计中的一个重要原则是结构应具有较好的赘余度和内力重分配的功能，即使部分构件退出工作，其余构件仍能承担地震作用和相应的竖向荷载，避免整体结构连续垮塌。

按以上设计思想，要求在结构遭遇比基本烈度还大的罕遇地震时仅在预计部位出现塑性铰而不致倒塌，此即为设置多道抗震防线的概念。

### 3.4.4　避免竖向承载力与刚度突变

建筑抗震性能的好坏，除取决于总体的承载力、变形和吸能能力外，避免局部的抗震薄弱环节（如刚度突变、屈服强度比突变等）十分重要。

结构进入弹塑性状态的耗能能力，取决于结构各楼层和楼层的所有构件均能充分发挥其耗能作用；即不能有特别薄弱的楼层，如结构中的某楼层特别弱，则在强烈地震作用下率先屈服进入弹塑性状态，若该楼层相对于相邻楼层很弱，则会产生破坏集中的现象；当薄弱楼层的抗震能力不能抵御强烈的地震作用时，则该楼层会垮塌进而导致整个结构垮塌。若结构楼层的抗震能力大体均匀没有相对薄弱的楼层，在强烈地震作用下各楼层均进入屈服，也就是说各楼层和楼层中的构件均出现塑性铰来消耗地震的能量，则结构进入弹塑性的程度要好得多。对于同一次强烈地震，各结构输入地震的能量是一定的，而结构抵御地震的能力不仅与结构构件的承载能力和变形能力有关，而且更重要的与这些楼层和楼层的构件是否能在强烈地震中均进入屈服消耗地震的能量有关。

对可能出现的薄弱部位，应采取措施提高其抗震能力。抗震薄弱层（部位）的概念，也是抗震设计中的重要概念，包括：

（1）结构在强烈地震下不存在强度安全储备，构件的实际承载力分析（而不是承载力设计值的分析）是判断薄弱层（部位）的基础。

（2）要使楼层（部位）的实际承载力和设计计算的弹性受力之比在总体上保持一个相对均匀的变化，一旦楼层（或部位）的这个比例有突变时，会由于塑性内力重分布导致塑性变形的集中。

（3）要防止在局部上加强而忽视整个结构各部位刚性、强度的协调。

（4）在抗震设计中有意识、有目的地控制薄弱层（部位），使之有足够的变形能力又不使薄弱层发生转移，这是提高结构总体抗震性能的有效手段。

结构体系宜具有合理的刚度和承载力分布，避免因局部削弱或突变形成薄弱部位，产生过大的应力集中或塑性变形集中。局部削弱或突变形成薄弱部位有两类：

（1）刚度突变。刚度突变是由于建筑体型复杂或主要抗震结构体系在竖向布置的不连续、不均匀而产生的。刚度变化不连续、不均匀的部位产生应力集中，应力集中部位如果设计时没有作必要的加强，便先于相邻部位进入屈服，刚度进一步减小，在地震反复作用下，该部位的塑性变形继续发展，称之为塑性变形集中。最终可能导致严重破坏甚至倒塌。

（2）屈服强度比 $\xi(i)$ 突变。屈服强度比 $\xi(i)$ 的含义不是指截面绝对的强度（配筋量），而是一个相对的比值，是指钢筋混凝土多层结构各层实际抗剪承载力（按实际配筋与材料标准强度计算）与该层弹性层间剪力之比值，这个比值是影响结构弹塑性变形的重要参数。实际抗震设计时，各楼层的屈服强度比 $\xi(i)$ 往往是不均匀的。如果给出 $\xi(i)$ 沿楼层高度分布的折线图，则该分布曲线的凹点将会形成结构抗震的薄弱部位，在地震作用下率先屈服而出现较大的弹塑性变形。

结构的塑性变形集中是相当复杂的问题，即使是规则的、刚度和强度变化均匀的结构系统，仍然会在某些部位先于其他部位进入屈服，并在该部位发展变形。即一个结构体系在复杂的地震作用下各部分不会同时进入屈服状态。屈服强度分布不均匀结构的弹塑性变形要比屈服强度均匀的结构复杂得多。因此，当前还是尽可能从体形上、结构体系的设计上使刚度和强度变化均匀，尽量减少形成薄弱部位的因素，努力减少变形集中的程度，并采取相当的抗震构造措施提高结构的变形能力。

### 3.4.5 结构构件应注意强度、刚度和延性之间的合理均衡

抗震结构与非抗震结构的不同之处在于，抗震结构除了要承担常规的荷载作用以外，还要承担动态的地震作用；而非抗震结构对于静态的重力荷载，要考虑的仅是足够的强度和刚度。抗震结构的强度与刚度都必须控制在一定的范围内，例如地震时，构件的抗弯强

度太大可能会引起耗能差的抗剪破坏，不利于抗震；此外，构件刚度增大会增加结构的地震作用。

结构体系是由各类构件连接而成，抗震结构的构件应具备必要的强度、适当的刚度、良好的延性和可靠的连接，并应注意强度、刚度和延性之间的合理均衡。

结构构件要有足够的强度，其抗剪、抗弯、抗压、抗扭等强度均应满足抗震承载力的要求。要合理选择截面，合理配筋，在满足强度要求的同时，还要做到经济可行，在构件强度计算和构造处理上要避免剪切破坏先于弯曲破坏，混凝土压溃先于钢筋屈服，钢筋锚固失效先于构件破坏，以便更好地发挥构件的耗能能力。

结构构件的刚度要适当。构件刚度太小，地震作用下，结构变形过大，会导致非结构构件的损坏甚至结构构件的破坏；构件刚度太大，会降低构件延性，增大地震作用，还要多消耗大量材料。抗震结构要在刚柔之间寻找合理的方案。

结构构件应具有良好的延性，即具有良好的变形能力和耗能能力，从某种意义上说，结构抗震的本质就是延性。提高延性可以增加结构的抗震潜力，增强结构的抗倒塌能力。采取合理构造措施可以提高和改善构件延性，如砌体结构，具有较大的刚度和一定的强度，但延性较差，若在砌体中设置圈梁和构造柱，将墙体横竖相箍，可以大大提高变形能力。又如钢筋混凝土抗震墙，刚度大强度高，但延性不足，若在抗震墙中用竖缝把墙体划分成若干并列墙段，可以改善墙体的变形能力，做到强度、刚度和延性的合理匹配。

各种不同材料的结构构件提出了改善其变形能力的原则和途径，结构构件满足下列抗震要求：

（1）砌体结构应按规定设置钢筋混凝土圈梁和构造柱、芯柱，或采用约束砌体、配筋砌体等。无筋砌体本身是脆性材料，只能利用约束条件（圈梁、构造柱、组合柱等来分割、包围）使砌体发生裂缝后不致崩塌和散落，地震时不致丧失对重力荷载的承载能力。

（2）混凝土结构构件应控制截面尺寸和受力钢筋、箍筋的设置，防止剪切破坏先于弯曲破坏、混凝土的压溃先于钢筋的屈服、钢筋的锚固粘结破坏先于钢筋破坏。钢筋混凝土构件抗震性能与砌体相比是比较好的，但若处理不当，也会造成不可修复的脆性破坏。这种破坏包括：混凝土压碎、构件剪切破坏、钢筋锚固部分拉脱（粘结破坏），应力求避免；混凝土结构构件的尺寸控制，包括轴压比、截面长宽比、墙体高厚比、宽厚比等，当墙厚偏薄时，也有自身稳定问题。

（3）预应力混凝土的构件，应配有足够的非预应力钢筋，提出了对预应力混凝土结构构件的要求。

（4）钢结构构件的尺寸应合理控制，避免局部失稳或整个构件失稳。钢结构杆件的压屈破坏（杆件失去稳定）或局部失稳也是一种脆性破坏，应予以防止。

（5）多、高层的混凝土楼、屋盖宜优先采用现浇混凝土板。当采用预制装配式混凝土楼、屋盖时，应从楼盖体系和构造上采取措施确保各预制板之间连接的整体性。针对预制混凝土板在强烈地震中容易脱落导致人员伤亡的震害，推荐采用现浇楼、屋盖，特别强调装配式楼、屋盖需加强整体性的基本要求。

### 3.4.6 确保结构的整体性，加强构件间的连接

地震导致房屋破坏的内在因素和直接原因有以下三种情况：①结构丧失整体性；②构件强度不足；③地基不均匀沉陷。其中，属于第①种情况的为数不少，其结果是严重的，

不是全部倒塌就是局部倒塌。因其可造成建筑在地震作用下丧失整体性后倒塌，或者由于整个结构变成机动构架而倒塌，或者由于外围构件平面外失稳而倒塌。所以，要使建筑具有足够的抗震可靠度，确保结构在地震作用下不丧失整体性，是必不可少的条件之一。

一个结构体系是由基本构件组成的，构件之间的连接遭到破坏，各个构件在未能充分发挥其抗震承载力之前，就因平面外失稳而倒塌，或从支承构件上滑脱坠地，结构就丧失了整体性。所以，要提高房屋的抗震性能，保证各个构件充分发挥承载力，首要的是加强构件间的连接，使之能满足传递地震作用时的强度要求和适应地震时大变形的延性要求。只要构件间的连接不破坏，整个结构就能始终保持其整体性，充分发挥其空间结构体系的抗震作用。

结构各构件之间的连接，应符合要求。构件节点的破坏，不应先于其连接的构件。预埋件的锚固破坏，不应先于连接件。装配式结构构件的连接，应能保证结构的整体性。预应力混凝土构件的预应力钢筋，宜在节点核心区以外锚固。

## 3.5 结构分析

"小震不坏""大震不倒"这两项要求是抗震设防目标的最基本要求。

要达到"小震不坏"的目标，需要进行多遇地震作用下的反应分析，截面抗震验算以及层间弹性位移的验算，这些都是以线弹性理论为基础的。建筑结构应进行多遇地震作用下的内力和变形分析，此时，可假定结构与构件处于弹性工作状态，内力和变形分析可采用线性静力方法或线性动力方法。

"大震不倒"这一设防目标，并不是所有房屋都必须进行计算后才能达到的，相当部分建筑是靠抗震措施，特别是靠抗震构造措施来保证，例如砌体结构等。部分结构需进行罕遇地震作用下的弹塑性变形验算，以防止大震时房屋产生倒塌，为此就需要进行罕遇地震作用下结构的弹塑性变形分析。不规则且具有明显薄弱部位可能导致重大地震破坏的建筑结构，应按规定进行罕遇地震作用下的弹塑性变形分析。此时，可根据结构特点采用静力弹塑性分析或弹塑性时程分析方法。

重力二阶效应影响是指：水平地震作用将使结构发生水平侧移，结构重力与水平侧移的乘积，也称为重力附加弯矩，在小变形假设下，这种附加弯矩一般不考虑。但是，这种附加弯矩由于侧移的增大而增加，当其大到一定程度时，就必须考虑重力二阶效应的影响。如多、高层钢结构要考虑此影响，钢筋混凝土框架结构可适当考虑，砌体和抗震墙（混凝土墙）结构可不考虑。当结构在地震作用下的重力附加弯矩大于初始弯矩的10%时，应计入重力二阶效应的影响。重力附加弯矩指任一楼层以上全部重力荷载与该楼层地震平均层间位移的乘积；初始弯矩指该楼层地震剪力与楼层层高的乘积。

结构抗震分析时，应按照楼、屋盖的平面形状和平面内变形情况确定为刚性、分块刚性、半刚性、局部弹性和柔性等的横隔板，再按抗侧力系统的布置确定抗侧力构件间的共同工作并进行各构件间的地震内力分析。质量和侧向刚度分布接近对称且楼、屋盖可视为刚性横隔板的结构，以及有具体规定的结构，可采用平面结构模型进行抗震分析。其他情况，应采用空间结构模型进行抗震分析。

利用计算机进行结构抗震分析，应符合下列要求：

(1) 计算模型的建立、必要的简化计算与处理，应符合结构的实际工作状况，计算中应考虑楼梯构件的影响，但遇到较复杂结构就会发生问题。例如构件连接点处理成铰接还是刚接，支座处理成滚动支承还是铰链支承，处理不好会使结构内力发生重大变化。

(2) 计算软件的技术条件应符合《标准》的规定，并应阐明其特殊处理的内容和依据。

(3) 复杂结构在多遇地震作用下的内力和变形分析时，应采用不少于两个合适的不同力学模型，并对其计算结果进行分析比较。

(4) 所有计算机计算结果，应经分析判断确认其合理、有效后方可用于工程设计。

## 3.6 结构材料与施工

建筑结构材料性能指标和从抗震出发对施工中所提出的某些特别要求能否得到满足，对房屋抗震的工程质量至关重要。

1. 抗震结构对材料的特别要求

抗震设计对材料的总体要求是高强、轻质、脆性小、足够的变形能力和延性系数（表示极限变形与相应屈服变形之比）高。对常用的结构材料的质量有明确要求。

1) 混凝土结构的钢筋

混凝土结构材料应符合下列规定：

抗震等级为一、二、三级的框架和斜撑构件（含梯段），其纵向受力钢筋采用普通钢筋时，钢筋的抗拉强度实测值与屈服强度实测值的比值不应小于 1.25，这是为了保证当构件某个部位出现塑性铰以后，塑性铰处有足够的转动能力与耗能能力。钢筋的屈服强度实测值与屈服强度标准值的比值不应大于 1.3，这是为了保证在抗震设计中实现强柱弱梁和强剪弱弯所规定的内力调整提供必要的条件。钢筋在最大拉力下的总伸长率实测值不应小于 9%，这是控制钢筋延性的重要指标。上述三项要求都是为了保证材料进入弹塑性阶段后结构具有足够的变形能力，从而防止或延缓结构在罕遇地震下可能发生的倒塌。

钢筋混凝土构件的延性和承载力，在很大程度上取决于钢筋的材性，应优先采用延性、韧性和焊接性较好的钢筋。所以不希望在抗震结构中使用高强钢筋，一般用中强钢筋。普通钢筋宜优先采用延性、韧性和焊接性较好的钢筋；普通钢筋的强度等级，纵向受力钢筋宜选用符合抗震性能指标的不低于 HRB400 级的热轧钢筋；箍筋宜选用符合抗震性能指标的不低于 HRB400 级的热轧钢筋，也可选用 HPB300 级热轧钢筋。

2) 混凝土

混凝土强度等级不能太高，因为高强度混凝土具有脆性性质，且随等级提高而增加，因此在抗震设计中应考虑这一因素。但混凝土强度等级也不能太低，因为混凝土强度等级太低时钢筋的锚固不好。混凝土的强度等级，框支梁、框支柱及抗震等级为一、二级的框架梁、柱、节点核心区，不应低于 C30；构造柱、芯柱、圈梁及其他各类构件不应低于 C25。混凝土结构的混凝土强度等级，抗震墙不宜超过 C60，其他构件，9 度时不宜超过 C60，8 度时不宜超过 C70。

3) 砌体结构材料

普通砖和多孔砖的强度等级不应低于 MU10，其砌筑砂浆强度等级不应低于 M5；混凝土小型空心砌块的强度等级不应低于 MU7.5，其砌筑砂浆强度等级不应低于 Mb7.5。

4）钢结构的钢材

钢结构的钢材宜采用 Q235 等级 B、C、D 的碳素结构钢及 Q345 等级 B、C、D、E 的低合金高强度结构钢；当有可靠依据时，尚可采用其他钢种和钢号。为了保证钢结构的延性，钢结构的钢材应符合：钢材的屈服强度实测值与抗拉强度实测值的比值不应大于 0.85；钢材应有明显的屈服台阶，且伸长率不应小于 20%；钢材应有良好的焊接性和合格的冲击韧性。

2. 抗震结构对施工质量的特别要求

抗震结构在材料选用、施工程序特别是材料代用上有特殊的要求，主要是减少材料的脆性和贯彻原设计意图。

1）钢筋替代

在施工中，当需要用强度等级较高的钢筋代替原设计中的纵向受力钢筋时，不能片面强调强度条件的要求，还要保证结构的延性。抗震设计中并非钢筋越多越好，多了可能混凝土先破坏，属于脆性破坏，会使构件变形能力降低，应按照钢筋受拉承载力设计值相等的原则换算（此即"等强度代换" $f_{y1}A_{s1}=f_{y2}A_{s2}$）。因替代后的受力主筋总屈服强度不高于截面主筋原设计的总屈服强度，即能避免出现薄弱部位的转移，以及构件在有影响的部位发生脆性破坏（如混凝土压碎、钢筋混凝土构件剪切破坏等）。还应注意，钢筋的强度和直径改变后是否会影响到正常使用阶段的挠度和裂缝宽度以及最小配筋率和钢筋间距等构造要求，应满足正常使用极限状态和抗震构造措施的要求。

2）先砌后浇

砌体与混凝土构造柱、芯柱等应先砌后浇，以保证砌体与混凝土之间的紧密结合，可靠传力。砌体的交叉处应同步砌筑，并配置拉结筋，防止在地震中脱离。这是提高砖抗震墙变形能力的重要措施，施工中必须加以保证。钢筋混凝土构造柱和底部框架-抗震墙房屋中的砌体抗震墙，其施工应先砌墙后浇构造柱和框架梁柱。

3）水平施工缝

混凝土墙体、框架柱的水平施工缝，应采取措施加强混凝土的结合性能。对于抗震等级为一级的墙体和转换层楼板与落地混凝土墙体的交接处，宜验算水平施工缝截面的受剪承载力。

## 3.7 建筑抗震性能化设计

近代建筑对使用功能和环境功能的要求日益增长，要求抗震设计达到的目标也越来越高。例如，现代建筑遭受震害造成的经济损失往往远大于建筑物本身的造价，例如水坝、核电站等，其震害造成的危害可能难以估计。次生灾害的危害性也大大超过以前，有些甚至会很严重。因此，仅仅用"小震不坏、中震可修、大震不倒"的笼统设计概念已不能完全满足现代建筑结构的抗震设计要求了。

延性使建筑物在经历大震后保留下来，但是延性也对结构造成了一定程度上的"破坏"，有时结构修复十分困难，而修复费用往往取决于非结构构件的更换。故建筑业主提出了有关功能、性能水准、经济条件和修复费用等方面的要求。工程师也要说明其设计可以达到的性能指标、使用时间和造价要求等，于是结构抗震性能设计就提到日程上来了。

结构抗震性能设计要求在不同水准的地震作用下,直接以结构的性能和表现作为设计目标,在同一个地区和城市,不同的建筑可以根据业主的要求达到不同的性能目标,例如正常使用、生命安全、设备安全、防止倒塌等。经验表明,变形能力不足是结构倒塌的主要原因,结构变形过大、加速度和速度反应过大是建筑物内设备损坏、管道和装修等受到破坏的主要原因,因此,控制结构性能和控制结构设计造价成为抗震设计的多层次目标(单纯加大结构刚度、减小位移不是经济的设计)。实际上,可以表示结构"性能"的指标很多,例如位移、能量、应变、转角、承载力等,其中位移指标较为直接,又是工程师们熟悉的指标,有时把结构抗震性能设计直接叫"基于位移的抗震设计"。

结构抗震性能设计,是指以结构抗震性能目标为基准的结构抗震设计。结构抗震性能设计要求在不同强度水平的地震作用下,达到不同的预期目标。结构抗震性能目标,是指针对不同的地震地面运动(小震、中震或大震)设定的结构抗震性能水准。而结构抗震性能水准则是指对结构震后损坏状况及继续使用可能性等抗震性能的界定(如完好、基本完好、轻微破坏等)。当建筑有使用功能上或其他的专门要求时,可按高于基本的设防目标(三水准二阶段设计)进行结构抗震性能设计。

建筑抗震性能化设计,应根据其抗震设防类别、设防烈度、场地条件、结构类型和不规则性,建筑和附属设施的功能要求、投资、震后的损失、社会影响和修复难易程度等,对选定的抗震性能目标技术和经济可行性分析与论证。

建筑抗震性能化设计,应根据实际工程需要和可行性,选定具有明确针对性的性能目标。建筑的性能目标,宜采用不同地震动水准下的建筑性能状态要求进行表征,包括对应于不同地震动水准的结构和非结构的性能要求。

不同的结构抗震性能目标设定的结构抗震性能水准分为五个水准。建筑结构遭遇各种水准的地震影响时,根据其可能的损坏状态和继续使用的可能,各类房屋(砖房、混凝土框架、底层框架砖房、单层工业厂房、单层空旷房屋等)的地震破坏分级和地震直接经济损失估计方法,总体上可分为五级,详表3-4。

完好,即所有构件保持弹性状态,各种承载力设计值(拉、压、弯、剪、压弯、拉弯、稳定等)满足规范对抗震承载力的要求 $S<R/\gamma_{RE}$,层间变形(以弯曲变形为主的结构宜扣除整体弯曲变形)满足规范多遇地震下的位移角限值 $[\Delta u_e]$。这是各种预期性能目标在多遇地震下的基本要求——多遇地震下必须满足规范规定的承载力和弹性变形的要求。

基本完好,即构件基本保持弹性状态,各种承载力设计值基本满足规范对抗震承载力的要求 $S \leqslant R/\gamma_{RE}$(其中的效应 $S$ 不含抗震等级的调整系数),层间变形可能略微超过弹性变形限值。

轻微损坏,即结构构件可能出现轻微的塑性变形,但不达到屈服状态,按材料标准值计算的承载力大于作用标准组合的效应。

中等破坏,结构构件出现明显的塑性变形,但控制在一般加固即恢复使用的范围。中等破坏的变形参考值,大致取规范弹性和弹塑性位移角限值的平均值,轻微损坏取1/2平均值。

接近严重破坏,结构关键的竖向构件出现明显的塑性变形,部分水平构件可能失效需要更换,经过大修加固后可恢复使用。

结构抗震性能目标分为四级,详表3-5。

## 3.8 抗震例题

**地震破坏分级和地震直接经济损失估计方法**　　　　　表 3-4

| 名称 | 破坏描述 | 继续使用的可能性 | 变形参考值 |
|---|---|---|---|
| 基本完好（含完好） | 承重构件完好；个别非承重构件轻微损坏；附属构件有不同程度破坏 | 一般不需修理即可继续使用 | 小于$[\Delta u_e]$ |
| 轻微损坏 | 个别承重构件轻微裂缝（对钢结构构件指残余变形），个别非承重构件明显破坏；附属构件有不同程度破坏 | 不需修理或需稍加修理，仍可继续使用 | $(1.5\sim2)[\Delta u_e]$ |
| 中等破坏 | 多数承重构件轻微裂缝（或残余变形），部分明显裂缝（或残余变形）；个别非承重构件严重破坏 | 需一般修理，采取安全措施后可适当使用 | $(3\sim4)[\Delta u_e]$ |
| 严重破坏 | 多数承重构件严重破坏或部分倒塌 | 应排险大修，局部拆除 | 小于$0.9[\Delta u_p]$ |
| 倒塌 | 多数承重构件倒塌 | 需拆除 | 大于$[\Delta u_p]$ |

注：个别指 5% 以下，部分指 30% 以下，多数指 50% 以上。

**结构抗震性能目标**　　　　　表 3-5

| 地震水准 | 性能1 | 性能2 | 性能3 | 性能4 |
|---|---|---|---|---|
| 多遇地震 | 完好 | 完好 | 完好 | 完好 |
| 设防地震 | 完好，正常使用 | 基本完好，检修后继续使用 | 轻微损坏，简单修理后继续使用 | 轻微至接近中等损坏，变形小于$3[\Delta u_e]$ |
| 罕遇地震 | 基本完好，检修后继续使用 | 轻微至中等破坏，修复后继续使用 | 其破坏需加固后继续使用 | 接近严重破坏，大修后继续使用 |

对性能 1，结构构件在预期大震下仍基本处于弹性状态，则其细部构造仅需要满足最基本的构造要求，工程实例表明，采用隔震、减震技术或低烈度设防且风力很大时有可能实现；条件许可时，也可对某些关键构件提出这个性能目标。

对性能 2，结构构件在中震下完好，在预期大震下可能屈服，其细部构造需满足低延性的要求。例如，某 6 度设防的核心筒-外框结构，其风力是小震的 2.4 倍，风载层间位移是小震的 2.5 倍。结构所有构件的承载力和层间位移均可满足中震（不计入风载效应组合）的设计要求；考虑水平构件在大震下损坏使刚度降低和阻尼加大，按等效线性化方法估算，竖向构件的最小极限承载力仍可满足大震下的验算要求。于是，结构总体上可达到性能 2 的要求。

对性能 3，在中震下已有轻微塑性变形，大震下有明显的塑性变形，因而，其细部构造需要满足中等延性的构造要求。

对性能 4，在中震下的损坏已大于性能 3，结构总体的抗震承载力仅略高于一般情况，因而，其细部构造仍需满足高延性的要求。

## 3.8　抗震例题

【例 3-1】　已知某 6 层现浇钢筋混凝土框架结构。平面布置如图 3-9 所示，各楼层 $y$ 方向的地震剪力 $v_i$ 与层间位移平均值之比（$K_i=v_i/\Delta u_i$）如表 3-6 所示。求关于结构规则性的判断。

$K_i$ 详表　　　　　　　表 3-6

| 楼层号 | 1 | 2 | 3 | 4 | 5 | 6 |
|---|---|---|---|---|---|---|
| $K_i=v_i/\Delta u_i$ | $6.39\times10^5$ | $9.16\times10^5$ | $8.02\times10^5$ | $3.01\times10^5$ | $8.11\times10^5$ | $7.77\times10^5$ |

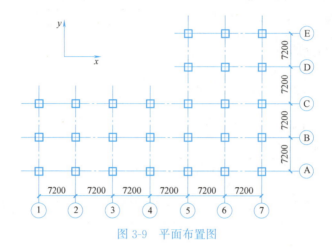

图 3-9　平面布置图

【解】　1) 竖向规则性判断

$$K_4=3.01\times10^5\text{N/mm};\ K_5=8.11\times10^5\text{N/mm}$$

$$\frac{K_4}{K_5}=\frac{3.01\times10^5}{8.11\times10^5}=0.37\leqslant0.7$$

根据表 3-2，判断为竖向不规则。

2) 平面规则性判断

$B=2\times7.2=14.4\text{m}$

$B_{\max}=4\times7.2=28.8\text{m}$

$B=14.4\text{m}\geqslant0.3B_{\max}=0.3\times28.8=8.64\text{m}$

根据表 3-2，判断为平面不规则。

【例 3-2】　已知今在 7 度抗震设防区、Ⅲ类建筑场地，拟建综合楼一座，高 28m，7 层（1~3 层为商场，第 4 层为转换层，5~7 层为旅店）。在 1~3 层的商场中部为共享空间，开有 24m×10m 的大洞。该楼为部分框支剪力墙结构，其结构平面规则、对称。房屋的立面外形也规则、对称，无挑出和收进，其底层平面如图 3-10 所示。经初步计算，在地震作用下，楼层竖向构件的最大弹性水平位移小于该层弹性水平位移平均值的 1.2 倍；转换层侧向刚度 $K_4$ 为其相邻的第 5 层的侧向刚度 $K_5$ 的 70%。判定该中央主楼的结构方案属哪种类型不规则结构。

【解】　1) 结构平面布置

(1) 平面形状校核。由于设防震缝，已将整个大楼划分成 3 个结构单元。每个结构单元的平面外形为矩形，满足规则结构对平面轮廓的要求，不超过平面尺寸的限值。

(2) 扭转校核。中央主楼虽 1~3 层开有 24m×10m 的大洞，但它的位置基本对称，各层的抗侧力构件——剪力墙和框架分布均匀、对称。在水平地震作用下，楼层竖向构件的最大弹性水平位移小于该层弹性侧移平均值的 1.2 倍，说明中央主楼受扭转的影响不

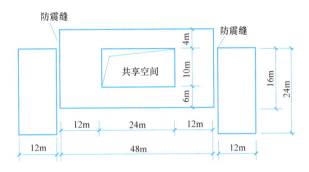

图 3-10 底层平面尺寸

大，满足规则结构对扭转限值的要求。

(3) 楼面尺寸及其刚度校核。楼面开洞面积 $24 \times 10 = 240 \text{m}^2$，小于楼面总面积 $48 \times 20 = 960 \text{m}^2$ 的 30%，即 $288 \text{m}^2$。满足规则结构对楼面开洞面积的限制要求。

有效楼板宽度 10m，等于楼面宽度 20m 的 50%。恰好符合规则结构有效楼板宽度限制的要求。

楼面也无局部凸出或收进这些不规则现象。

2) 结构竖向布置

(1) 正面外形校核。各个标高段均无外挑或内收，外形对称、均衡，符合规则结构对立面外形的要求。

(2) 竖向抗侧力构件连续性校核。1～3 层为设共享空间的大商场，为部分框支剪力墙结构；4 层为转换层；5～7 层为旅店客房，为剪力墙结构。转换层的存在，表明有部分竖向抗侧力构件不连续。

(3) 侧向刚度的变化校核。已知转换层的层侧向刚度 $K_4$ 为其相邻第 5 层的层侧向刚度 $K_5$ 的 70%，恰好符合规则结构为相邻上层侧向刚度的 70% 的限值。

根据以上分析表明仅有竖向抗侧力构件不连续一项不合格，可判定该中央主楼的结构方案属一般不规则结构。

【例 3-3】 已知一等高框架剪力墙结构，8 度抗震设防，其建筑平面如图 3-11 所示。拟设四条防震缝①、②、③、④，问哪条防震缝是必须设置的？

【解】 根据 3.3.2 节和图 3-2 给出的典型示例知：

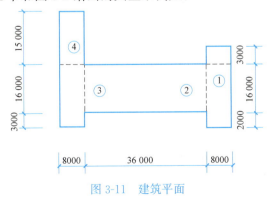

图 3-11 建筑平面

防震缝①：$B/B_{max}=3/(3+16+2)=0.14<0.3$，不必设置。

防震缝②、防震缝③不必设置。

防震缝④：$B/B_{max}=15/(15+16+3)=0.44>0.3$，是必须设置的。

## 思考题与习题

1. 抗震设计时，不应采用下列（　　）方案。
(A) 特别不规则的建筑设计　　(B) 严重不规则的建筑设计
(C) 非常不规则的建筑设计　　(D) 不规则的建筑设计

2. 建筑抗震设计应符合下列（　　）要求。
Ⅰ. 应符合概念设计的要求
Ⅱ. 当采用严重不规则的方案时，应进行弹塑性时程分析
Ⅲ. 不应采用严重不规则的方案
Ⅳ. 当采用严重不规则的方案时，应进行振动台试验
(A) Ⅰ、Ⅱ　　(B) Ⅰ、Ⅲ
(C) Ⅰ、Ⅳ　　(D) Ⅰ、Ⅱ、Ⅳ

3. 在地震区的高层设计中，下述对建筑平面、立面布置的要求，哪一项是不正确的（　　）。
(A) 建筑的平面、立面布置宜规则、对称
(B) 楼层不宜错层
(C) 楼层刚度小于上层时，应不小于相邻的上层刚度的50%
(D) 平面长度不宜过长，凸出部分长度宜减小

4. 根据《标准》，图3-12所示的结构平面，当尺寸$b$、$B$符合下列（　　）时属于平面不规则。
(A) $b \leqslant 0.25B$　　(B) $b > 0.3B$
(C) $b \leqslant 0.3B$　　(D) $b > 0.25B$

图3-12　结构平面

5. 根据《标准》，下列（　　）属于竖向不规则的条件。
(A) 抗侧力结构的层间受剪承载力小于相邻上一楼层的80%
(B) 该层的侧向刚度小于相邻上一层的80%
(C) 除顶层外，局部收进的水平尺寸大于相邻下一层的20%
(D) 该层的侧向刚度小于其上相邻三个楼层侧向刚度平均值的85%

6. 抗震设计时，下列（　　）结构不属于竖向不规则的类型。
(A) 侧向刚度不规则
(B) 竖向抗侧力构件不连续
(C) 局部收进的水平方向的尺寸不大于相邻下一层的25%
(D) 楼层承载力突变

7. 下列建筑中属于结构竖向不规则的是（　　）。
(A) 有较大的楼层错层
(B) 某层的侧向刚度小于相邻上一楼层的75%

(C) 楼板的尺寸和平面刚度急剧变化

(D) 某层的受剪承载力小于相邻上一楼层的 80%

8. 多层和高层钢筋混凝土结构抗震房屋的立面尺寸，$H'/H>0.2$ 时可按规则结构进行抗震分析的是图 3-13 中（　　）体型。

(A) Ⅰ、Ⅲ　　　　　　　　　(B) Ⅰ、Ⅳ

(C) Ⅱ、Ⅲ　　　　　　　　　(D) Ⅱ、Ⅳ

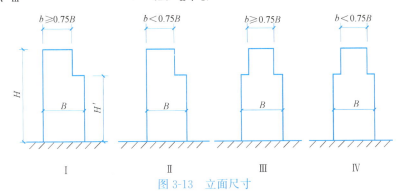

图 3-13　立面尺寸

9. 抗震设计时，下列结构中（　　）不属于竖向不规则的类型。

(A) 侧向刚度不规则

(B) 竖向抗侧力构件不连续

(C) 顶层局部收进的水平方向的尺寸大于相邻下一层的 25%

(D) 楼层承载力突变

10. 下列建筑（　　）属于结构竖向不规则。

(A) 有较大的楼层错层

(B) 某层的侧向刚度小于相邻上一层的 75%

(C) 板的尺寸和平面刚度急剧变化

(D) 某层的受剪承载力小于相邻上一楼层的 80%

11. 下列（　　）属于竖向不规则的条件。

(A) 抗侧力结构的层间受剪承载力小于相邻上一楼层的 80%

(B) 该层的侧向刚度小于相邻上一层的 80%

(C) 除顶层外，局部收进的水平向尺寸大于相邻下一层的 20%

(D) 该层的侧向刚度小于其上相邻三个楼层侧向刚度平均值的 85%

12. 在结构平面和竖向布置中，达到（　　）情况时，即属严重不规则的设计方案了。

(A) 在结构平面和竖向布置中，仅有个别项目超过上述规程（或规范）的不规则指标

(B) 在结构平面和竖向布置中，有多项超过上述规程（或规范）的不规则指标

(C) 在结构平面和竖向布置中，有多项超过上述规程（或规范）的不规则指标，且超过较多或有一项大大超过

(D) 在结构平面和竖向布置中，有多项大大超过上述规程（或规范）的不规则指标

13. 在一栋有抗震设防要求的建筑中，防震缝的设置正确的是（　　）。

(A) 防震缝应将其两侧房屋的上部结构完全分开

(B) 防震缝应将其两侧房屋的上部结构连同基础完全分开

(C) 只有在设地下室的情况下，防震缝才可以将其两侧房屋的上部结构分开

(D) 只有在不设地下室的情况下，防震缝才可以将其两侧房屋的上部结构分开

14. 下列关于结构规则性的判断或计算模型的选择，其中（　　）不妥。
   (A) 当超过梁高的错层部分面积大于该楼层总面积的30%时，属于平面不规则
   (B) 顶层及其他楼层局部收进的水平向尺寸大于相邻下一层25%时，属于竖向不规则
   (C) 平面不规则或竖向不规则的建筑结构，均应采用空间结构计算模型
   (D) 抗侧力结构的层间受剪承载力小于相邻上一楼层的80%时，属于竖向不规则

15. 下列对结构体系描述不正确的是（　　）。
   (A) 宜设多道抗震防线
   (B) 结构在两个主轴方向的动力特性宜相近
   (C) 结构在两个主轴方向动力特性相差宜大
   (D) 应避免应力集中

16. 选择建筑场地时，下列对建筑抗震不利的是（　　）。
   (A) 地震时可能发生滑坡的地段　　(B) 地震时可能发生崩塌的地段
   (C) 地震时可能发生地裂的地段　　(D) 断层破碎带地段

17. 在地震区选择建筑场地时，下列（　　）要求是合理的。
   (A) 不应在地震时可能发生地裂的地段建造丙类建筑
   (B) 场地内存在发震断裂时，应坚决避开
   (C) 不应在液化土上建造乙类建筑
   (D) 甲类建筑应建造在坚硬土上

18. 选择建筑场地时，下列（　　）地段是对建筑抗震危险的地段。
   (A) 液化土　　　　　　　　　(B) 高耸孤立的山丘
   (C) 古河道　　　　　　　　　(D) 地震时可能发生地裂的地段

19. 抗震设防地区钢结构钢材应选用（　　）。
   (A) 伸长率不大于20%的软钢　　(B) 伸长率大于20%的软钢
   (C) 伸长率等于20%的软钢　　　(D) 硬钢

20. 按一、二级抗震等级设计时，框架结构中纵向受力钢筋的屈服强度实测值与强度标准值的比值，不应大于（　　）。
   (A) 1.25　　　　　　　　　　(B) 1.30
   (C) 1.50　　　　　　　　　　(D) 1.80

21. 抗震设计时，钢筋混凝土构造柱、芯柱、圈梁等的混凝土强度等级不应低于（　　）。
   (A) C20　　　　　　　　　　(B) C25
   (C) C30　　　　　　　　　　(D) C40

22. 抗震设计时，框支梁、框支柱及抗震等级为一级的框架梁、柱、节点核心区，混凝土强度等级不应低于（　　）。
   (A) C20　　　　　　　　　　(B) C25
   (C) C30　　　　　　　　　　(D) C40

23. 按一、二级抗震等级设计时，框架结构中纵向受力钢筋的抗拉强度实测值与屈服强度实测值的比值，不应小于（　　）。
   (A) 1.25　　(B) 1.50　　(C) 1.80　　(D) 2.00

24. 对于有抗震设防要求的砖砌体结构房屋，砖砌体的砂浆强度等级不应低于（　　）。
   (A) M2.5　　　　　　　　　 (B) M5
   (C) M7.5　　　　　　　　　 (D) M10

25. 有抗震设防要求的钢筋混凝土结构施工中，如钢筋的钢号不能符合设计要求时，则（　　）。
   (A) 允许用强度等级低的钢筋代替

(B) 不允许用强度等级高的钢筋代替
(C) 用强度等级高的但钢号不超过Ⅲ级钢的钢筋代替时，钢筋的直径和根数可不变
(D) 用强度等级高的但钢号不超过Ⅲ级钢的钢筋代替时，应进行换算
26. 试分析房屋体型对结构抗震性能的影响。
27. 试分析结构布置对结构抗震性能的影响。
28. 试举例说明多道抗震防线对提高结构的抗震性能的作用。

# 第4章

# 结构地震反应分析与抗震计算

## 4.1 概　　述

### 4.1.1 结构地震反应

由地震动引起的结构内力、变形、位移及结构运动速度与加速度等统称为结构地震反应。若专指由地震动引起的结构位移，则称结构地震位移反应。

地震时，地面上原来静止的结构物因地面运动而产生强迫振动。因此，结构地震反应是一种动力反应，其大小（或振动幅值）不仅与地面运动有关，还与结构动力特性（自振周期、振型和阻尼）有关，一般需采用结构动力学方法分析才能得到。

### 4.1.2 地震作用

结构工程中"作用"一同，指能引起结构内力、变形等反应的各种因素。按引起结构反应的方式不同，"作用"可分为直接作用与间接作用。各种荷载（如重力、风载、土压力等）为直接作用，而各种非荷载作用（如温度、基础沉降等）为间接作用。结构地震反应是地震动通过结构惯性引起的，因此地震作用（即结构地震惯性力）是间接作用，而不称为荷载。但工程上为应用方便，有时将地震作用等效为某种形式的荷载作用，这时可称为等效地震荷载。

### 4.1.3 结构动力计算简图及体系自由度

进行结构地震反应分析的第一步，就是确定结构动力计算简图。

结构动力计算的关键是结构惯性的模拟，由于结构的惯性是结构质量引起的，因此结构动力计算简图的核心内容是结构质量的描述。

描述结构质量的方法有两种，一种是连续化描述（分布质量），另一种是集中化描述（集中质量）。如采用连续化方法描述结构的质量，结构的运动方程将为偏微分方程的形式，而一般情况下偏微分方程的求解和实际应用不方便。因此，工程上常采用集中化方法描述结构的质量，以此确定结构动力计算简图。

采用集中质量方法确定结构动力计算简图时，需先定出结构质量集中位置。可取结构各区域主要质量的质心为质量集中位置，将该区域主要质量集中在该点上，忽略其他次要质量或将次要质量合并到相邻主要质量的质点上去。例如，水塔建筑的水箱部分是结构的主要质量，而塔柱部分是结构的次要质量，可将水箱的全部质量及部分塔柱质量集中到水箱质心处，使结构成为一单质点体系（图 4-1a）。再如，采用大型钢筋混凝土屋面板的厂房的屋盖部分是结构的主要质量（图 4-1b），确定结构动力计算简图时，可将厂房各跨质量集中到各跨屋盖标高处。又如，多、高层建筑的楼盖部分是结构的主要质量（图 4-1c），可将结构的质量集中到各层楼盖标高处，成为一多质点结构体系。当结构无明显主要质量部分时（如图 4-1d 所示烟囱），可将结构分成若干区域，而将各区域的质量集中到该区域的质心处，同样形成一多质点结构体系。

确定结构各质点运动的独立参量数为结构运动的体系自由度。空间中的一个自由质点可以有三个独立位移，因此一个自由质点在空间有三个自由度。若限制质点在一个平面内运动，则一个自由质点有两个自由度。

结构体系上的质点，由于受到结构构件的约束，其自由度数可能小于自由质点的自由度数。如图 4-1 所示的结构体系，当考虑结构的竖向约束作用而忽略质点竖向位移时，则各质点在竖直平面内只有一个自由度,在空间有两个自由度。

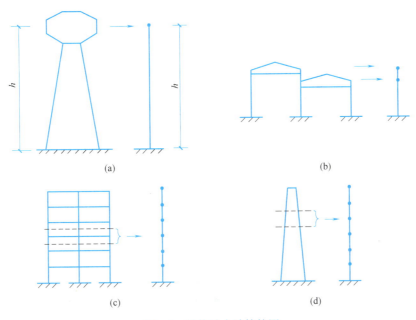

图 4-1 结构动力计算简图
(a) 水塔;(b) 厂房;(c) 多、高层建筑;(d) 烟囱

## 4.2 单自由度体系的弹性地震反应分析

### 4.2.1 运动方程

图 4-2 是单自由度体系在地震作用下的计算简图。在地面运动 $x_g$ 作用下,结构发生振动,产生相对地面的位移 $x$、速度 $\dot{x}$ 和加速度 $\ddot{x}$。若取质点 $m$ 为隔离体,则该质点上作用有三种力,即惯性力 $f_I$、阻尼力 $f_c$ 和弹性恢复力 $f_r$。

惯性力是质点的质量 $m$ 与绝对加速度 $[\ddot{x}_g+\ddot{x}]$ 的乘积,但方向与质点运动加速度方向相反,即:

$$f_I = -m(\ddot{x}_g + \ddot{x}) \tag{4-1}$$

阻尼力是由结构内摩擦及结构周围介质(如空气、水等)对结构运动的阻碍造成的,阻尼力的大小一般与结构运动速度有关。按照黏滞阻尼理论,阻尼力与质点速度成正比,但方向与质点运动速度相反,即:

$$f_c = -c\dot{x} \tag{4-2}$$

式中 $c$——阻尼系数。

弹性恢复力是使质点从振动位置恢复到平衡位置的力,由结构弹性变形产生。根据胡克定律,该力的大小与质点偏离平衡位置的位移成正比,但方向相反,即:

$$f_r = -kx \tag{4-3}$$

式中 $k$——体系刚度,即使质点产生单位位移需在质点上施加的力。

根据达朗贝尔原理,质点在上述三个力作用下处于平衡,即:

$$f_I + f_c + f_r = 0 \qquad (4\text{-}4)$$

将式（4-1）~式（4-3）代入式（4-4），得：

$$m\ddot{x} + c\dot{x} + kx = -m\ddot{x}_g \qquad (4\text{-}5)$$

上式即为单自由度体系的运动方程，为一个常系数二阶非齐次线性微分方程。为便于方程的求解，将式（4-5）两边同除以 $m$，得：

$$\ddot{x} + \frac{c}{m}\dot{x} + \frac{k}{m}x = -\ddot{x}_g \qquad (4\text{-}6)$$

令 $\omega = \sqrt{\dfrac{k}{m}}$，$\xi = \dfrac{c}{2\omega m}$，则式（4-6）写成：

$$\ddot{x} + 2\omega\xi\dot{x} + \omega^2 x = -\ddot{x}_g \qquad (4\text{-}7)$$

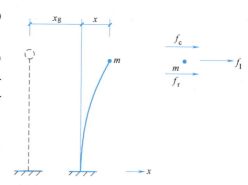

图 4-2　单自由度体系在地震作用下的变形与受力

### 4.2.2　运动方程的解

**1. 方程的齐次解——自由振动**

式（4-7）相应的齐次方程为：

$$\ddot{x} + 2\omega\xi\dot{x} + \omega^2 x = 0 \qquad (4\text{-}8)$$

方程式（4-7）描述的是，在没有外界激励的情况下结构体系的运动即自由振动。为解方程式（4-7），按齐次常微分方程的求解方法，先求解相应的特征方程：

$$r^2 + 2\omega\xi r + \omega^2 = 0 \qquad (4\text{-}9)$$

其特征根为：

$$r_1 = -\xi\omega + \omega\sqrt{\xi^2 - 1}、r_2 = -\xi\omega - \omega\sqrt{\xi^2 - 1}$$

则方程式（4-9）的解为：

（1）若 $\xi > 1$，$r_1$、$r_2$ 为负实数：

$$x(t) = c_1 e^{r_1 t} + c_2 e^{r_2 t} \qquad (4\text{-}10a)$$

（2）若 $\xi = 1$，$r_1 = r_2 = -\xi\omega$：

$$x(t) = (c_1 + c_2 t)e^{-\xi\omega t} \qquad (4\text{-}10b)$$

（3）若 $\xi < 1$，$r_1$、$r_2$ 为共轭复数：

$$x(t) = e^{-\xi\omega t}(c_1 \cos\omega_D t + c_2 \sin\omega_D t) \qquad (4\text{-}10c)$$

上式中，$c_1$、$c_2$ 为待定系数，由初始条件确定。

$$\omega_D = \omega\sqrt{1 - \xi^2} \qquad (4\text{-}11)$$

显然，$\xi > 1$ 时，体系不产生振动，称为过阻尼状态；$\xi < 1$ 时，体系产生振动，称为欠阻尼状态；而 $\xi = 1$ 时，介于上述两种状态之间，称为临界阻尼状态，此时体系也不产生振动（图 4-3）。

与 $\xi = 1$ 相应的阻尼系数为 $c_r = 2\omega m$，称之为临界阻尼系数，因此 $\xi$ 也可表达为 $\xi = \dfrac{c}{c_r}$，故称 $\xi$ 为临界阻尼比，简称阻尼比。

一般工程结构均为欠阻尼情形，为确定式 $x(t)$ 中的待定系数，考虑如下初始条件：

$$x_0 = x(0),\ \dot{x}_0 = \dot{x}(0)$$

其中 $x_0$、$\dot{x}_0$ 分别为体系质点的初始位移和初始速度。由此可得：

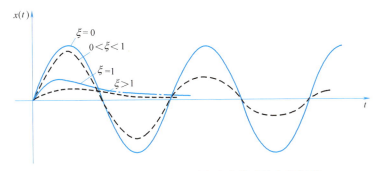

图 4-3　各种阻尼状态下单自由度体系的自由振动

$$c_1 = x_0, \quad c_2 = \frac{\dot{x}_0 + \xi\omega x_0}{\omega_D}$$

将 $c_1$、$c_2$ 代入式（4-10c），则得体系自由振动位移时程为：

$$x(t) = e^{-\xi\omega t}\left(x_0\cos\omega_D t + \frac{\dot{x}_0 + \xi\omega x_0}{\omega_D}\sin\omega_D t\right) \tag{4-12}$$

无阻尼时（$\xi=0$）：

$$x(t) = x_0\cos\omega t + \frac{\dot{x}_0}{\omega}\sin\omega t \tag{4-13}$$

由于 $\cos\omega t$、$\sin\omega t$ 均为简谐函数，因此无阻尼单自由度体系的自由振动为简谐周期振动，振动圆频率为 $\omega$，而振动周期为：

$$T = \frac{2\pi}{\omega} = 2\pi\sqrt{\frac{m}{k}} \tag{4-14}$$

因质量 $m$ 与刚度 $k$ 是结构固有的，因此无阻尼体系自振频率或周期也是体系固有的，称为固有频率与固有周期。同样可知，$\omega_D$ 为有阻尼单自由度体系的自振频率。一般结构的阻尼比很小，范围为 $\xi=0.01\sim0.1$，由式（4-11）知，$\omega_D\approx\omega$。

有阻尼和无阻尼单自由度体系自由振动的重要区别在于，有阻尼体系自振的振幅将不断衰减（图 4-3），直至消失。

【例 4-1】　已知一水塔结构，可简化为单自由度体系（图 4-1a）。$m=10\,000\text{kg}$，$k=1\text{kN/cm}$，求该结构的自振周期。

【解】　直接由式（4-14），并采用国际单位可得：

$$T = 2\pi\sqrt{\frac{m}{k}} = 2\pi\sqrt{\frac{10\,000}{1\times10^3/10^{-2}}}\text{s} = 1.99\text{s}$$

2. 方程的特解Ⅰ——简谐强迫振动

当地面运动为简谐运动时，将使体系产生简谐强迫振动。
设：

$$x_g(t) = A\sin\omega_g(t) \tag{4-15}$$

式中　$A$——地面运动振幅；
　　　$\omega_g$——地面运动圆频率。

将式（4-15）代入体系运动方程式（4-7）得：

$$\ddot{x} + 2\omega\xi\dot{x} + \omega^2 x = -A\omega_g^2 \sin\omega_g(t) \tag{4-16}$$

上述方程零初始条件 $x(0)=0$，$\dot{x}(0)=0$ 的特解为：

$$x(t) = \frac{A\left(\dfrac{\omega_g}{\omega}\right)^2 \left\{\left[1-\left(\dfrac{\omega_g}{\omega}\right)^2\right]\sin\omega_g t - 2\xi\dfrac{\omega_g}{\omega}\cos\omega_g t\right\}}{\left[1-\left(\dfrac{\omega_g}{\omega}\right)^2\right]^2 + \left[2\xi\left(\dfrac{\omega_g}{\omega}\right)\right]^2} \tag{4-17}$$

显然，单自由度体系的简谐地面运动强迫振动是圆频率为 $\omega_g$ 的周期运动，可将其简化表达为：

$$x(t) = B\sin(\omega_g t + \varphi) \tag{4-18}$$

式中　$B$——体系质点的振幅；

　　　$\varphi$——体系振动与地面运动的相位差。

考察如下振幅放大系数，可反映体系简谐地面运动反应特性：

$$\beta = \frac{B}{A} = \frac{(\omega_g/\omega)^2}{\sqrt{\left[1-\left(\dfrac{\omega_g}{\omega}\right)^2\right]^2 + \left[2\xi\left(\dfrac{\omega_g}{\omega}\right)\right]^2}} \tag{4-19}$$

放大系数 $\beta$ 与频率比 $\dfrac{\omega_g}{\omega}$ 的关系如式（4-19）所示，放大系数 $\beta$ 最大值在 $\dfrac{\omega_g}{\omega}=1$ 附近，即：

$$\beta_{\max} \approx \beta|_{\omega_g=\omega} = \frac{1}{2\xi} \tag{4-20}$$

由于结构阻尼一般较小 $\xi=0.01\sim0.1$，因此 $\beta_{\max}$ 可达 $5\sim50$，即体系质点振幅可为地面振幅的几倍至几十倍。这种当结构体系自振频率与简谐地面运动频率相近时结构发生强烈振动反应的现象称为共振。

3. 方程的特解Ⅱ——冲击强迫振动

当地面运动为如下冲击运动时：

$$\ddot{x}_g(\tau) = \begin{cases} \ddot{x}_g & 0 \leqslant \tau \leqslant dt \\ 0 & \tau > dt \end{cases} \tag{4-21}$$

体系质点将受如下冲击力作用：

$$P = \begin{cases} -m\ddot{x}_g & 0 \leqslant \tau \leqslant dt \\ 0 & \tau > dt \end{cases} \tag{4-22}$$

则体系质点在 $0\sim dt$ 时间内的加速度为：

$$a = \frac{P}{m} = -\ddot{x}_g \tag{4-23}$$

在 $dt$ 时刻的速度和位移分别为：

$$V = \frac{P}{m}dt = -\ddot{x}_g dt, \quad d = \frac{1}{2}\frac{P}{m}(dt)^2 \approx 0$$

可见，地面冲击运动的结果是使体系质点产生速度。因地面冲击作用后，体系不再受外界任何作用，因此体系地面冲击强迫振动即是初速度为 $V=-\ddot{x}_g dt$ 的体系自由振动。由式（4-12）得：

$$x(t) = -\frac{\ddot{x}_g \mathrm{d}t e^{-\xi\omega t}}{\omega_D} \sin\omega_D t \qquad (4\text{-}24)$$

**4. 方程的特解Ⅲ——一般强迫振动**

地震地面运动一般为不规则往复运动，如图 4-4（a）所示。为求一般地震地面运动作用下单自由度弹性体系运动方程的解，可将地面运动分解为很多个脉冲运动，由任意 $t=\tau$ 时刻的地面运动脉冲 $\ddot{x}_g(\tau)\mathrm{d}t$ 引起的体系反应为：

$$\mathrm{d}x(t) = \begin{cases} 0 & t < \tau \\ -e^{-\xi\omega(t-\tau)} \dfrac{\ddot{x}_g \mathrm{d}t}{\omega_D} \sin\omega_D(t-\tau) & t \geqslant \tau \end{cases} \qquad (4\text{-}25)$$

体系在任意 $t$ 时刻地震反应可由 $\tau=0\sim t$ 时段所有地面运动脉冲反应的叠加求得，即：

$$x(t) = \int_0^t \mathrm{d}x(t) = -\frac{1}{\omega_D}\int_0^t \ddot{x}_g(\tau) e^{-\xi\omega(t-\tau)} \sin\omega_D(t-\tau)\mathrm{d}\tau \qquad (4\text{-}26)$$

上式即为单自由度体系运动方程一般地面运动强迫振动的特解，称为杜哈密积分。

**5. 方程的通解**

根据线性常微分方程理论：

方程的通解＝齐次解＋特解

对于受地震作用的单自由度运动体系，上式的意义为：

体系地震反应＝自由振动＋强迫振动

由前面的论述已知，体系的自由振动由体系初位移和初速度引起，而体系的强迫振动

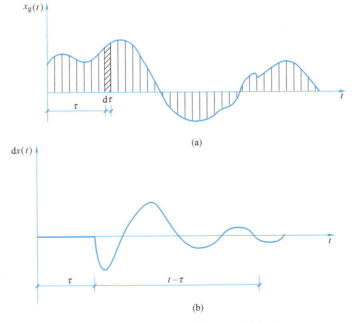

图 4-4 地面运动与单自由度体系反应
（a）地面运动加速度时程曲线；（b）地面运动脉冲引起的单自由度体系反应

由地面运动引起。若体系无初位移和初速度，则体系地震反应中的自由振动项为零。另，即使体系有初位移或初速度，由于体系有阻尼，则由式（4-12）知，体系的自由振动项也会很快衰减，一般可不考虑。因此，可仅取体系强迫振动项，即式（4-26）表达的杜哈密积分，计算单自由度体系的地震位移反应。

## 4.3 单自由度体系的水平地震作用与反应谱

### 4.3.1 水平地震作用的定义

对于结构设计来说，感兴趣的是结构最大反应，为此，将质点所受最大惯性力定义为单自由度体系的地震作用，即：

$$F = |m(\ddot{x}_g + \ddot{x})|_{\max} = m|(\ddot{x}_g + \ddot{x})|_{\max}$$

将单自由度体系运动方程式（4-5）改写为：

$$m(\ddot{x}_g + \ddot{x}) = -(c\dot{x} + kx) \tag{4-27}$$

并注意到物体振动的一般规律为：加速度最大时，速度最小（$\dot{x} \to 0$）。则由式（4-27）近似可得：

$$|m(\ddot{x}_g + \ddot{x})|_{\max} = k|x|_{\max}$$

即：

$$F = k|x|_{\max} \tag{4-28}$$

上式的意义是：求得地震作用后，即可按静力分析方法计算结构的最大地震位移反应。

### 4.3.2 地震反应谱

物理学中"谱"的概念，是把一种复杂的事件分解成若干独立的分量，并按一定的次序把它们排列起来形成的图形。

"反应谱"即是在某一能量输入下，单质点体系的最大反应随自振周期变化的曲线。

"地震反应谱"即是在给定地震时程作用下，单质点体系的最大加速度反应随自振周期 $T$ 变化的曲线，即为地震加速度反应谱，记为 $S_a(T)$。它同时也是阻尼的函数。

将地震位移反应表达式（4-26）微分两次得：

$$\ddot{x}(t) = \omega_D \int_0^t \ddot{x}_g(\tau) e^{-\xi\omega(t-\tau)}$$

$$\left\{ \left[1 - \left(\frac{\xi\omega}{\omega_D}\right)^2\right] \sin\omega_D(t-\tau) + 2\frac{\xi\omega}{\omega_D}\cos\omega_D(t-\tau) \right\} d\tau - \ddot{x}_g(t) \tag{4-29}$$

注意到结构阻尼比一般较小，$\omega_D \approx \omega$，另体系自振周期 $T = \frac{2\pi}{\omega}$，可得：

$$S_a(T) = |\ddot{x}_g(t) + \ddot{x}(t)|_{\max}$$

$$\approx \left| \omega \int_0^t \ddot{x}_g(\tau) e^{-\xi\omega(t-\tau)} \sin\omega(t-\tau) d\tau \right|_{\max}$$

$$= \left| \frac{2\pi}{T} \int_0^t \ddot{x}_g(\tau) e^{-\xi\frac{2\pi}{T}(t-\tau)} \sin\frac{2\pi}{T}(t-\tau) d\tau \right|_{\max} \tag{4-30}$$

图 4-5 表示一单质点体系，下端嵌固在地面，其自振周期是固有的。对这一单质点体系输入某一具体的地面运动时程曲线，通过动力分析，能得到质点的加速度响应曲线，并

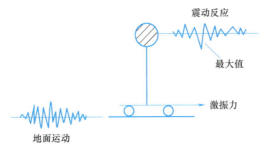

图 4-5 单质点体系的最大加速度值

取得该条曲线的最大加速度值。

图 4-6 表示有一组单质点体系，下端嵌固在地面，其固有的自振周期是各不相同的，分别为 $T_i$。对这一群单质点体系输入某一具体的地面运动时程曲线。通过动力分析，能得到这群质点的加速度响应曲线，并能从每条曲线上取得最大加速度值。

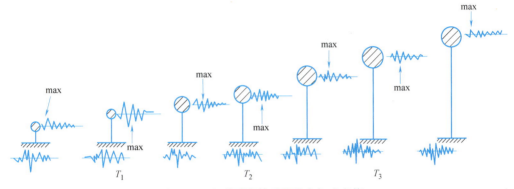

图 4-6 一组单质点体系的最大加速度值

图 4-7 表示有 3 个阻尼比相同而自振周期不同的单质点体系，下端嵌固在地面，对这 3 个单质点体系输入某一具体的地面运动时程曲线，得到 3 个质点的加速度响应曲线，取得每条曲线的最大加速度值。取一坐标体系，其横坐标为周期，纵坐标为加速度值。将这 3 个质点的自振周期和最大加速度值点在这坐标图上并连接起来，这即是加速度反应谱的制作方法。

形象地说，位于同一场地条件下、按自振周期长短依次排列的一组弹性单质点系，遭遇某次地震时，各个质点最大加速度反应值的连线，就是地震反应谱，如图 4-8 所示。

地震加速度反应谱的特点：

（1）反应谱曲线为多峰点的不规则曲线，阻尼比值对反应谱的影响很大，它不仅能降低结构反应的幅值，而且可以削平不少峰点，使反应谱曲线变得平缓。当阻尼比等于零时，反应谱的谱值最大，峰点比较突出。

（2）当结构周期小于某个值时，幅值随周期急剧增大；当大于这个值时，振幅随周期快速下降。

### 4.3.3 设计反应谱

水平地震作用的绝对最大值可表示为单自由度弹性体系的最大加速度 $S_a(T)$ 与质点质量 $m$ 的乘积，即：

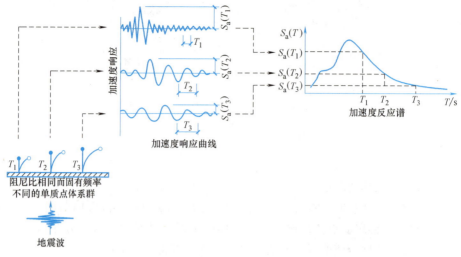

图 4-7 加速度反应谱的形成

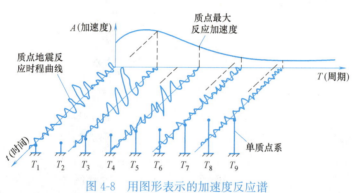

图 4-8 用图形表示的加速度反应谱

$$F = mS_a(T) \tag{4-31}$$

然而，地震反应谱除受体系阻尼比的影响外，还受地震动的振幅、频谱等的影响，不同的地震动记录，地震反应谱也不同。当进行结构抗震设计时，由于无法确知今后发生地震的地震动时程，因而无法确定相应的地震反应谱。可见，地震反应谱直接用于结构的抗震设计有一定的困难，而需专门研究可供结构抗震设计用的反应谱，称之为设计反应谱。

1. 地震系数

利用地震加速度反应谱对结构进行地震作用计算，使得抗震计算这一动力问题转化为相当于静力荷载作用下的静力计算问题，这给结构地震反应分析带来了极大的简化。

$$F = mg \frac{|\ddot{x}_g|_{\max}}{g} \frac{S_a(T)}{|\ddot{x}_g|_{\max}} = Gk\beta(T) \tag{4-32}$$

$$k = \frac{|\ddot{x}_g|_{\max}}{g}$$

$$\beta(T) = \frac{S_a(T)}{|\ddot{x}_g|_{\max}}$$

式中 $G$——体系的重量；

$k$——地震系数；

$\beta(T)$——动力系数。

根据地震系数 $k$ 的定义，可以看出，$k$ 是地震动峰值加速度与重力加速度之比值，也就是以重力加速度为单位的地震动峰值加速度。显然，地面加速度越大，地震的影响就越强烈，即地震烈度越大。所以，地震系数与地震烈度有关，两者都是地震强烈程度的参数。例如，地震时在某处地震加速度记录的最大值得出这次地震在该处的 $k$ 值（以重力加速度 $g$ 为单位）。可以同时根据该处的地表破坏现象、建筑的损坏程度等，按地震烈度表评定该处的宏观烈度，得出某次地震的地震烈度与地震系数之间的对应关系。根据许多这样的资料及统计分析表明，烈度每增加一度，$k$ 值大致增加一倍。我国《标准》给出的对应关系及地震系数的取值见表 4-1。

需要指出，烈度是通过宏观震害调查判断的，而 $k$ 值中的地震动峰值加速度是从地震记录中获得的物理量，宏观调查结果和实测物理量之间既有联系又有区别。由于地震是一种复杂的地质现象，造成结构破坏的因素不仅取决于地面运动的最大加速度，还取决于地震动的频谱特征和持续时间；有时会出现地震动峰值加速度值较大，但由于持续时间很短，烈度不高，震害不重的现象。表 4-1 反映的关系是具有统计特征的总趋势。

**地震系数 $k$ 与基本烈度的关系** 表 4-1

| 基本烈度 | 6 | 7 | 8 | 9 |
|---|---|---|---|---|
| 地震系数 $k$ | 0.05 | 0.1(0.15) | 0.2(0.3) | 0.4 |

注：括号中数值对应于设计基本地震加速度为 $0.15g$、$0.3g$ 的地区。

**2. 动力系数**

1）$\beta$-$T$ 曲线

动力系数是单自由度体系在地震作用下最大反应加速度与地面运动加速度的比值，也就是质点最大加速度比地面最大加速度的放大倍数，把 $\beta$ 按周期大小的次序排序起来，得到 $\beta$-$T$ 关系曲线，这就是动力系数反应谱。$\beta$-$T$ 曲线实质上就是加速度反应谱曲线。

2）场地的影响

反应谱曲线形状受多种因素影响，其中场地条件、震级和震中距的影响最大。在讨论这些影响之时要用到"自振周期"这一术语，应该理清有三种"自振周期"，即结构的自振周期、场地的自振周期、地震波的自振周期，这三者是不同的，不要混淆。

首先讨论场地条件的影响。场地土质松软，长周期结构反应较大，$\beta$-$T$ 曲线峰值右移；场地土质坚硬，短周期结构反应较大，$\beta$-$T$ 曲线峰值左移。

图 4-9 给出了四类不同的场地条件，自左至右依次分别表示为Ⅰ类、Ⅱ类、Ⅲ类、Ⅳ类：

第一排为土质条件的示意图，以覆盖层的分布情况来近似反映土质条件，自左至右分别表示场地土的土质由"坚硬"演变成"松软"。

第二排为通过场地覆盖层的地震波（加速度）示意图，分别表示了起主导作用的地震波自振周期，这四条地震波的自振周期是不相同的，自左至右由周期短演变成周期长；Ⅰ类场地，土质坚硬，地震波中的长周期波被过滤掉，而短周期顺利通过；Ⅳ类场地，土质松软，地质波中的短周期波被过滤掉，而长周期波顺利通过。

第三排为 $\beta\text{-}T$ 曲线，图中的横坐标为结构的自振周期，反应谱曲线峰值点的结构自振周期用 $T$ 表示，由图可以看出，随场地由坚硬向松软演变，表示峰值点的结构自振周期 $T$，亦自左向右逐步移动。

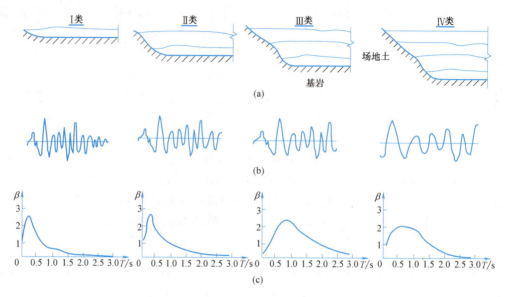

图 4-9　场地对反应谱的影响
(a) 覆盖层的分布情况；(b) 地震波（加速度）；(c) $\beta\text{-}T$ 曲线

3) 震级和震中距的影响

震级和震中距对反应谱曲线也有重大影响，在烈度相同的情况下，震中距较远时，加速度反应谱的峰点偏向较长周期，曲线峰值右移；震中距较近时，峰点偏向较短周期，曲线峰值左移。近震、中震到远震，并分别标记为第一组、第二组和第三组。

4) 标准 $\beta\text{-}T$ 反应谱曲线

利用实际强震记录，能计算得到很多条 $\beta\text{-}T$ 谱图，图 4-10 为同类场地的若干条地震地面运动加速度记录的 $\beta\text{-}T$ 反应谱曲线，可以看出，同类场地的 $\beta\text{-}T$ 反应谱曲线很接近，经过统计、平均、平滑处理可以得到一条对应于该类场地的标准反应谱曲线，即图中的粗实线。

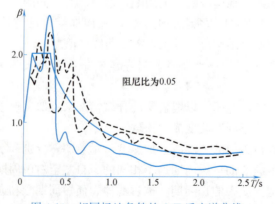

图 4-10　相同场地条件的 $\beta\text{-}T$ 反应谱曲线

**3. 地震动参数确定**

1) 地震动参数术语和定义

地震动：地震引起的地表及近地表介质的振动。地震动参数：表征抗震设防要求的地震动物理参数，包括地震动峰值加速度 $a_{\max}$ 和地震动加速度反应谱特征周期 $T_g$ 等。地震动峰值加速度：表征地震作用强弱程度的指标，对应于地震动加速度反应谱最大值的水平加速度。地震动加速度反应谱特征周期：地震动加速度反应谱曲线下降点所对应的周期值。

超越概率：某场地遭遇大于或等于给定的地震动参数值的概率。

基本地震动：相应于 50 年超越概率为 10% 的地震动。

多遇地震动：相应于 50 年超越概率为 63% 的地震动。

罕遇地震动：相应于 50 年超越概率为 2% 的地震动。

极罕遇地震动：相应于年超越概率为 $10^{-4}$ 的地震动。

2) 场地地震动参数取值的原则

Ⅱ类场地地震动参数直接从《中国地震动参数区划图》GB 18306—2015 附录 $A_1$、附录 $B_1$、附录 C 读取。其他场地条件和超越概率水平地震动参数根据Ⅱ类场地地震动参数调整确定。附录 $A_1$ 为地震动峰值加速度区划图，分界线处专门研究。附录 $B_1$ 为地震动反应谱特征周期区划图。附录 C 为全国Ⅱ类场地基本地震动峰值加速度及全国Ⅱ类场地基本地震动反应谱特征周期。

3) 地震影响系数最大值 $\alpha_{\max}$

由 $\alpha=k\beta$ 知：当基本烈度确定后，地震系数 $k$ 为常数，水平地震影响系数 $\alpha$ 仅随 $\beta$ 值而变化。通过大量的计算分析表明，在相同阻尼比情况下，$\beta$ 的最大值 $\beta_{\max}$ 的离散性不是很大。为简化计算，《标准》取 $\beta_{\max}=2.5$（对应的阻尼比 $\xi=0.05$），进而有 $\alpha_{\max}=2.5k$，由此可以得到水平影响系数最大值 $\alpha_{\max}$ 与基本烈度的关系。

为了把"三水准设防"和"两阶段设计"的设计原则具体化、规范化，确定了对应第二水准（基本烈度）要求的 $\alpha_{\max}$ 之后，还需确定对应于低于本地区设防烈度的多遇地震和高于本地区设防烈度的罕遇地震的 $\alpha_{\max}$ 值。

根据统计资料，多遇地震烈度比基本烈度低约 1.55 度，其对应的 $k$ 值约为相应基本烈度 $k$ 值的 1/3，相当于地震作用值乘以 0.35，从而得到用于第一阶段设计验算的水平地震影响系数最大值。而罕遇地震烈度比基本烈度高 1 度左右（在不同的基本烈度地区有所差别），其对应的 $k$ 值相当于基本烈度对应 $k$ 值的 1.6~2.3 倍，从而可以得到用于第二阶段设计验算的水平地震影响系数最大值。

多遇地震峰值加速度不小于基本地震动峰值加速度的 1/3；罕遇地震峰值加速度不小于基本地震动峰值加速度的（1.6~2.3）倍；极罕遇地震峰值加速度不小于基本地震动峰值加速度的（2.7~3.2）倍；多遇概率水平时水平地震动峰值加速度确定结果详见表 4-2；多遇概率水平时水平地震影响系数最大值详见表 4-3；罕遇概率水平时水平地震动峰值加速度确定结果详见表 4-4；罕遇概率水平时水平地震影响系数最大值 $\alpha_{\max}$ 详见表 4-5。

4) 特征周期 $T_g$

宏观震害资料表明，在强震中、距震中较远的高柔建筑，其震害比发生在同一地区的中小地震中、距震中较近的严重得多，这说明随着震源机制不同、震级大小、震中距远近

### 多遇概率水平时水平地震动峰值加速度确定结果 $S_a(g)$ 表 4-2

| 多遇概率水平 | 场地类别 | | | | |
|---|---|---|---|---|---|
| | $I_0$ | $I_1$ | II | III | IV |
| 0.05g 多遇地震动 | 0.012 | 0.014 | 0.017 | 0.022 | 0.021 |
| 0.10g 多遇地震动 | 0.024 | 0.026 | 0.033 | 0.043 | 0.041 |
| 0.15g 多遇地震动 | 0.036 | 0.04 | 0.05 | 0.065 | 0.063 |
| 0.20g 多遇地震动 | 0.049 | 0.054 | 0.067 | 0.086 | 0.083 |
| 0.30g 多遇地震动 | 0.074 | 0.082 | 0.10 | 0.125 | 0.12 |
| 0.40g 多遇地震动 | 0.099 | 0.11 | 0.133 | 0.157 | 0.151 |

### 多遇概率水平时水平地震影响系数最大值 $\alpha_{\max}$ 表 4-3

| 多遇概率水平 | 场地类别 | | | | |
|---|---|---|---|---|---|
| | $I_0$ | $I_1$ | II | III | IV |
| 0.05g 多遇地震动 | 0.03 | 0.035 | 0.0425 | 0.055 | 0.0525 |
| 0.10g 多遇地震动 | 0.06 | 0.065 | 0.0825 | 0.1075 | 0.1025 |
| 0.15g 多遇地震动 | 0.09 | 0.1 | 0.125 | 0.1625 | 0.1575 |
| 0.20g 多遇地震动 | 0.1225 | 0.135 | 0.1675 | 0.215 | 0.2075 |
| 0.30g 多遇地震动 | 0.185 | 0.205 | 0.25 | 0.3125 | 0.3 |
| 0.40g 多遇地震动 | 0.2475 | 0.275 | 0.3325 | 0.3925 | 0.3775 |

### 罕遇概率水平时水平地震动峰值加速度确定结果 $S_a(g)$ 表 4-4

| 罕遇概率水平 | 场地类别 | | | | |
|---|---|---|---|---|---|
| | $I_0$ | $I_1$ | II | III | IV |
| 0.05g 罕遇地震动 | 0.07 | 0.078 | 0.095 | 0.119 | 0.114 |
| 0.10g 罕遇地震动 | 0.144 | 0.161 | 0.19 | 0.196 | 0.194 |
| 0.15g 罕遇地震动 | 0.238 | 0.266 | 0.285 | 0.285 | 0.273 |
| 0.20g 罕遇地震动 | 0.338 | 0.376 | 0.38 | 0.38 | 0.346 |
| 0.30g 罕遇地震动 | 0.513 | 0.57 | 0.57 | 0.57 | 0.513 |
| 0.40g 罕遇地震动 | 0.684 | 0.76 | 0.76 | 0.76 | 0.684 |

### 罕遇概率水平时水平地震影响系数最大值 $\alpha_{\max}$ 表 4-5

| 罕遇概率水平 | 场地类别 | | | | |
|---|---|---|---|---|---|
| | $I_0$ | $I_1$ | II | III | IV |
| 0.05g 罕遇地震动 | 0.175 | 0.195 | 0.2375 | 0.2975 | 0.285 |
| 0.10g 罕遇地震动 | 0.36 | 0.4025 | 0.475 | 0.49 | 0.485 |
| 0.15g 罕遇地震动 | 0.595 | 0.665 | 0.7125 | 0.7125 | 0.6825 |
| 0.20g 罕遇地震动 | 0.845 | 0.94 | 0.95 | 0.95 | 0.865 |
| 0.30g 罕遇地震动 | 1.2825 | 1.425 | 1.425 | 1.425 | 1.2825 |
| 0.40g 罕遇地震动 | 1.71 | 1.9 | 1.9 | 1.9 | 1.71 |

的变化，在同样场地条件的地震影响系数曲线形状有较大差别。对这类差别《标准》中用"特征周期"来处理。抗震设计用的地震影响系数曲线中，反映地震震级、震中距和场地类别等因素的降段起始点对应的周期值，简称特征周期。将同一类场地的地震影响系数曲线中的特征周期分为三个区，又称为三个组，分别为设计地震分组第一组、设计地震分组第二组和设计地震分组第三组。根据《中国地震动参数区划图》GB 18 306—2 015 基本地震动加速度反应谱特征周期调整表详见表 4-6。各分区（0.35s 分区、0.40s 分区、0.45s 分区）地震动加速度反应谱特征周期确定结果分别详见表 4-7、表 4-8 和表 4-9。

**基本地震动加速度反应谱特征周期调整表（s）** 表 4-6

| Ⅱ类场地基本地震动加速度反应谱特征周期分区值 | 场地类别 | | | | |
|---|---|---|---|---|---|
| | $I_0$ | $I_1$ | Ⅱ | Ⅲ | Ⅳ |
| 0.35（第一组） | 0.2 | 0.25 | 0.35 | 0.45 | 0.65 |
| 0.40（第二组） | 0.25 | 0.3 | 0.4 | 0.55 | 0.75 |
| 0.45（第三组） | 0.30 | 0.35 | 0.45 | 0.65 | 0.90 |

**0.35s 分区地震动加速度反应谱特征周期确定结果（s）——第一组** 表 4-7

| 概率水平 | 场地类别 | | | | |
|---|---|---|---|---|---|
| | $I_0$ | $I_1$ | Ⅱ | Ⅲ | Ⅳ |
| 多遇地震动 | 0.2 | 0.25 | 0.35 | 0.45 | 0.65 |
| 基本地震动 | 0.2 | 0.25 | 0.35 | 0.45 | 0.65 |
| 罕遇地震动 | 0.25 | 0.3 | 0.4 | 0.50 | 0.70 |

注：0.35s<0.4s，按表 4-6 中 0.35s 那行取值。

**0.40s 分区地震动加速度反应谱特征周期确定结果（s）——第二组** 表 4-8

| 概率水平 | 场地类别 | | | | |
|---|---|---|---|---|---|
| | $I_0$ | $I_1$ | Ⅱ | Ⅲ | Ⅳ |
| 多遇地震动 | 0.25 | 0.3 | 0.4 | 0.55 | 0.75 |
| 基本地震动 | 0.25 | 0.3 | 0.4 | 0.55 | 0.75 |
| 罕遇地震动 | 0.30 | 0.35 | 0.45 | 0.60 | 0.80 |

注：0.40s=0.40s，按表 4-6 中 0.40s 那行取值。

**0.45s 分区地震动加速度反应谱特征周期确定结果（s）——第三组** 表 4-9

| 概率水平 | 场地类别 | | | | |
|---|---|---|---|---|---|
| | $I_0$ | $I_1$ | Ⅱ | Ⅲ | Ⅳ |
| 多遇地震动 | 0.30 | 0.35 | 0.45 | 0.65 | 0.90 |
| 基本地震动 | 0.30 | 0.35 | 0.45 | 0.65 | 0.90 |
| 罕遇地震动 | 0.35 | 0.40 | 0.50 | 0.70 | 0.95 |

注：0.45s≥0.45s，按表 4-6 中 0.45s 那行取值。

5）通过网络查询地震动参数

打开网址 http：//www.gb18306.net/calc，如图 4-11 所示，得到地震动参数 $α_{max}$ 和

$T'_g$ 计算，如图 4-12 所示。还可通过该网址首页界面中输入地名或者经纬度或点击地图上"查询"地震动峰值加速度和地震动加速度反应谱特征周期，点击"地震动参数确定"同样可得出类似图 4-12。

可扫描二维码 4-1 查看设计反应谱。

二维码 4-1

图 4-11　场地地震动参数确定图

| 地震动峰值加速度计算 单位(g) | | | | | |
|---|---|---|---|---|---|
| | | | 场地类别 | | |
| 概率水平 | I0 | I1 | II | III | IV |
| 多遇地震动 | 0.024 | 0.027 | 0.033 | 0.043 | 0.042 |
| 基本地震动 | 0.074 | 0.082 | 0.100 | 0.125 | 0.120 |
| 罕遇地震动 | 0.144 | 0.161 | 0.190 | 0.196 | 0.194 |
| 极罕遇地震动 | 0.244 | 0.273 | 0.290 | 0.290 | 0.277 |

| 地震动加速度反应谱特征周期计算 单位(s) | | | | | |
|---|---|---|---|---|---|
| | | | 场地类别 | | |
| 概率水平 | I0 | I1 | II | III | IV |
| 多遇地震动 | 0.25 | 0.30 | 0.40 | 0.55 | 0.75 |
| 基本地震动 | 0.25 | 0.30 | 0.40 | 0.55 | 0.75 |
| 罕遇地震动 | 0.30 | 0.35 | 0.45 | 0.60 | 0.80 |

图 4-12　地震动峰值计算 $\alpha_{\max}$ 和地震动加速度反应谱周期计算 $T'_g$

**4. 地震影响系数曲线**

影响地震反应谱的因素不仅是场地条件、震级和震中距，结构体系的阻尼、地震动的特性等都将影响地震反应谱曲线；并且地震是随机的，不同的加速度时程可以算得不同的反应谱曲线。在进行工程结构设计时，由于无法预知该建筑物将会遭遇到怎样的地震，也就无法确定相应的地震反应谱。因此，仅用某一次地震加速度时程所得到的反应谱曲线作为设计标准来计算地震作用是不恰当的。而且，依据某一次地震所绘制的反应谱曲线极为不规则，很难在实际抗震设计中应用。为此，必须根据同一场地上所得到的大量强震地面运动加速度记录分别计算出相应的反应谱曲线，按照影响反应谱曲线形状的因素进行分类，然后按每种分类进行统计分析，求出其中最有代表性的平均反应谱曲线（通常称其为标准反应谱）。

抗震设计反应谱即是以标准反应谱为基础，基于可靠度理论而人为拟订规则平滑的反应谱。《标准》采用地震影响系数 $\alpha$ 来具体表达抗震设计反应谱，此处 $\alpha=k\beta$，即地震影响系数 $\alpha$ 为地震系数 $k$ 和动力系数 $\beta$ 的乘积。

1) $\alpha$-$T$ 曲线

《标准》提出了反映地震和场地特征的地震影响系数 $\alpha$-$T$ 曲线。它是设计反应谱的具体表达。建筑结构地震影响系数曲线（图 4-13）的阻尼调整和形状参数应符合下列要求：除有专门规定外，建筑结构的阻尼比应取 0.05，地震影响系数曲线的阻尼调整系数应按 1.0 采用，形状参数应符合下列规定：

（1）直线上升段，周期小于 0.1s 的区段；
（2）水平段，自 0.1s 至特征周期区段，应取最大值（$\alpha_{\max}$）；
（3）曲线下降段，自特征周期至 5 倍特征周期区段，衰减指数应取 0.90；
（4）直线下降段，自 5 倍特征周期至 6s 区段，下降斜率调整系数应取 0.02。

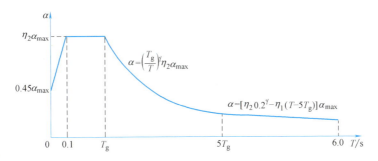

图 4-13 地震影响系数曲线

$\alpha$—地震影响系数；$\alpha_{\max}$—地震影响系数最大值；$\eta_1$—直线下降段的下降斜率调整系数；
$\gamma$—衰减指数；$T_g$—特征周期；$\eta_2$—阻尼调整系数；$T$—结构自振周期

2) 建筑结构地震影响系数曲线的阻尼调整和形状参数

当建筑结构的阻尼比按有关规定不等于 0.05 时，地震影响系数曲线的阻尼调整系数和形状参数应按规定调整。

（1）曲线下降段的衰减指数应按下式确定：

$$\gamma = 0.9 + \frac{0.05-\zeta}{0.3+6\zeta} \tag{4-33}$$

式中　$\gamma$——曲线下降段的衰减指数；
　　　$\zeta$——阻尼比。

（2）直线下降段的下降斜率调整系数应按下式确定：

$$\eta_1 = 0.02 + \frac{0.05-\zeta}{4+32\zeta} \tag{4-34a}$$

式中　$\eta_1$——直线下降段的下降斜率调整系数，小于 0 时取 0。

(3) 阻尼调整系数应按下式确定：

$$\eta_2 = 1 + \frac{0.05 - \zeta}{0.08 + 1.6\zeta} \tag{4-34b}$$

式中 $\eta_2$——阻尼调整系数，当小于 0.55 时，应取 0.55。

### 4.3.4 建筑物的重力荷载代表值

计算地震作用时，建筑的重力荷载代表值 $G$ 应取结构和构配件自重标准值和各可变荷载组合值之和。各可变荷载的组合值系数，应按表 4-10 采用。

$$G = G_k + \sum_{i=1}^{n} \psi_{Qi} Q_{ik} \tag{4-35}$$

式中 $Q_{ik}$——第 $i$ 个可变荷载标准值；

$\psi_{Qi}$——第 $i$ 个可变荷载的组合值系数。

各可变荷载的组合值系数按表 4-10 采用。这是考虑地震发生时，活荷载（可变荷载）往往达不到标准值水平，所以计算重力荷载代表值时将其折减。

由于重力荷载代表值是按标准值确定的，所以计算得到的地震作用也是标准值。

组合值系数　　　　　　　　　　　　　　　　　　表 4-10

| 可变荷载种类 | | 组合值系数 |
|---|---|---|
| 雪荷载 | | 0.5 |
| 屋面积灰荷载 | | 0.5 |
| 屋面活荷载 | | 不计入 |
| 按实际情况计算的楼面活荷载 | | 1.0 |
| 按等效均布荷载计算的楼面活荷载 | 藏书库、档案库 | 0.8 |
| | 其他民用建筑 | 0.5 |
| 起重机悬吊物重力 | 硬钩吊车 | 0.3 |
| | 软钩吊车 | 不计入 |

注：硬钩吊车的吊重较大时，组合值系数应按实际情况采用。

【例 4-2】 某结构的自振周期 $T=1.0\text{s}$，8 度 $0.2g$ 地震区，设计地震分组为第一组，场地类别为 Ⅱ 类。试求多遇地震时水平地震影响系数 $\alpha$。

【解】 根据《标准》8 度 $0.2g$ 地震区，场地类别为 Ⅱ 类时，水平地震影响系数最大值 $\alpha_{\max} = 0.1675$。设计地震分组为第一组，场地类别为 Ⅱ 类，按新规范特征周期 $T_g = 0.35\text{s}$。$\zeta = 0.05$，$\eta_2 = 1$，$\gamma = 0.9$，$T_g = 0.35\text{s} \leqslant T = 1.0\text{s} \leqslant 5T_g = 1.75\text{s}$。

多遇地震时水平地震影响系数 $\alpha$ 为：

$$\alpha = \left(\frac{T_g}{T}\right)^\gamma \eta_2 \alpha_{\max} = \left(\frac{0.35}{1}\right)^{0.9} \times 1 \times 0.1675 = 0.065$$

【例 4-3】 某 12 层现浇钢筋混凝土剪力墙结构住宅楼，质量和刚度沿竖向均匀分布，该房屋为丙类建筑，抗震设防烈度为 7 度，其设计基本地震加速度为 $0.15g$，建于 Ⅲ 类建筑场地，设计地震分组为第一组。考虑非承重墙体刚度，折减后的结构基本自振周期 $T_1 = 0.60\text{s}$。试求多遇地震时水平地震影响系数 $\alpha$。

【解】 根据《标准》7 度 $0.15g$ 地震区，场地类别为 Ⅲ 类时，水平地震影响系数最大值 $\alpha_{\max} = 0.1625$。建于 Ⅲ 类建筑场地，设计地震分组为第一组，特征周期 $T_g = 0.45\text{s}$。

$\zeta=0.05$,$\eta_2=1$,$\gamma=0.9$,$T_g=0.45s \leqslant T=0.6s \leqslant 5T_g=1.8s$。

多遇地震时水平地震影响系数 $\alpha$ 为：

$$\alpha=\left(\frac{T_g}{T}\right)^\gamma \eta_2 \alpha_{max}=\left(\frac{0.45}{0.6}\right)^{0.9}\times 1\times 0.1625=0.125$$

**【例 4-4】** 某场地抗震设防烈度为 8 度，设计基本地震加速度为 $0.30g$，设计地震分组为第一组，土层等效剪切波速为 $150m/s$，场地覆盖层厚度为 $60m$，结构自振周期 $T=0.40s$。试求多遇地震时水平地震影响系数 $\alpha$。

**【解】** 土层等效剪切波速为 $150m/s$，场地覆盖层厚度为 $60m$，场地类别为Ⅲ类。根据《标准》8 度 $0.3g$ 地震区，场地类别为Ⅲ类时，水平地震影响系数最大值 $\alpha_{max}=0.3125$。场地类别为Ⅲ时，设计地震分组为第一组，特征周期 $T_g=0.45s$。$\zeta=0.05$，$\eta_2=1$，$\gamma=0.9$，$0.1s \leqslant T \leqslant T_g$，此时 $\alpha$ 取水平线上的值。多遇地震时水平地震影响系数 $\alpha$ 为：

$$\alpha=\eta_2 \alpha_{max}=1\times 0.3125=0.3125$$

**【例 4-5】** 某建筑场地抗震设防烈度为 8 度，设计基本地震加速度为 $0.3g$，设计地震分组为第二组，场地类别为Ⅲ类，建筑物结构自振周期 $T=1.65s$，结构阻尼比 $g=0.05s$。试求多遇地震时水平地震影响系数 $\alpha$。

**【解】** 根据《标准》8 度 $0.3g$ 地震区，场地类别为Ⅲ类时，水平地震影响系数最大值 $\alpha_{max}=0.3125$。设计地震分组为第二组，场地类别为Ⅲ类，特征周期 $T_g=0.55s$。$\zeta=0.05$，$\eta_2=1$，$\gamma=0.9$，$T_g=0.55s \leqslant T=1.65s \leqslant 5T_g=2.75s$。

多遇地震时水平地震影响系数 $\alpha$ 为：

$$\alpha=\left(\frac{T_g}{T}\right)^\gamma \eta_2 \alpha_{max}=\left(\frac{0.55}{1.65}\right)^{0.9}\times 1\times 0.3125=0.116$$

**【例 4-6】** 某高层建筑，采用钢框架-钢筋混凝土核心筒结构房屋的高度为 $34m$。抗震设防烈度为 7 度。设计基本地震加速度为 $0.15g$，地震分组第一组，场地类别为Ⅱ类；考虑非承重墙体刚度的影响予以折减后的结构自振周期 $T_1=1.82s$。已求得 $\eta_1=0.0213$，$\eta_2=1.078$。试求多遇地震时水平地震影响系数 $\alpha$。

**【解】** 根据《标准》7 度 $0.15g$ 地震区，场地类别为Ⅱ类时，水平地震影响系数最大值 $\alpha_{max}=0.125$。地震分组第一组，场地类别为Ⅱ类，场地特征周期 $T_g=0.35s$。根据规范结构阻尼比 $\zeta=0.04$。

衰减指数：$\gamma=0.9+\dfrac{0.05-\zeta}{0.3+6\zeta}=0.9+\dfrac{0.05-0.04}{0.3+6\times 0.04}=0.9185$。

$T_1=1.82s \geqslant 5T_g=1.75s$。

多遇地震时水平地震影响系数 $\alpha$ 为：

$$\begin{aligned}\alpha &= [0.2^\gamma \eta_2-\eta_1(T-5T_g)]\alpha_{max}\\ &=[0.2^\gamma \eta_2-\eta_1(T-5T_g)]\alpha_{max}\\ &=[0.2^{0.9185}\times 1.078-0.0213\times(1.82-5\times 0.35)]\times 0.125=0.03\end{aligned}$$

**【例 4-7】** 已知某多层砖房屋各项荷载见表 4-11。楼、屋盖层面积每层均为 $200m^2$。

**某多层砖房屋各项荷载** 表 4-11

| 屋盖<br>(第6层) | 屋面恒载<br>3.64kN/m² | 雪荷载<br>0.3kN/m² | | | 女儿墙重<br>120kN | 阳台栏板<br>30kN | |
|---|---|---|---|---|---|---|---|
| 第5层 | 楼面恒载<br>3.64kN/m² | 楼面活载<br>1.8kN/m² | 阳台栏板<br>44kN | 山墙<br>230kN | 横墙<br>640kN | 外纵墙<br>590kN | 内纵墙<br>230kN | 隔墙<br>50kN |
| 第2~4层 | 楼面恒载<br>3.64kN/m² | 楼面活载<br>1.8kN/m² | 阳台栏板<br>44kN | 山墙<br>220kN | 横墙<br>620kN | 外纵墙<br>560kN | 内纵墙<br>240kN | 隔墙<br>48kN |
| 第1层 | 楼面恒载<br>3.64kN/m² | 楼面活载<br>1.8kN/m² | 阳台栏板<br>44kN | 山墙<br>260kN | 横墙<br>1020kN | 外纵墙<br>660kN | 内纵墙<br>370kN | 隔墙<br>42kN |

【解】 由《标准》表 4-10，查得雪荷载的组合值系数为 0.5，楼面活荷载组合值系数为 0.5。并把第 6 层（屋盖）的半层墙重等重力集中于顶层，故：

$G_6 = (3.64+0.5\times0.3)\times200+120+30+0.5\times(230+640+590+230+50)$
$\quad = 908+0.5\times1740 = 1778\text{kN}$

$G_5 = (3.64+0.5\times1.8)\times200+44+0.5\times1740+0.5\times(220+620+560+240+48)$
$\quad = 908+44+0.5\times1740+0.5\times1688 = 2666\text{kN}$

$G_4 = G_3 = G_2 = 908+44+0.5\times1688+0.5\times1688 = 2640\text{kN}$

$G_1 = (3.64+0.5\times1.8)\times200+44+0.5\times1688+0.5\times(260+1020+660+370+42)$
$\quad = 952+0.5\times1688+0.5\times2352 = 2972\text{kN}$

总重力荷载代表值：

$$\sum_{i=1}^{6} G_i = 1778+2666+2640\times3+2972 = 15\,336\text{ kN}$$

## 4.4 多自由度弹性体系的地震反应分析

### 4.4.1 多自由度弹性体系的运动方程

在单向水平地面运动作用下，多自由度体系的变形如图 4-14 所示。设该体系各质点的相对水平位移为 $x_i(i=1,2,\cdots,n)$，其中 $n$ 为体系自由度数，则各质点所受的水平惯性力为：

$$f_{11} = -m_1(\ddot{x}_g+\ddot{x}_1)$$
$$f_{12} = -m_2(\ddot{x}_g+\ddot{x}_2)$$
$$\cdots\cdots$$
$$f_{1n} = -m_n(\ddot{x}_g+\ddot{x}_n)$$

将上列公式表达成向量和矩阵的形式为：

$$\{F\} = -[M](\{\ddot{x}\}+\{I\}\ddot{x}_g) \tag{4-36}$$

其中：

$$\{F\} = [f_{11},f_{12},\cdots,f_{1n}]^T, \{\ddot{x}\} = [\ddot{x}_1,\ddot{x}_2,\cdots,\ddot{x}_n]^T, \{I\} = [1,1,\cdots,1]^T$$

## 4.4 多自由度弹性体系的地震反应分析

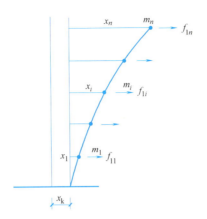

图 4-14 多自由度体系的变形

$$[M] = \begin{bmatrix} m_1 & & & \\ & m_2 & & \\ & & \cdots & \\ & & & m_n \end{bmatrix} \tag{4-37}$$

式中 $[M]$——体系质量矩阵；

$\ddot{x}_i$——质点 $i$ 相对水平加速度。

由结构力学的矩阵位移法，可列出该体系的刚度方程为：

$$[K]\{x\} = \{F\} \tag{4-38}$$

$$\{x\} = [x_1, x_2, \cdots, x_n]^T$$

式中 $\{x\}$——体系的相对水平位移向量，$\{x\} = [x_1, x_2, \cdots, x_n]^T$；

$[K]$——体系与 $\{x\}$ 相应的刚度矩阵。

将式（4-36）代入式（4-38）得多自由度体系无阻尼运动方程为：

$$[M]\{\ddot{x}\} + [K]\{x\} = -[M]\{I\}\ddot{x}_g \tag{4-39}$$

当考虑阻尼影响时，式（4-38）需改写为：

$$[K]\{x\} = \{F\} + \{F_c\} \tag{4-40}$$

式中 $\{F_c\}$——体系阻尼向量。

设：

$$\{F_c\} = -[C]\{\dot{x}\} \tag{4-41}$$

式中 $[C]$——体系阻尼矩阵；

$\{\dot{x}\}$ 为体系相对水平向量。

$$\{\dot{x}\} = [\dot{x}_1, \dot{x}_2, \cdots, \dot{x}_n]^T \tag{4-42}$$

将式（4-40）、式（4-41）代入式（4-39），可得多自由度有阻尼体系运动方程为：

$$[M]\{\ddot{x}\} + [C]\{\dot{x}\} + [K]\{x\} = -[M]\{I\}\ddot{x}_g \tag{4-43}$$

### 4.4.2 多自由度体系的自由振动

**1. 自由振动方程**

研究自由振动时，不考虑阻尼的影响。此时体系不受外界作用，可令 $\ddot{x}_g = 0$，则由式（4-39）得多自由度自由振动方程为：

$$[M]\{\ddot{x}\}+[K]\{x\}=0 \tag{4-44}$$

根据方程式（4-44）的特点，可设方程的解为：

$$\{x\}=\{X\}\sin(\omega t+\varphi) \tag{4-45}$$

其中，$\{X\}=[X_1, X_2, \cdots, X_n]^T$，$X_i$ ($i=1, 2, \cdots, n$) 为常数，是每个质点自由振动的振幅。

由式（4-45）对 $\{x\}$ 关于时间 $t$ 微分两次，得：

$$\{\ddot{x}\}=-\omega^2\{X\}\sin(\omega t+\varphi) \tag{4-46}$$

将式（4-45）、式（4-46）代入式（4-44），得：

$$([K]-\omega^2[M])\{X\}\sin(\omega t+\varphi)=\{0\} \tag{4-47}$$

因 $\sin(\omega t+\varphi)\neq 0$，则要求：

$$([K]-\omega^2[M])\{X\}=\{0\} \tag{4-48}$$

式（4-48）实际是原来微分方程形式表达的多自由度体系自由振动方程的代数方程形式，称之为动力特征方程。

**2. 自振频率**

由线性代数理论知，对于线性代数方程 $[A]\{Y\}=\{B\}$，如果系数矩阵 $[A]$ 的行列式 $|A|\neq 0$，则方程有唯一解 $\{Y\}=[A]^{-1}\{B\}$。如果 $|A|=0$，则方程有多解。

多自由度体系的特征方程式（4-48）是一线性代数方程，由上面的讨论知，如果 $|[K]-\omega^2[M]|\neq 0$，则因方程右端向量 $\{B\}=\{0\}$，$\{X\}$ 的解将为 $\{0\}$，此表明体系不振动（即静止），这与体系发生自由振动的前提不符。而要得到 $\{X\}$ 的非零解，即体系发生振动的解，则必有：

$$|[K]-\omega^2[M]|=0 \tag{4-49}$$

上式也称为多自由度体系的动力特征值方程。由于 $[K]$、$[M]$ 均为常数矩阵，式（4-49）实际上是 $\omega^2$ 的 $n$ 次代数方程，将有 $n$ 个解。将解由小到大排列，设为 $\omega_1^2, \omega_2^2, \cdots, \omega_n^2$。

由式（4-46）知，$\omega_i$ ($i=1, 2, \cdots, n$) 为体系的一个自由振动圆频率。一个 $n$ 自由度体系，有 $n$ 个自振圆频率，即有 $n$ 种自由振动方式或状态，称 $\omega_i$ 为体系第 $i$ 阶自振圆频率。

**3. 振型**

多自由度体系以某一阶圆频率 $\omega_i$ 自由振动时，将有一特定的振幅 $\{X_i\}$ 与之相应，它们之间应满足动力特征方程：

$$([K]-\omega_i^2[M])\{X_i\}=\{0\} \tag{4-50}$$

$$\begin{aligned}\{X_i\}&=[X_{i1}, X_{i2}, \cdots, X_{in-1}, X_{in}]^T \\ &=X_{in}[X_{i1}/X_{in}, X_{i2}/X_{in}, \cdots, X_{in-1}/X_{in}, 1]^T \\ &=X_{in}\begin{Bmatrix}\{X_i\}_{n-1} \\ 1\end{Bmatrix}\end{aligned}$$

与 $\{X_i\}$ 相应，用分块矩阵表达：

$$([K]-\omega_i^2[M])=\begin{bmatrix}[A_i]_{n-1} & \{B_i\}_{n-1} \\ \{B_i\}_{n-1}^T & [C_i]\end{bmatrix}$$

则式（4-50）成为：

$$X_{in}\begin{bmatrix}[A_i]_{n-1}\{B_i\}_{n-1}\\ \{B_i\}_{n-1}^T[C_i]\end{bmatrix}\begin{Bmatrix}\{\overline{X}_i\}_{n-1}\\ 1\end{Bmatrix}=\{0\} \tag{4-51}$$

将式（4-51）展开得：

$$[A_i]_{n-1}\{\overline{X}_i\}_{n-1}+\{B_i\}_{n-1}=\{0\} \tag{4-52}$$

$$\{B_i\}_{n-1}^T\{\overline{X}_i\}_{n-1}+C_i=0 \tag{4-53}$$

由式（4-52）可解得：

$$\{\overline{X}_i\}_{n-1}=-[A_i]_{n-1}^{-1}\{B_i\}_{n-1} \tag{4-54}$$

将式（4-54）代入式（4-53），可用以复验 $\{\overline{X}_i\}_{n-1}$ 求解结果的正确性。

令 $X_{in}=a_i$，$\{\overline{X}_i\}=\begin{Bmatrix}\{\overline{X}_i\}_{n-1}\\ 1\end{Bmatrix}$，则 $\{X_i\}=a_i\{\overline{X}_i\}$，由此得体系以 $\omega_i$ 频率自由振动的解为：

$$\{x\}=a_i\{\overline{X}_i\}\sin(\omega_i t+\varphi)$$

由于向量 $\{\overline{X}_i\}$ 各元素的值是确定的，则由上式知，多自由度体系自由振动时，各质点在任意时刻位移幅值的比值是一定的，不随时间而变化，即体系在自由振动过程中的形状保持不变。因此把反映体系自由振动形状的向量 $\{X_i\}=a_i\{\overline{X}_i\}$ 称为振型，而把 $\{\overline{X}_i\}$ 称为规则化的振型或也简称为振型。因 $\{X_i\}$ 与体系第 $i$ 阶自振圆频率相应，故 $\{X_i\}$ 也称为第 $i$ 阶振型。

4. 振型的正交性

将体系动力特征方程改写为：

$$[K]\{X\}=\omega^2[M]\{X\}$$

上式对体系任意第 $i$ 阶和第 $j$ 阶频率和振型均应成立，即：

$$[K]\{X_i\}=\omega_i^2[M]\{X_i\} \tag{4-55}$$

$$[K]\{X_j\}=\omega_j^2[M]\{X_j\} \tag{4-56}$$

对式（4-55）两边左乘 $\{X_j\}^T$，并对式（4-56）两边左乘 $\{X_i\}^T$ 得：

$$\{X_j\}^T[K]\{X_i\}=\omega_i^2\{X_j\}^T[M]\{X_i\} \tag{4-57}$$

$$\{X_i\}^T[K]\{X_j\}=\omega_j^2\{X_i\}^T[M]\{X_j\} \tag{4-58}$$

将式（4-58）两边转置，并注意到刚度矩阵和质量矩阵的对称性得：

$$\{X_j\}^T[K]\{X_i\}=\omega_j^2\{X_j\}^T[M]\{X_i\} \tag{4-59}$$

将式（4-57）与式（4-59）相减得：

$$(\omega_i^2-\omega_j^2)\{X_j\}^T[M]\{X_i\}=0 \tag{4-60}$$

如 $i\neq j$，则 $\overline{\omega}_i\neq\overline{\omega}_j$，由上式可得：

$$\{X_j\}^T[M]\{X_i\}=0\,(i\neq j) \tag{4-61}$$

将式（4-61）代入式（4-57）得：

$$\{X_j\}^T[K]\{X_i\}=0(i\neq j) \quad (4-62)$$

式（4-61）和式（4-62）分别表示振型关于质量矩阵 $[M]$ 和刚度矩阵 $[K]$ 正交。

### 4.4.3 地震反应分析的振型分解法

1. 运动方程的求解

由振型的正交性知，$\{X_1\}$，$\{X_2\}$，$\cdots$，$\{X_n\}$ 相互独立，根据线性代数理论，$n$ 维向量 $\{x\}$ 总可以表示为 $n$ 个独立向量的线性组合，则体系地震位移反应向量 $\{x\}$ 可表示成：

$$\{x\}=\sum_{j=1}^n q_j\{X_j\} \quad (4-63)$$

其中，$q_j(j=1,2,\cdots,n)$ 称为振型正则坐标，当 $\{x\}$ 一定时，$q_j$ 具有唯一解。注意到 $\{x\}$ 为时间的函数，则 $q_j$ 也将为时间的函数。

将式（4-63）代入多自由度体系一般由阻尼运动方程式（4-43）得：

$$\sum_{j=1}^n ([M]\{X_j\}\ddot{q}_j+[C]\{X_j\}\dot{q}_j+[K]\{X_j\}q_j)=-[M]\{I\}\ddot{x}_g \quad (4-64)$$

将上式两边左乘 $\{X_i\}^T$ 得：

$$\sum_{j=1}^n (\{X_i\}^T[M]\{X_j\}\ddot{q}_j+\{X_i\}^T[C]\{X_j\}\dot{q}_j+\{X_i\}^T[K]\{X_j\}q_j)$$
$$=-\{X_i\}^T[M]\{I\}\ddot{x}_g \quad (4-65)$$

注意到振型关于质量矩阵和刚度矩阵的正交性，并设振型关于阻尼矩阵也正交，即：

$$\{X_i\}^T[C]\{X_i\}=0(i\neq j) \quad (4-66)$$

则式（4-65）成为：

$$\{X_i\}^T[M]\{X_i\}\ddot{q}_i+\{X_i\}^T[C]\{X_i\}\dot{q}_i+\{X_i\}^T[K]\{X_i\}q_i=-\{X_i\}^T[M]\{I\}\ddot{x}_g \quad (4-67)$$

将式（4-57）两边左乘 $\{\phi_i\}^T$ 得：

$$\{X_i\}^T[K]\{X_i\}=\omega_i^2\{X_i\}^T[M]\{X_i\} \quad (4-68)$$

则可得：

$$\omega_i^2=\frac{\{X_i\}^T[K]\{X_i\}}{\{X_i\}^T[M]\{X_i\}} \quad (4-69)$$

令：

$$2\xi\omega_i=\frac{\{X_i\}^T[C]\{X_i\}}{\{X_i\}^T[M]\{X_i\}} \quad (4-70)$$

$$\gamma_i=\frac{\{X_i\}^T[M]\{I\}}{\{X_i\}^T[M]\{X_i\}} \quad (4-71)$$

将式（4-67）两边同除以 $\{X_i\}^T[M]\{X_i\}$ 可得：

$$\ddot{q}_i+2\omega_i\xi_i\dot{q}_i+\overline{\omega}_i^2 q_i=-\gamma_i\ddot{x}_g \quad (4-72)$$

上式与单自由度体系的运动方程相同。可见，原来 $n$ 自由度体系的 $n$ 维联立运动微分方程，被分解为 $n$ 个独立的关于正则坐标的单自由度体系运动微分方程，各单自由度体系的自振频率为原多自由度体系的各阶频率，相应 $\xi_i(i=1,2,\cdots,n)$ 为原体系各阶阻尼比，而 $\gamma_i$ 为原体系 $i$ 阶振型参与系数。

由杜哈密积分，可得式（4-72）的解为：

$$q_i(t)=-\frac{1}{\omega_{iD}}\int_0^t \gamma_i \ddot{x}_g(\tau)e^{-\xi_i\omega_i(t-\tau)}\sin\omega_{iD}(t-\tau)d\tau$$
$$=\gamma_i\Delta_i(t) \tag{4-73}$$

$$\omega_{iD}=\omega_i\sqrt{1-\xi_i^2}$$

显然，$\Delta_i(t)$ 是阻尼比为 $\xi_i$、自振频率为 $\omega_i$ 的单自由度体系的地震位移反应。

将式（4-73）代入式（4-63）即得到多自由度体系地震位移反应的解：

$$\{x(t)\}=\sum_{j=1}^n \gamma_j\Delta_j(t)\{X_j\}=\sum_{j=1}^n \{x_j(t)\} \tag{4-74}$$
$$\{x_j(t)\}=\gamma_j\Delta_j(t)\{X_j\}$$

因 $\{x_j(t)\}$ 仅与体系的第 $j$ 阶自振特性有关，故称 $\{x_j(t)\}$ 为体系的第 $j$ 阶振型地震反应。由式（4-74）知，多自由度体系的地震反应可通过分解为各阶振型地震反应求解，故称为振型分解法。

2. 阻尼矩阵的处理

由前述讨论知，振型分解法的前提条件是振型关于质量矩阵 $[M]$、刚度矩阵 $[K]$ 和阻尼矩阵 $[C]$ 均正交。振型关于 $[M]$、$[K]$ 的正交性是无条件的，但是振型关于 $[C]$ 的正交性却是有条件的，不是任何形式的阻尼矩阵均满足正交条件。为使阻尼矩阵具有正交性，可采用如下瑞利阻尼矩阵形式：

$$[C]=a[M]+b[K] \tag{4-75}$$

因 $[M]$、$[K]$ 均具有正交性，故瑞利阻尼矩阵也一定具有正交性。为确定其中待定系数 $a$、$b$，任取体系两阶振型 $\{X_i\}$、$\{X_j\}$，关于式（4-75）作如下运算：

$$\{X_i\}^T[C]\{X_i\}=a\{X_i\}^T[M]\{X_i\}+b\{X_i\}^T[K]\{X_i\} \tag{4-76}$$
$$\{X_j\}^T[C]\{X_j\}=a\{X_j\}^T[M]\{X_j\}+b\{X_j\}^T[K]\{X_j\} \tag{4-77}$$

由式（4-69）、式（4-70），将式（4-76）、式（4-77）两边分别同除以 $\{X_i\}^T[M]\{X_i\}$ 和 $\{X_j\}^T[M]\{X_j\}$ 得：

$$2\omega_i\xi_i=a+b\omega_i^2,\ 2\omega_j\xi_j=a+b\omega_j^2$$

由上两式可解得：

$$a=\frac{2\omega_i\omega_j(\xi_i\omega_j-\xi_j\omega_i)}{\omega_j^2-\omega_i^2},\ b=\frac{2(\xi_j\omega_j-\xi_i\omega_i)}{\omega_j^2-\omega_i^2}$$

实际计算时，可取对结构地震反应影响最大的两个振型的频率，并取 $\xi_i=\xi_j$。一般情况下可取 $i=1$，$j=2$。

## 4.5 多自由度弹性体系的最大地震反应与水平地震作用

对结构抗震设计最有意义的是结构最大地震反应。下面介绍两种计算多自由度弹性体系最大地震反应的方法，一种是振型分解反应谱法，另一种是底部剪力法。其中前者的理论基础是地震反应分析的振型分解法及地震反应谱概念，而后者则是振型分解反应谱法的一种简化。

### 4.5.1 振型分解反应谱法

1. 一个有用的表达式

由于各阶振型 $\{X_i\}$（$i=1,2,\cdots,n$）是相互独立的向量，则可将单位向量 $\{I\}$ 表示成 $\{X_1\},\{X_2\},\cdots,\{X_n\}$ 的线性组合，即：

$$\{I\}=\sum_{i=1}^{n}a_i\{X_i\} \tag{4-78}$$

其中 $a_i$ 为待定系数，为确定 $a_i$，将上式两边左乘 $\{X_j\}^T[M]$，得：

$$\{X_j\}^T[M]\{I\}=\sum_{i=1}^{n}a_i\{X_j\}^T[M]\{X_i\}=a_j\{X_j\}^T[M]\{X_j\}$$

由上式和式（4-71）解得：

$$a_j=\frac{\{X_j\}^T[M]\{I\}}{\{X_j\}^T[M]\{X_j\}}=\gamma_j \tag{4-79}$$

将式（4-79）代入式（4-78）得如下有用的表达式：

$$\sum_{i=1}^{n}\gamma_i\{X_i\}=\{I\} \tag{4-80}$$

2. 质点 $i$ 任意时刻的地震惯性力

对于多质点体系，由式（4-74）可得质点 $i$ 任意时刻的水平相对位移反应为：

$$x_i(t)=\sum_{j=1}^{n}\gamma_j\Delta_j(t)X_{ji}$$

式中　$X_{ji}$——振型 $j$ 在质点 $i$ 处的振型位移。

则质点 $i$ 在任意时刻的水平相对加速度反应为：

$$\ddot{x}_i(t)=\sum_{j=1}^{n}\gamma_j\ddot{\Delta}_j(t)X_{ji}$$

由式（4-80），将水平地面运动加速度表达成：

$$\ddot{x}_g(t)=\left(\sum_{j=1}^{n}\gamma_jX_{ji}\right)\ddot{x}_g(t)$$

则可得质点 $i$ 任意时刻的水平地震惯性力为：

$$f_i=-m_i[\ddot{x}_i(t)+\ddot{x}_g(t)]$$

$$=-m_i\left[\sum_{j=1}^{n}\gamma_j\ddot{\Delta}_j(t)X_{ji}+\sum_{j=1}^{n}\gamma_jX_{ji}\ddot{x}_g(t)\right]$$

$$=-m_i\sum_{j=1}^{n}\gamma_jX_{ji}[\ddot{\Delta}_j(t)+\ddot{x}_g(t)]=\sum_{j=1}^{n}f_{ji}$$

式中　$f_{ji}$——质点 $i$ 的第 $j$ 振型水平地震惯性力。

$$f_{ji}=-m_i\gamma_jX_{ji}[\ddot{\Delta}_j(t)+\ddot{x}_g(t)] \tag{4-81}$$

3. 质点 $i$ 的第 $j$ 振型水平地震作用

将质点 $i$ 的第 $j$ 振型水平地震作用定义为该阶振型最大惯性力，即：

$$F_{ji}=|f_{ji}|_{\max}$$

将上式代入式（4-81）得：

$$F_{ji}=m_i\gamma_j X_{ji}|\ddot{\Delta}_j(t)+\ddot{x}_g(t)|_{\max}$$

注意到 $\ddot{\Delta}_j(t)+\ddot{x}_g(t)$ 是自振频率为 $\omega_j$（或自振周期为 $T_j$）阻尼比为 $\xi_j$ 的单自由度体系的地震绝对加速度反应，则由地震反应谱的定义（参见式 4-30），可将质点 $i$ 的第 $j$ 振型水平地震作用表达为：

$$F_{ji}=m_i\gamma_j X_{ji}S_a(T_j)$$

进行结构抗震设计需采用设计谱，由地震影响系数设计谱与地震反应谱的关系可得：

$$F_{ji}=(m_i g)\gamma_j X_{ji}\alpha_j=G_i\alpha_j\gamma_j X_{ji}$$

式中　$G_i$——质点 $i$ 的重量；

　　　$\alpha_j$——按体系第 $j$ 阶周期计算的第 $j$ 振型地震影响系数。

4. 振型组合

由振型 $j$ 各质点水平地震作用，按静力分析方法计算，可得体系振型 $j$ 最大地震反应。记体系振型 $j$ 某特定最大地震反应（即振型地震作用效应，如构件内力、楼层位移等）为 $S_j$，而该特定体系最大地震反应为 $S$，则可通过各振型反应 $S_j$ 估计 $S$，此称为振型组合。

由于各振型最大反应不在同一时刻发生，因此直接由各振型最大反应叠加估计体系最大反应，结果会偏大。通过随机振动理论分析，得出采用平方和开方的方法（SRSS 法）估计体系最大反应可获得较好的结果，即：

$$S=\sqrt{\sum S_j^2}$$

5. 振型组合时振型反应数的确定

结构的低阶振型反应大于高阶振型反应，振型阶数越高，振型反应越小。因此，结构的总地震反应以低阶振型反应为主，而高阶振型反应对结构总地震反应的贡献较小。故求结构总地震反应时，不需要取结构全部振型反应进行组合。通过统计分析，振型反应的组合数可按如下规定确定：

(1) 一般情况下，可取结构前 2~3 阶振型反应进行组合，但不多于结构自由度数。

(2) 当结构基本周期 $T_1>1.5\mathrm{s}$ 时或建筑高宽比大于 5 时，可适当增加振型反应组合数。

### 4.5.2 《标准》振型分解反应谱法

1. 作用效应采用平方和开方的方法（SRSS 法）

水平地震作用下，不进行扭转耦联计算的建筑结构，水平地震作用按式（4-82）确定。采用平方和开方的方法（SRSS 法）计算水平地震作用效应（弯矩、剪力、轴向力和变形）适用于结构平面布置规则、无显著刚度与质量偏心的情况。当相邻振型的周期比小于 0.85 时情况，可只取前 2~3 个振型；当基本自振周期大于 1.5s 或房屋高宽比大于 5 时，振型个数应适当增加。

结构 $j$ 振型 $i$ 质点的水平地震作用标准值：

$$F_{ji}=\alpha_j\gamma_j X_{ji}G_i\quad(i=1,2,\cdots,n;j=1,2,\cdots,m) \tag{4-82}$$

$$\gamma_j = \frac{\sum_{i=1}^{n} X_{ji} G_i}{\sum_{i=1}^{n} X_{ji}^2 G_i} \tag{4-83}$$

式中　$F_{ji}$——$j$ 振型 $i$ 质点的水平地震作用标准值；

　　　$\alpha_j$——相应于 $j$ 振型自振周期的地震影响系数；

　　　$X_{ji}$——$j$ 振型 $i$ 质点的水平相对位移；

　　　$\gamma_j$——$j$ 振型的参与系数。

水平地震作用效应（弯矩、剪力、轴向力和变形）按下式确定：

$$S_{EK} = \sqrt{\Sigma S_j^2} \tag{4-84}$$

式中　$S_{EK}$——水平地震作用标准值的效应；

　　　$S_j$——$j$ 振型水平地震作用标准值的效应。

当采用振型分解反应谱法进行计算时，为使高柔建筑的分析精度有所改进，其组合的振型个数应足够多。振型个数一般可以取振型参与质量达到总质量 90% 所需的振型数。

规则结构不进行扭转耦联计算时，平行于地震作用方向的两个边榀各构件，其地震作用效应应乘以增大系数。一般情况下，短边可按 1.15 采用，长边可按 1.05 采用；当抗扭刚度较小时，周边各构件宜按不小于 1.3 采用。角部构件宜同时乘以两个方向各自的增大系数。

**2. 作用效应采用完全二次振型组合法（CQC 法）**

为满足建筑上外观多样化和功能现代化的要求，结构平面往往满足不了均匀、规则、对称的要求，而存在较大的偏心。结构平面质量中心与刚度中心的不重合（即存在偏心），将导致水平地震下结构的扭转振动，对结构抗震不利。因此，我国《标准》规范规定：对于质量和刚度明显不均匀、不对称的结构，应考虑水平地震作用的扭转影响。

由于地震动是多维运动，当结构在平面两个主轴方向均存在偏心时，则沿两个方向的水平地震动都将引起结构扭转振动。此外，地震动绕地面竖轴扭转分量，也对结构扭转动力反应有影响，但由于目前缺乏地震动扭转分量的强震记录，因而由该原因引起的扭转效应还难以确定。下面主要讨论由水平地震引起的多高层建筑结构平扭耦合地震反应。

按扭转耦联振型分解法计算时，各楼层可取两个正交的水平位移和一个转角共三个自由度，结构的水平地震作用按式（4-85）确定。由每一振型地震作用按静力分析方法求得某一特定最大振型地震反应后，同样需进行振型组合求该特定最大总地震反应。与结构单向平移水平地震反应计算相比，考虑平扭耦合效应进行振型组合时，需注意由于平扭耦合体系有 $x$ 向、$y$ 向和扭转三个主振方向，取 $3r$ 个振型组合可能只相当于不考虑平扭耦合影响时只取 $r$ 个振型组合的情况，故平扭耦合体系的组合数比非平扭耦合体系的振型组合数多，一般应为 3 倍以上。此外，由于平扭耦合影响，一些振型的频率间隔可能很小，振型组合时，需考虑不同振型地震反应间的相关性。为此，可采用完全二次振型组合法（CQC 法），即按下式计算地震作用效应 $S_{EK}$。

$j$ 振型 $i$ 层的水平地震作用标准值，应按下列公式确定：

$$F_{xji} = \alpha_j \gamma_{tj} X_{ji} G_i \tag{4-85a}$$

$$F_{yji} = \alpha_j \gamma_{tj} Y_{ji} G_i \tag{4-85b}$$

$$F_{tji}=\alpha_j\gamma_{tj}r_i^2\Phi_{ji}G_i \tag{4-85c}$$

式中 $F_{xji}$、$F_{yji}$、$F_{tji}$——分别为 $j$ 振型 $i$ 层（$i=1,2,\cdots,n$；$j=1,2,\cdots,m$）的 $x$ 方向、$y$ 方向和转角方向的地震作用标准值；

$X_{ji}$、$Y_{ji}$——分别为 $j$ 振型 $i$ 质心在 $x$、$y$ 方向的水平相对位移；

$\Phi_{ji}$——$j$ 振型 $i$ 层的相对扭转角；

$r_i$——层转动半径，可取 $i$ 层绕质心的转动惯量除以该层质量的商的正二次方根；

$\gamma_{tj}$——计入扭转的 $j$ 振型的参与系数，可按下列公式确定。

(1) 单向水平地震作用下，采用完全二次振型组合法（CQC 法）计算结构扭转耦联效应。

$$S_{EK}=\sqrt{\sum_{j=1}^m\sum_{k=1}^m\rho_{jk}S_jS_k} \tag{4-86}$$

$$\rho_{jk}=\rho_{kj}=\frac{8\sqrt{\zeta_j\zeta_k}(\zeta_j+\lambda_T\zeta_k)\lambda_T^{1.5}}{(1+\lambda_T^2)^2+4\zeta_j\zeta_k(1+\lambda_T^2)\lambda_T+4(\zeta_j^2+\zeta_k^2)\lambda_T^2} \tag{4-87}$$

式中 $S_{EK}$——地震作用标准值的扭转效应；

$S_j$、$S_k$——分别为 $j$、$k$ 振型地震作用标准值的效应，可取前 9～15 个振型；

$\zeta_j$、$\zeta_k$——分别为 $j$、$k$ 振型的阻尼比；

$\rho_{jk}$——$j$ 振型与 $k$ 振型的耦联系数；

$\lambda_T$——$k$ 振型与 $j$ 振型的自振周期比。

(2) 双向水平地震影响。按式（4-85）可分别计算 $x$ 向水平地震动和 $y$ 向水平地震动产生的各阶水平地震作用，按式（4-86）进行振型组合，可分别得出由 $x$ 向水平地震动产生的某一特定地震作用效应（如楼层位移、构件内力等）和由 $y$ 向水平地震动产生的同一地震效应，分别计为 $S_x$、$S_y$。同样，由于 $S_x$、$S_y$ 不一定在同一时刻发生，可采用平方和开方的方式估计由双向水平地震产生的地震作用效应。根据强震观测记录的统计分析，两个方向水平地震加速度的最大值不相等，两者之比约为 1∶0.85，则可按下面两式的较大值确定双向水平地震作用效应。

$$S_{EK}=\sqrt{S_x^2+(0.85S_y)^2} \tag{4-88}$$

$$\text{或 } S_{EK}=\sqrt{S_y^2+(0.85S_x)^2} \tag{4-89}$$

式中 $S_x$、$S_y$——分别为 $x$ 向、$y$ 向单向水平地震作用扭转效应。

### 4.5.3 楼层最小地震剪力的规定

由于地震影响系数在长周期段下降较快，对于基本周期大于 3.5s 的结构，由此计算所得的水平地震作用下的结构效应可能太小。而对于长周期结构，地震动作用中地面运动速度和位移可能对结构的破坏具有更大影响，但是目前《标准》所采用的振型分解反应谱法尚无法对此作出估计。出于结构安全的考虑，增加了对各楼层水平地震剪力最小值的要求，规定了不同烈度下的剪力系数，不考虑阻尼比的不同，结构水平地震作用效应应据此进行相应调整。抗震验算时，结构任一楼层的水平地震剪力应符合下式要求：

$$V_{Eki}\geqslant\lambda\sum_{j=i}^n G_j \tag{4-90}$$

式中 $V_{Eki}$——第 $i$ 层对应于水平地震作用标准值的楼层剪力；

$\lambda$——剪力系数,不应小于表 4-12 规定的楼层最小地震剪力系数值,对竖向不规则结构的薄弱层,尚应乘以 1.15 的增大系数;

$G_j$——第 $j$ 层的重力荷载代表值。

楼层最小地震剪力系数值　　　　表 4-12

| 类　　别 | 6 度 | 7 度 | 8 度 | 9 度 |
|---|---|---|---|---|
| 扭转效应明显或基本周期小于 3.5s 的结构 | 0.008 | 0.016(0.024) | 0.032(0.048) | 0.066 |
| 基本周期大于 5.0s 的结构 | 0.006 | 0.012(0.018) | 0.024(0.036) | 0.048 |

注:1. 基本周期介于 3.5s 和 5s 之间的结构,按插入法取值;
　　2. 括号内数值分别用于设计基本地震加速度为 0.15g 和 0.30g 的地区;
　　3. 对 Ⅲ、Ⅳ 类场地,表中数据至少增加 5%。

### 4.5.4 底部剪力法

对于一般的建筑结构,应采用振型分解反应谱法计算其地震作用效应,但当房屋结构满足下述条件时,可采用更为简便的底部剪力法计算其地震作用效应:

（1）结构的质量和刚度沿高度分布比较均匀；
（2）房屋的总高度不超过 40m；
（3）建筑结构在地震作用下的变形以剪切变形为主；
（4）建筑结构在地震作用时的扭转效应可忽略不计。

满足上述条件的结构在地震作用下其反应通常以第一振型为主,且近似为直线。

1. 计算假定

采用振型分解反应谱法计算结构最大地震反应精度较高,一般情况下无法采用手算,必须通过计算机计算,且计算量较大。理论分析表明,当建筑物高度不超过 40m,结构以剪切变形为主且质量和刚度沿高度分布较均匀时,结构的地震反应将以第一振型反应为主,而结构的第一振型接近直线。为简化满足上述条件的结构地震反应计算,假定结构的地震反应可用第一振型反应表征；结构的第一振型为线性倒三角形,如图 4-15 所示。即任意质点的第一振型位移与其高度成正比：

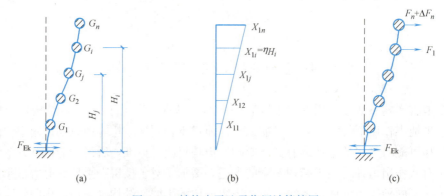

图 4-15　结构水平地震作用计算简图
(a) 计算简图；(b) 基本振型；(c) 质点地震作用

$$X_{1i} = \eta H_i$$

式中　$\eta$——比例常数；

$H_i$——质点 $i$ 离地面的高度。

**2. 底部剪力的计算**

由上述假定，任意质点 $i$ 的水平地震作用为：

$$F_i = G\alpha_1 \gamma_1 X_{1i} = G\alpha_1 \frac{\{X_1\}^T[M][I]}{\{X_1\}^T[M][X_1]} X_{1i}$$

$$= G\alpha_1 \frac{\sum_{j=1}^{n} G_j X_{1i}}{\sum_{j=1}^{n} G_j X_{1i}^2} X_{1i}$$

$$X_{1i} = \eta H_i \frac{\sum_{j=1}^{n} G_j H_j}{\sum_{j=1}^{n} G_j H_j^2} G_i H_i \alpha_1$$

则结构底部剪力为：

$$F_{EK} = \sum_{i=1}^{n} F_i = \frac{\sum_{j=1}^{n} G_j H_j}{\sum_{j=1}^{n} G_j H_j^2} \sum_{i=1}^{n} G_i H_i \alpha_1$$

$$= \frac{(\sum_{j=1}^{n} G_j H_j)^2}{(\sum_{j=1}^{n} G_j H_j^2)(\sum_{j=1}^{n} G_j)} (\sum_{j=1}^{n} G_j) \alpha_1$$

$$\chi = \frac{(\sum_{j=1}^{n} G_j H_j)^2}{(\sum_{j=1}^{n} G_j H_j^2)(\sum_{j=1}^{n} G_j)}$$

$\chi$ 为高振型影响系数。显而易见，当 $n=1$ 时，系数 $\chi=1$；当 $n>1$ 时，以大量实例计算，发现 $\chi$ 除与振型形式有关外，主要与体系的质点数有关；当 $n$ 为 3 或 4 时，$\chi$ 约为 0.85；当 $n>4$ 时，$\chi$ 约为 0.8。

《标准》为简化计算规定，当 $n=1$ 时，取 $\chi=1$；当 $n>1$ 时，取 $\chi=0.85$，并定义等效总重力荷载代表值 $G_{eq} = \chi G_E$，因此，按底部剪力法计算地震作用时，其底部剪力（或称总水平地震作用）为：

$$F_{EK} = \chi G_E \alpha_1 = \alpha_1 G_{eq} \tag{4-91}$$

式中 $\alpha_1$——相应于结构基本自振周期的水平地震影响系数值，多层砌体房屋、底部框架砌体房屋，宜取水平地震影响系数最大值；

$G_E$——结构总的重力荷载代表值；$G_E = \sum_{i=1}^{n} G_i$，$G_i$ 为质点 $i$ 的重力荷载代表值；

$G_{eq}$——结构等效总重力荷载，单质点应取总重力荷载代表值，多质点可取总重力荷载代表值的 85%。

### 3. 地震作用分布

按式（4-91）求得结构的底部剪力即结构所受的总水平地震作用后，再将其分配至各质点上（图 4-15c）。为此，将 $F_i$ 改写为：

$$F_i = \frac{(\sum_{j=1}^{n} G_j H_j)^2}{(\sum_{j=1}^{n} G_j H_j^2)(\sum_{j=1}^{n} G_j)} (\sum_{j=1}^{n} G_j) \alpha_1 \frac{G_i H_i}{\sum_{j=1}^{n} G_j H_j}$$

$$F_i = \frac{G_i H_i}{\sum_{j=1}^{n} G_j H_j} F_{EK} \quad (i=1,2,\cdots,n) \tag{4-92}$$

则地震作用下各楼层水平地震层间剪力 $V_i$ 为：

$$V_i = \sum_{j=i}^{n} F_j \quad (i=1,2,\cdots,n) \tag{4-93}$$

式（4-92）表达的地震作用分布实际仅考虑了第一振型地震作用。当结构基本周期较长时，结构的高阶振型地震作用影响将不能忽略。图 4-16 显示了高阶振型反应对地震作用分布的影响，可见高阶振型反应对结构上部地震作用的影响较大，为此我国采用在结构顶部附加集中水平地震作用的方法考虑高阶振型的影响。《标准》规定，当结构基本周期 $T_1 > 1.4 T_g$ 时，需在结构顶部附加如下集中水平地震作用。

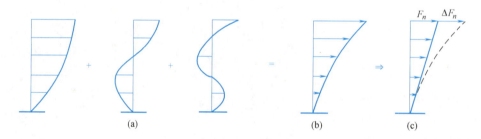

图 4-16 高阶振型反应对地震作用分布的影响
(a) 各阶振型地震反应；(b) 总地震作用分布；(c) 等效地震作用分布

$$\Delta F_n = \delta_n F_{EK} \tag{4-94}$$

式中 $\delta_n$——结构顶部附加地震作用系数，对于多层钢筋混凝土房屋和钢结构房屋按表 4-13 采用，其他房屋可采用 0.0。

顶部附加地震作用系数 $\delta_n$   表 4-13

| $T_g(s)$ | $T_1 > 1.4 T_g$ | $T_1 \leqslant 1.4 T_g$ |
|---|---|---|
| $T_g \leqslant 0.35$ | $0.08 T_1 + 0.07$ | |
| $0.35 < T_g \leqslant 0.55$ | $0.08 T_1 + 0.01$ | 0.0 |
| $T_g > 0.55$ | $0.08 T_1 - 0.02$ | |

注：$T_1$ 为结构基本自振周期。

当考虑高阶振型的影响时，结构的底部剪力仍按式（4-91）计算而保持不变，但各质点的地震作用需按 $F_{EK} - \Delta F_n = (1 - \delta_n) F_{EK}$ 进行分布，即：

$$F_i = \frac{G_i H_i}{\sum_{j=1}^{n} G_j H_j}(1-\delta_n)F_{\text{EK}} \quad (i=1,2,\cdots,n) \tag{4-95}$$

**4. 鞭梢效应**

底部剪力法适用于重量和刚度沿高度分布均比较均匀的结构。当建筑物有局部突出屋面的小建筑（如屋顶间、女儿墙、烟囱等）时，由于该部分结构的重量和刚度突然变小，将产生鞭梢效应，即局部突出小建筑的地震反应有加剧的现象。因此，当采用底部剪力法计算这类小建筑的地震作用效应时，按式（4-92）或式（4-94）计算作用在小建筑上的地震作用需乘以增大系数，《标准》规定该增大系数取为3。但是，应注意鞭梢效应只对局部突出小建筑有影响，因此作用在小建筑上的地震作用向建筑主体传递时（或计算建筑主体的地震作用效应时），则不乘增大系数。

### 4.5.5 楼层地震剪力的分配

结构任一楼层的水平地震剪力求得后，可按下列原则分配给该层的抗侧力构件：

（1）现浇和装配整体式混凝土楼、屋盖等刚性楼、屋盖建筑，宜按抗侧力构件等效刚度的比例分配。

（2）木楼盖、木屋盖等柔性楼、屋盖建筑，宜按抗侧力构件从属面积上重力荷载代表值的比例分配。

（3）普通的预制装配式混凝土楼、屋盖等半刚性楼、屋盖建筑，可取上述两种分配结果的平均值。

（4）计入空间作用、楼盖变形、墙体弹塑性变形和扭转的影响时，可按《标准》的有关规定对上述分配结果作适当调整。

### 4.5.6 地基与结构相互作用的考虑

地震时，结构受到地基传来的地震波影响产生地震作用，在进行结构地震反应分析时，一般都假定地基是刚性的，实际上地基并非为刚性，故当上部结构的地震作用通过基础反馈给地基时，地基将产生局部变形，从而引起结构的移动和摆动，这种现象称为地基与结构的相互作用。

地基与结构相互作用的结果，使得地基运动和结构动力特性发生改变，表现在以下一些方面：

（1）改变了地基运动的频谱组成，使接近结构自振频率的分量获得加强。同时改变了地基振动加速度峰值，使其小于邻近自由场地的加速度幅值。

（2）由于地基的柔性，使结构的基本周期延长。

（3）由于地基的柔性，有相当一部分振动能量将通过地基土的滞回作用和波的辐射作用逸散至地基，使得结构振动衰减，地基越柔，衰减越大。

大量研究表明，由于地基与结构的相互作用，一般来说，结构的地震作用将减少，但结构的位移和由 $P\text{-}\Delta$ 效应引起的附加内力将增加。相互作用对结构影响的大小与地基硬、软和结构的刚、柔等情况有关，硬质地基对柔性结构影响极小，对刚性结构有一定的影响；软土地基对刚性结构影响显著，而对柔性结构则有一定的影响。

结构抗震计算，一般情况下可不计入地基与结构相互作用的影响；8度和9度时建造于Ⅲ、Ⅳ类场地，采用箱基、刚性较好的筏基和桩箱联合基础的钢筋混凝土高层建筑，当结构基本自振周期处于特征周期的 1.2～5 倍范围时，若计入地基与结构动力相互作用的影响，对刚性地基假定计算的水平地震剪力可按下列规定折减，其层间变形可按折减后的楼层剪力计算。

（1）高宽比小于 3 的结构，各楼层水平地震剪力的折减系数，可按下式计算：

$$\Psi = \left(\frac{T_1}{T_1 + \Delta T}\right)^{0.9} \tag{4-96}$$

式中　$\Psi$——计入地基与结构动力相互作用后的地震剪力折减系数；
　　　$T_1$——按刚性地基假定确定的结构基本自振周期（s）；
　　　$\Delta T$——计入地基与结构动力相互作用的附加周期（s），可按表 4-14 采用。

附加周期（s）　　　表 4-14

| 烈　度 | 场地类别 | |
|---|---|---|
| | Ⅲ类 | Ⅳ类 |
| 8 | 0.08 | 0.20 |
| 9 | 0.10 | 0.25 |

（2）高宽比不小于 3 的结构，底部的地震剪力按第（1）款规定折减，顶部不折减，中间各层按线性插入值折减。

（3）折减后各楼层的水平地震剪力，应符合式（4-90）的规定。

#### 4.5.7　多自由度体系地震反应的时程分析

1. 概述

如前所述，对于一般的建筑结构，可采用振型分解反应谱法计算地震作用效应，但对于特别不规则的建筑、特别重要的建筑以及房屋高度和设防烈度较高的建筑，为确保这些建筑在地震作用下的安全，宜采用时程分析法进行补充计算。另外，当进行房屋结构的弹塑性变形验算时，由于结构已出现了明显的非线性，因此，振型分解反应谱法已不再适用，而需采用弹塑性时程分析法。

2. 时程分析法计算

时程分析法是对结构物的运动微分方程直接进行逐步积分求解的一种动力分析方法。由时程分析可得到各质点随时间变化的位移、速度和加速度动力反应，进而可计算出构件内力和变形的时程变化。由于此法是对运动方程直接求解，又称直接动力分析法。

用直接动力分析法对结构进行地震反应计算是在静力法和反应谱法两阶段之后发展起来的经多次震害分析，发现采用反应谱法进行抗震设计不能正确解释一些结构破坏现象，甚至有时不能保证某些结构的安全，该法存在以下缺陷：

（1）直接用规范反应谱不能很好地符合不同工程所在地的实际地震地质环境、场地条件及地基土特性，因而求出的地震作用可能偏差较大。

（2）地震作用是一个时间过程，反应谱法不能反映结构在地震过程中随时间变化的过程，有时不能找出结构真正的薄弱部位。

（3）实际地震作用是多向同时发生，现行反应谱法不能很好地反映多向地震作用下结构受力的实际情况。

（4）抗震结构设计的最终目标是要防止结构在大震作用下发生倒塌，现行反应谱方法尚不能提供相应的验算方法。

因此，自20世纪60年代以来，许多地震工程学者致力于弹塑性动力时程分析法的研究。该方法是将建筑物作为弹塑性振动系统，直接输入地震波，用逐步积分法求解依据结构弹塑性恢复力特性建立的动力方程，直接计算地震期间结构的位移、速度和加速度时程反应，从而能够描述结构在强震作用下在弹性和非弹性阶段的内力变化，以及结构构件逐步开裂、屈服、破坏直至倒塌的全过程。

采用时程分析法进行结构弹塑性地震反应分析时，其步骤大体如下：

（1）按照建筑场址的场地条件、设防烈度、震中距远近等因素，选取若干条具有不同特性的典型强震加速度时程曲线，作为设计用的地震波输入。

（2）根据结构体系的力学特性、地震反应内容要求以及计算机存储量，建立合理的结构振动模型。

（3）根据结构材料特性、构件类型和受力状态，选择恰当的结构恢复力模型，并确定相应于结构（或杆件）开裂、屈服和极限位移等特征点的恢复力特性参数，以及恢复力特性曲线各折线段的刚度数值。

（4）建立结构在地震作用下的振动微分方程。

（5）采用逐步积分法求解振动方程，求得结构地震反应的全过程。

（6）必要时也可利用小震下的结构弹性反应所计算出的构件和杆件最大地震内力，与其他荷载内力组合，进行截面设计。

（7）采用容许变形限值来检验中震和大震下结构弹塑性反应对应的结构层间侧移角，判别是否符合要求。

基于有限单元法的时程动力分析目前已经被广泛采用，一般结构需要采用梁元、墙元或薄壁壳元等单元的组合。普通钢筋混凝土框架结构可以只采用梁元进行计算，该模型即为杆系模型，其单元质量集中在杆件节点处，空间梁单元节点通常有3个方向的位移与转角共6个自由度。当楼板刚度大而且框架呈现弱柱强梁型使塑性铰首先在柱端出现时，可以采用层间剪切模型。

动力时程分析法较反应谱法或拟静力弹塑性分析法更准确地反映了结构在地震作用下的内力、位移变化，但其计算工作十分繁重，要求计算机内存大、速度快，故在工程应用中应根据规范要求和实际条件酌情选用。此外，由于地震时地面运动的随机性和结构形式的多样性，计算中输入地震波的类型与结构计算模型等与实际较难准确符合，因此，作为一种实用的方法还有待进一步完善。

3. 时程分析法《标准》规定

特别不规则的建筑、甲类建筑和表4-15所列高度范围的高层建筑，应采用时程分析法进行多遇地震下的补充计算；当取三组加速度时程曲线输入时，计算结果宜取时程法的包络值和振型分解反应谱法的较大值；当取七组及七组以上的时程曲线时，计算结果可取时程法的平均值和振型分解反应谱法的较大值。

采用时程分析法时，应按建筑场地类别和设计地震分组选用实际强震记录和人工模拟的加速度时程曲线，其中实际强震记录的数量不应少于总数的2/3，多组时程曲线的平均地震影响系数曲线应与振型分解反应谱法所采用的地震影响系数曲线在统计意义上相符，其加速度时程的最大值可按表4-16采用。弹性时程分析时，每条时程曲线计算所得结构底部剪力不应小于振型分解反应谱法计算结果的 65%，多条时程曲线计算所得结构底部剪力的平均值不应小于振型分解反应谱法计算结果的 80%。

采用时程分析的房屋高度范围　　　　　　　　　　　　表 4-15

| 烈度、场地类别 | 房屋高度范围(m) |
| --- | --- |
| 8 度 Ⅰ、Ⅱ 类场地和 7 度 | >100 |
| 8 度 Ⅲ、Ⅳ 类场地 | >80 |
| 9 度 | >60 |

时程分析所用地震加速度时程的最大值（$cm/s^2$）　　　　表 4-16

| 地震影响 | 6 度 | 7 度 | 8 度 | 9 度 |
| --- | --- | --- | --- | --- |
| 多遇地震 | 20 | 38(55) | 70(105) | 135 |
| 设防地震 | 50 | 100(150) | 200(300) | 400 |
| 罕遇地震 | 160 | 240(315) | 390(510) | 620 |

注：括号内数值分别用于设计基本地震加速度为 $0.15g$ 和 $0.30g$ 的地区。

平面投影尺度很大的空间结构，应根据结构形式和支承条件，分别按单点一致、多点、多向单点或多向多点输入进行抗震计算。按多点输入计算时，应考虑地震行波效应和局部场地效应。6 度和 7 度 Ⅰ、Ⅱ 类场地的支承结构、上部结构和基础的抗震验算可采用简化方法，根据结构跨度、长度不同，其短边构件可乘以附加地震作用效应系数 1.15～1.30；7 度 Ⅲ、Ⅳ 类场地和 8、9 度时，应采用时程分析方法进行抗震验算。

## 4.6　竖向地震作用计算

地震震害现象表明，在高烈度地震区，地震动竖向加速度分量对建筑破坏状态和破坏程度的影响是明显的。中国唐山地震，一些砖砌烟囱的上半段，产生 8 道、10 道甚至更多道间距为 1m 左右的环行水平通缝。有一座砖烟囱，上部的中间一段倒塌坠地，而顶端一小段却落入烟囱残留下半段的上口。地震时，设备上跳移位的现象也时有发生。唐山地震时，9 度区内的一座重约 100t 的变压器，跳出轨外 0.4m，依旧站立；陡河电厂重 150t 的主变压器也跳出轨外未倒；附近还有一节车厢跳起后，站立于轨道之外。此外，据反映，强烈地震时人们的感觉是，先上下颠簸、后左右摇晃。

地震时地面运动是多分量的。近几十年来，国内外已经取得了大量的强震记录，每次地震记录包括地震动的 3 个平动分量即两个水平分量和一个竖向分量。大量地震记录的统计结果表明，若取地震动两个水平加速度分量中的较大者为基数，则竖向峰值加速度 $a_v$ 与水平峰值加速度 $a_h$ 的比值为 1/3～1/2。近些年来，还获得了竖向峰值加速度达到甚至超过水平峰值加速度的地震记录。如 1979 年美国帝国山谷（Imperial valley）地震所获得的 30 个记录，$a_v/a_h$ 的平均值为 0.77，靠近断层（距离约为 10km）的 11 个记录，$a_v/a_h$ 的平均值则达到了 1.12，其中最大的一个记录，竖向峰值加速度 $a_v$ 更达 $1.75g$，竖向和水平加速度的比值高达 2.4。1976 年苏联格兹里地震，记录到的最大竖向加速度为 $1.39g$，竖向和水平峰值加速度的比值为 1.63。我国对 1976 年唐山地震的余震所取得的加速度记录，也曾测到竖向峰值加速度达到水平峰值加速度。正因为地震动的竖向加速度分量达到了如此大的数值，国内外学者对结构竖向地震反应的研究日益重视。

目前，国外抗震设计规要求考虑竖向地震作用的结构或构件有：①长悬臂结构；②大跨度结构；③高耸结构和较高的高层建筑；④以轴向力为主的结构构件（柱或悬挂结构）；⑤砌体结构；⑥突出于建筑顶部的小构件。其中，以前三类居多。我国的《标准》明确规定，8、9度时的大跨度结构、长悬臂结构及9度时的高层建筑，应计算竖向地震作用。

计算结构竖向地震作用的方法，多数国家采用静力法或水平地震作用折减法，只有少数国家采用竖向地震作用反应谱法。这三种方法的特点如下：

（1）静力法，不必计算结构或构件的竖向自振周期和，直接取结构或构件重量的一定百分数作为竖向地震作用，并考虑上、下两个方向。

（2）水平地震作用折减法不合理。此法认为结构的竖向地震反应与水平地震反应直接相关，取结构或构件水平地震作用的某个百分比。由于竖向地面运动与水平地面运动的频率成分不同，结构竖向振动特性与水平振动特性亦不同，所以竖向地震作用与水平地震作用并无直接关系。

（3）竖向地震反应谱法比较合理。此法与水平地震作用反应谱法相同，较为合理，然而要计算结构的自振特性，并需要建立相应的竖向地震反应谱。

我国《标准》针对高层建筑和高耸结构、平板型网架屋盖和大跨度屋架结构、长悬臂和其他大跨结构分别规定了不同的简化计算方法。

1. 高层建筑与高耸结构

《标准》对这类结构的竖向地震作用计算采用了反应谱法，并作了进一步的简化。

1）竖向地震影响系数的取值

大量地震地面运动记录资料的分析研究结果表明：竖向最大地面加速度与水平最大地面加速度的比值大多在$1/2\sim 2/3$的范围内；用上述地面运动加速度记录计算所得的竖向地震和水平地震的平均反应谱的形状相差不大。因此，《标准》规定，竖向地震影响系数与周期的关系曲线可以沿用水平地震影响系数曲线；其竖向地震影响系数最大值$\alpha_{vmax}$为水平地震影响系数最大值$\alpha_{max}$的65%。

2）竖向地震作用标准值的计算

根据大量用振型分解反应谱法和时程分析法分析的计算实例发现，在这类结构的地震反应中，第一振型起主要作用，而且第一振型接近于直线。一般的高层建筑和高耸结构竖向振动的基本自振周期均在0.1~0.2s范围内，即处在地震影响系数最大值的范围内。为此，结构总竖向地震作用标准值$F_{Evk}$和质点$i$的竖向地震作用标准值$F_{Vi}$（图4-17）分别为：

$$F_{Evk} = \alpha_{vmax} G_{eq} \tag{4-97}$$

$$F_{vi} = \frac{G_i H_i}{\sum_{k=1}^{n} G_k H_k} F_{Evk} \tag{4-98}$$

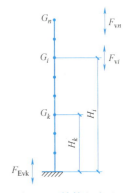

图4-17 结构竖向地震作用计算简图

式中 $F_{Evk}$——结构总竖向地震作用标准值；

$F_{vi}$——质点$i$的竖向地震作用标准值；

$\alpha_{vmax}$——竖向地震影响系数的最大值，可取水平地震影响系数最大值的65%；

$G_{eq}$——结构等效总重力荷载,可取其重力荷载代表值的75%。

3)楼层的竖向地震作用效应

楼层的竖向地震作用效应,可按各构件承受的重力荷载代表值的比例分配。根据我国台湾9·21大地震的经验,《标准》要求,高层建筑楼层的竖向地震作用效应,应乘以增大系数1.5,使结构总竖向地震作用标准值,8度、9度时分别略大于重力荷载代表值的10%和20%。

综上所述,竖向地震作用的计算步骤为:

(1)用式(4-97)计算结构总的竖向地震作用标准值 $F_{Evk}$,也就是计算竖向地震所产生的结构底部轴向力。

(2)用式(4-98)计算各楼层的竖向地震作用标准值 $F_{vi}$,也就是将结构总的竖向地震作用标准值 $F_{Evk}$ 按倒三角形分布分配到各楼层。

(3)计算各楼层由竖向地震作用产生的轴向力,第 $i$ 层的轴向力 $N_{vi}$ 为:

$$N_{vi} = \sum_{k=i}^{n} F_{vk} \tag{4-99}$$

(4)将竖向地震作用产生的轴向力 $N_{vi}$ 按该层各竖向构件(柱、墙等)所承受的重力荷载代表值的比例分配到各竖向构件,并乘以增大系数1.5。

2. 平板型网架屋盖和大跨度屋架结构

用反应谱法和时程分析法对不同类型的平板型网架屋盖和跨度大于24m的屋架进行计算分析,若令:

$$\mu_i = \frac{F_{iEv}}{F_{iG}} \tag{4-100}$$

式中 $F_{iEv}$——第 $i$ 杆件的竖向地震作用的内力;

$F_{iG}$——第 $i$ 杆件重力荷载作用下的内力。

从大量计算实例中可以总结出以下规律:各杆件的 $\mu_i$ 值相差不大,可取其最大值 $\mu_{max}$ 作为设计依据;比值 $\mu_{max}$ 与设防烈度和场地类别有关;当结构竖向自振周期 $T_v$ 大于特征周期 $T_g$ 时,$\mu$ 值随跨度增大而减小,但在常用跨度范围内,$\mu$ 值减小不大,可以忽略跨度的影响。

为此,《标准》规定:平板型网架屋盖和跨度大于24m屋架的竖向地震作用标准值 $F_{vi}$ 宜取其重力荷载代表值 $G_i$ 和竖向地震作用系数 $\lambda$ 的乘积,即 $F_{vi} = \lambda G_i$;竖向地震作用系数 $\lambda$ 可按表4-17采用。

竖向地震作用系数 表4-17

| 结构类型 | 烈度 | 场地类别 | | |
|---|---|---|---|---|
| | | Ⅰ | Ⅱ | Ⅲ、Ⅳ |
| 平板型网架、钢屋架 | 8 | 可不计算(0.10) | 0.08(0.12) | 0.10(0.15) |
| | 9 | 0.15 | 0.15 | 0.20 |
| 钢筋混凝土屋架 | 8 | 0.10(0.15) | 0.13(0.19) | 0.13(0.19) |
| | 9 | 0.20 | 0.25 | 0.25 |

注:括号中数值用于设计基本地震加速度为0.30g的地区。

3. 长悬臂和其他大跨结构

长悬臂和其他大跨结构的竖向地震作用标准值，8度和9度时可分别取该结构、构件重力荷载代表值的10%和20%，即 $F_{vi}=0.1G_i$ 或 $F_{vi}=0.2G_i$。设计基本地震加速度为 $0.3g$ 时，可取该结构、构件重力荷载代表值的15%。

## 4.7 结构抗震验算

在进行建筑结构抗震设计时，抗震规范采用了两阶段设计法：第一阶段设计为多遇作用下的构件弹性变形验算和截面抗震承载力验算和相应的构造措施，实现了"小震不坏，中震可修"；第二阶段设计为罕遇地震作用下弹塑性变形验算，并采取提高结构变形能力的构造措施，实现了"大震不倒"。结构抗震验算分为截面抗震验算和结构抗震变形验算两部分。

### 4.7.1 结构抗震计算的一般原则

抗震验算时，关于地震作用的方向，因地震时地面将发生水平运动与竖向运动，从而引起结构的水平振动与竖向振动。而当结构的质心与刚心不重合时，地面的水平运动还会引起结构的扭转振动。

抗震设计中，考虑到地面运动水平方向的分量较大，而结构抗侧力的强度储备又较抗竖向力的强度储备为小，所以通常认为水平地震作用对结构起主要作用，在验算结构抗震承载力时一般只考虑水平地震作用，仅在高烈度区对竖向地震作用敏感的大跨、长悬臂、高耸结构及高层建筑才考虑竖向地震作用。对于由水平地震作用引起的扭转影响，一般只对质量和刚度明显不均匀、不对称的结构才加以计算。

在验算水平地震作用效应时，虽然地面水平运动的方向是随机的，但在实际抗震验算中一般均假定作用在结构的主轴方向，并分别在两个主轴方向进行分析和验算，而各方向的水平地震作用全部由该方向抗侧力的构件承担。对于有斜交抗侧力构件的结构，当相交角度大于15°时，应分别考虑各抗侧力构件方向的水平地震作用。

### 4.7.2 可不进行截面抗震验算的结构

在结构抗震设计第一阶段即进行在多遇地震作用下承载力的抗震验算时，结构的截面抗震验算，应符合下列规定：

(1) 6度时的建筑（不规则建筑及建造于Ⅳ类场地上较高的高层建筑除外），以及生土房屋和木结构房屋等，应允许不进行截面抗震验算，但应符合有关的抗震措施要求。

(2) 6度时不规则建筑、建造于Ⅳ类场地上较高的高层建筑，7度和7度以上的建筑结构（生土房屋和木结构房屋等除外），应进行多遇地震作用下的截面抗震验算。

### 4.7.3 截面抗震验算

1. 地震作用效应和其他荷载效应的基本组合

结构构件的地震作用效应和其他荷载效应的基本组合，应按式（4-101）计算：

$$S=\gamma_G S_{GE}+\gamma_{Eh} S_{Ehk}+\gamma_{Ev} S_{Evk}+\Psi_w \gamma_w S_{wE} \quad (4-101)$$

式中　$S$——结构构件内力组合的设计值，包括组合的弯矩、轴向力和剪力设计值等；

$\gamma_G$——重力荷载分项系数，一般情况应采用1.3，当重力荷载效应对构件承载能力有利时，不应大于 1.0；

$\gamma_{Eh}$、$\gamma_{Ev}$——分别为水平、竖向地震作用分项系数，应按表 4-18 采用；

$\gamma_w$——风荷载分项系数，应采用 1.5；

$S_{GE}$——重力荷载代表值的效应，有吊车时，尚应包括悬吊物重力标准值的效应；

$S_{Ehk}$——水平地震作用标准值的效应，尚应乘以相应的增大系数或调整系数；

$S_{Evk}$——竖向地震作用标准值的效应，尚应乘以相应的增大系数或调整系数；

$S_{wE}$——风荷载标准值的效应；

$\Psi_w$——风荷载组合值系数，一般结构取 0.0，风荷载起控制作用的建筑应采用 0.20。

地震作用分项系数　　　　　　　　　表 4-18

| 地 震 作 用 | $\gamma_{Eh}$ | $\gamma_{Ev}$ |
|---|---|---|
| 仅计算水平地震作用 | 1.4 | 0.0 |
| 仅计算竖向地震作用 | 0.0 | 1.4 |
| 同时计算水平与竖向地震作用（水平地震为主） | 1.4 | 0.5 |
| 同时计算水平与竖向地震作用（竖向地震为主） | 0.5 | 1.4 |

2. 截面抗震验算

结构构件的截面抗震验算，应按下式计算：

$$S \leqslant R/\gamma_{RE} \tag{4-102}$$

式中　$\gamma_{RE}$——承载力抗震调整系数，除另有规定外，应按表 4-19 采用；当仅计算竖向地震作用时，各类结构构件承载力抗震调整系数均应采用 1.00；

$R$——结构构件承载力设计值。

承载力抗震调整系数　　　　　　　　　表 4-19

| 材料 | 结构构件 | 受力状态 | $\gamma_{RE}$ |
|---|---|---|---|
| 钢 | 柱，梁，支撑，节点板件，螺栓，焊缝 | 强度 | 0.75 |
| | 柱，支撑 | 稳定 | 0.80 |
| 砌体 | 两端均有构造柱、芯柱的抗震墙 | 受剪 | 0.9 |
| | 其他抗震墙 | 受剪 | 1.0 |
| 混凝土 | 梁 | 受弯 | 0.75 |
| | 轴压比小于 0.15 的柱 | 偏压 | 0.75 |
| | 轴压比不小于 0.15 的柱 | 偏压 | 0.80 |
| | 抗震墙 | 偏压 | 0.85 |
| | 各类构件 | 受剪、偏拉 | 0.85 |

3. 承载力抗震调整系数

进行建筑结构抗震设计时，对结构构件承载力除以调整系数 $\gamma_{RE}$，使承载力提高，主要原因为：

快速加载下的材料强度比常规静力荷载下的材料强度高，地震作用的加载速度高于常规静力荷载的加载速度，故材料强度有所提高。

地震作用是偶然作用，结构抗震可靠度要求可比承受其他荷载作用下的可靠度要低些。而结构构件承载力设计值是借用非地震作用的，故要调整可靠度。

4. 抗震验算中作用组合值系数的确定

地震作用标准值的效应组合前的调整：高振型影响的调整、出屋面小建筑的内力增大、结构薄弱层楼层剪力增大、楼层剪重比调整（最小地震剪力系数要求）、扭转影响的调整。

地震作用标准值的效应组合后的调整："强柱弱梁"，调整柱的弯矩设计值；"强剪弱弯"，调整柱、梁和抗震墙的剪力设计值；"强节点弱构件"，调整框架节点核心区的剪力设计值；抗震墙弯矩设计值的调整等。

5. 关于重要性系数

截面抗震验算中不考虑此项系数。

#### 4.7.4 抗震变形验算

1. 变形验算的内容及原因

建筑结构在地震作用下的变形验算与控制在抗震设计中起着不可缺少的重要作用，这不是承载能力强度设计所能代替的。根据两阶段设计原则，变形验算主要包括在多遇地震作用下弹性变形的验算和在罕遇地震作用下弹塑性变形的验算。

多遇地震作用下结构基本处于弹性工作阶段，除满足承载能力要求外还需严格控制弹性层间侧移，其主要原因是：防止非结构构件出现过于严重的破坏；保证建筑自身的正常使用。要防止防震缝两侧毗连建筑物的碰撞。

弹塑性变形的验算是为了防止结构在预估的罕遇地震作用下因薄弱层弹塑性变形过大而倒塌。

2. 弹性变形验算

表 4-20 各类结构应进行多遇地震作用下的抗震变形验算，其楼层内最大的弹性层间位移应按式（4-103）验算，此式验算实质上是控制建筑物非结构部位的破坏程度，以减少震后的修复费用。

弹性层间位移角限值　　　　　　　　　　　　　　表 4-20

| 结 构 类 型 | $[\theta_e]$ |
|---|---|
| 钢筋混凝土框架 | 1/550 |
| 钢筋混凝土框架-抗震墙、板柱-抗震墙、框架-核心筒 | 1/800 |
| 钢筋混凝土抗震墙、筒中筒 | 1/1000 |
| 钢筋混凝土框支层 | 1/1000 |
| 多、高层钢结构 | 1/250 |

$$\Delta u_e \leqslant [\theta_e]h \qquad (4-103)$$

式中　$\Delta u_e$——多遇地震作用标准值产生的楼层内最大的弹性层间位移；计算时，除以弯曲变形为主的高层建筑外，可不扣除结构整体弯曲变形；应计入扭转变形，各作用分项系数均应采用 1.0；钢筋混凝土结构构件的截面刚度可采用弹性刚度；

　　　$[\theta_e]$——弹性层间位移角限值，宜按表 4-22 采用；

$h$——计算楼层层高。

罕遇地震下弹塑性位移验算可扫描二维码4-2观看。

二维码4-2

**3. 弹塑性变形验算**

1) 控制了薄弱部位在罕遇地震下的变形，即可控制结构的抗震安全性

大量震害分析表明，大震作用下一般结构均存在"塑性变形集中"的薄弱层，这种薄弱层仅按承载力计算，有时难以发现。这是因为结构构件强度是按小震作用计算的，各截面实际配筋与计算往往不一致，同时各部位在大震下其效应增大的比例也不同，从而使有些层可能率先屈服，形成塑性变形集中。随着地震强度的增加，结构进入弹塑性变形状态，这些塑性变形集中部位的弹塑性变形超过某种限值，形成薄弱部位（薄弱层），就会产生局部倒塌，而局部倒塌往往又会引起整体的坍塌。

结构的时程分析也说明弹塑性层间变形沿高度的分布是不均匀的。影响层间变形的主要因素是楼层屈服强度分布，在屈服强度相对较低的薄弱部位，地震作用下将产生很大的塑性层间变形。而其他各层的层间变形相对较小，接近于弹性反应计算结果。因此，在抗震设计中，只要控制了薄弱部位在罕遇地震下的变形，即可控制结构的抗震安全性。

2) 薄弱层位置的判断

研究表明，结构弹塑性层间变形与多种因素有关，但主要取决于楼层屈服强度系数的大小及楼层屈服强度系数沿房屋高度的分布情况。

楼层屈服强度系数为按钢筋混凝土构件实际配筋和材料强度标准值计算的楼层受剪承载力和按罕遇地震作用标准值计算的楼层弹性地震剪力的比值；对排架柱，指按实际配筋面积、材料强度标准值和轴向力计算的正截面受弯承载力与按罕遇地震作用标准值计算的弹性地震弯矩的比值。

楼层屈服强度系数 $\xi_y$ 可表示为：

$$\xi_y = \frac{V_y}{V_e} \tag{4-104}$$

式中 $\xi_y$——楼层屈服强度系数；

$V_y$——按构件实际配筋和材料强度标准值计算的楼层受剪实际承载力；

$V_e$——弹性地震剪力，计算时水平地震影响系数最大值 $\alpha_{max}$ 应采用罕遇地震时的数值。

对混凝土结构，薄弱层的确定主要用楼层屈服强度系数来判别。当此系数大于0.5时，这种楼层可不必再验算弹塑性变形。当此系数等于或小于0.5时，则必须进一步验算该层的弹塑性变形是否满足《标准》要求。

《标准》规定，下列结构应进行弹塑性变形验算：

(1) 8度Ⅲ、Ⅳ类场地和9度时，高大的单层钢筋混凝土柱厂房的横向排架；

(2) 7~9度时楼层屈服强度系数小于0.5的钢筋混凝土框架结构和框排架结构；

(3) 高度大于150m的结构；

(4) 甲类建筑和9度时乙类建筑中的钢筋混凝土结构和钢结构；

(5) 采用隔震和消能减震设计的结构。

《标准》规定，下列结构宜进行弹塑性变形验算：

(1) 表4-17所列高度范围且属于表3-2所列竖向不规则类型的高层建筑结构；

(2) 7度Ⅲ、Ⅳ类场地和8度时乙类建筑中的钢筋混凝土结构和钢结构；

(3) 板柱-抗震墙结构和底部框架砌体房屋；

(4) 高度不大于150m的其他高层钢结构；

(5) 不规则的地下建筑结构及地下空间综合体。

以上规定是为了在满足抗震设计基本要求的前提下，尽量减少设计计算工作量。所以，根据震害调查及科学研究结果，只要求对上述在大地震中较易倒塌的延性结构和特殊要求的钢筋混凝土建筑进行薄弱层或薄弱部位的变形验算。

3) 结构薄弱层（部位）弹塑性层间位移的简化计算

除了时程分析法直接计算弹塑性变形外，根据对数千个1~15层剪切型结构弹塑性时程分析结果得到以下统计规律：多层剪切型结构薄弱层的弹塑性变形与弹性变形之间有相对稳定的关系。根据此规律给出了近似简化计算变形方法。即《标准》中给出的将弹性层间变形乘以放大系数，来求出弹塑性层间变形，称为弹塑性变形简化计算法。

《标准》规定了结构在罕遇地震作用下薄弱层（部位）弹塑性变形计算，不超过12层且层刚度无突变的钢筋混凝土框架和框排架结构、单层钢筋混凝土柱厂房可采用简化计算法；其他建筑结构可采用静力弹塑性分析方法或弹塑性时程分析法等。

(1) 结构薄弱层（部位）的位置可按下列情况确定

① 楼层屈服强度系数沿高度分布均匀的结构，可取底层；

② 楼层屈服强度系数沿高度分布不均匀的结构，可取该系数最小的楼层（部位）和相对较小的楼层，一般不超过2~3处；

③ 单层厂房，可取上柱。

(2) 薄弱层弹塑性层间位移可按式（4-105）和式（4-106）计算：

$$\Delta u_p = \eta_p \Delta u_e \tag{4-105}$$

或

$$\Delta u_p = \mu \Delta u_y = \frac{\eta_p}{\xi_y} \Delta u_y \tag{4-106}$$

式中 $\Delta u_p$——弹塑性层间位移；

$\Delta u_y$——层间屈服位移；

$\mu$——楼层延性系数；

$\Delta u_e$——罕遇地震作用下按弹性分析的层间位移；

$\eta_p$——弹塑性层间位移增大系数，当薄弱层（部位）的屈服强度系数不小于相邻层（部位）该系数平均值的0.8时，可按表4-21采用；当不大于该平均值的0.5时，可按表内相应数值的1.5倍采用；其他情况可采用内插法取值；

$\xi_y$——楼层屈服强度系数。

弹塑性层间位移增大系数 $\eta_p$ 表4-21

| 结构类型 | 总层数 n 或部位 | $\xi_y$ | | |
|---|---|---|---|---|
| | | 0.5 | 0.4 | 0.3 |
| 多层均匀框架结构 | 2~4 | 1.30 | 1.40 | 1.60 |
| | 5~7 | 1.50 | 1.65 | 1.80 |
| | 8~12 | 1.80 | 2.00 | 2.20 |
| 单层厂房 | 上柱 | 1.30 | 1.60 | 2.00 |

### (3) 结构薄弱层（部位）弹塑性层间位移验算

结构薄弱层（部位）弹塑性层间位移验算应按下式计算：

$$\Delta u_p \leqslant [\theta_p] h \tag{4-107}$$

式中 $[\theta_p]$——弹塑性层间位移角限值，可按表 4-22 采用；对钢筋混凝土框架结构，当轴压比小于 0.40 时，可提高 10%；当柱子全高的箍筋构造比《标准》规定的体积配箍率大 30% 时，可提高 20%，但累计不超过 25%；

$h$——薄弱层楼层高度或单层厂房上柱高度。

**弹塑性层间位移角限值**  表 4-22

| 结构类型 | $[\theta_p]$ |
|---|---|
| 单层钢筋混凝土柱排架 | 1/30 |
| 钢筋混凝土框架 | 1/50 |
| 底部框架砌体房屋中的框架抗震墙 | 1/100 |
| 钢筋混凝土框架-抗震墙、板柱-抗震墙、框架-核心筒 | 1/100 |
| 钢筋混凝土抗震墙、筒中筒 | 1/120 |
| 多、高层钢结构 | 1/50 |

## 4.8 抗 震 例 题

**【例 4-8】** 某两层钢筋混凝土框架，集中于楼盖和屋盖处的重力荷载代表值相等，$G_1 = 1200$，$G_2 = 1000 \text{kN}$，$H_1 = 4\text{m}$，$H_2 = 8\text{m}$。自振周期 $T_1 = 1.028\text{s}$，$T_2 = 0.393\text{s}$，第一振型、第二振型如图 4-18 所示，$X_{11} = 1$，$X_{12} = 1.618$；$X_{21} = 1$，$X_{22} = -0.618$。

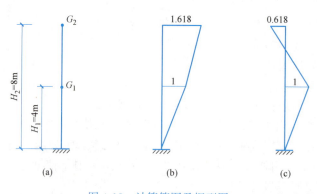

图 4-18 计算简图及振型图
(a) 计算简图；(b) 第一振型；(c) 第二振型

建筑场地为Ⅱ类，抗震设防烈度为 7 度，设计地震分组为第二组，设计基本地震加速度为 $0.10g$。结构的阻尼比 $\zeta = 0.05$。要求：确定多遇水平地震作用 $F_{ij}$，绘出地震剪力图。

**【解】** 1) 第一振型的水平地震作用

多遇地震，7 度时，设计基本地震加速度为 $0.10g$，Ⅱ类场地，查新规范 $\alpha_{\max} = 0.0825$。建筑场地为Ⅱ类，设计地震分组为第二组时，特征周期 $T_g = 0.4\text{s}$。因 $T_g = 0.4\text{s} \leqslant T_1 = 1.028\text{s} \leqslant 5T_g = 2\text{s}$，第一振型自振周期 $T_1$ 的地震影响系数为：

$$\alpha_1 = \left(\frac{T_g}{T_1}\right)^{0.9} \eta_2 \alpha_{\max} = \left(\frac{0.4}{1.028}\right)^{0.9} \times 1 \times 0.0825 = 0.035$$

振型的参与系数 $\gamma_1$：

$$\gamma_1 = \frac{\sum G_i x_{1i}}{\sum G_i x_{1i}^2} = \frac{1200 \times 1 + 1000 \times 1.618}{1200 \times 1^2 + 1000 \times 1.618^2} = 0.738$$

求得水平地震作用标准值 $F_{1i}$：

$$F_{11} = \alpha_1 G_1 \gamma_1 X_{11} = 0.035 \times 1200 \times 0.738 \times 1 = 31\text{kN}$$

$$F_{12} = \alpha_1 G_2 \gamma_1 X_{12} = 0.035 \times 1000 \times 0.738 \times 1.618 = 41.8\text{kN}$$

第 2 层框架承担的剪力 $V_{12} = 41.8\text{kN}$。

第 1 层框架承担的剪力 $V_{11} = 31\text{kN} + 41.8\text{kN} = 72.8\text{kN}$。

2）第二振型的水平地震作用

因 $0.1\text{s} < T_2 = 0.393\text{s} < T_g = 0.4\text{s}$，$\alpha_2 = \alpha_{\max} = 0.0825$，振型的参与系数 $\gamma_2$：

$$\gamma_2 = \frac{\sum G_i x_{2i}}{\sum G_i x_{2i}^2} = \frac{1200 \times 1 + 1000 \times (-0.618)}{1200 \times 1^2 + 1000 \times (-0.618)^2} = 0.368$$

求得水平地震作用标准值 $F_{2i}$：

$$F_{21} = \alpha_2 G_1 \gamma_2 X_{21} = 0.0825 \times 1200 \times 0.368 \times 1 = 36.4\text{kN}$$

$$F_{22} = \alpha_2 G_2 \gamma_2 X_{22} = 0.0825 \times 1000 \times 0.368 \times (-0.618) = -18.8\text{kN}$$

第 2 层框架承担的剪力 $V_{22} = -18.8\text{kN}$。

第 1 层框架承担的剪力 $V_{21} = 36.4\text{kN} + (-18.8\text{kN}) = 17.6\text{kN}$。

3）求层间地震剪力，并验算最小层间地震剪力

组合地震剪力：

第 2 层：

$$V_2 = \sqrt{\sum_{j=1}^{2} V_{j2}^2} = \sqrt{41.8^2 + (-18.8)^2} = 45.8\text{kN} \geqslant \lambda G_2$$
$$= 0.016 \times 1000 = 16\text{kN}$$

第 1 层：

$$V_1 = \sqrt{\sum_{j=1}^{2} V_{j1}^2} = \sqrt{72.8^2 + 17.6^2} = 74.9\text{kN}$$
$$\geqslant \lambda(G_1 + G_2) = 0.016 \times (1200 + 1000) = 35.2\text{kN}$$

这里设防烈度 7 度和 $0.1g$，查规范得楼层最小地震剪力系数 $\lambda = 0.016$。

各振型地震作用及其剪力图见图 4-19，楼层地震剪力图见图 4-20。

【例 4-9】 图 4-21 所示三层钢筋混凝土框架结构，各部分尺寸及计算简图分别见图 4-21（a）、(b)，各楼层重力荷载代表值为 $G_1 = 1200\text{kN}$、$G_2 = 1000\text{kN}$、$G_3 = 650\text{kN}$，场地土为Ⅱ类，设计地震分组为第二组，设防烈度为 8 度，设计基本地震加速度为 $0.20g$，现已算得前三个振型的自振周期为 $T_1 = 0.68\text{s}$，$T_2 = 0.24\text{s}$，$T_3 = 0.16\text{s}$，振型分别如图 4-21（c）、(d)、(e) 所示。结构阻尼比 $\xi = 0.05$。用振型分解法求多遇地震作用下该框架结构的层间地震剪力标准值。SRSS 法计算地震剪力请扫描二维码 4-3。

二维码 4-3

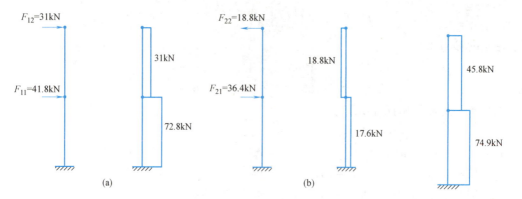

图 4-19 各振型地震作用及其剪力图
（a）第一振型地震作用及其层间地震剪力；（b）第二振型地震作用及其层间地震剪力

图 4-20 楼层地震剪力图

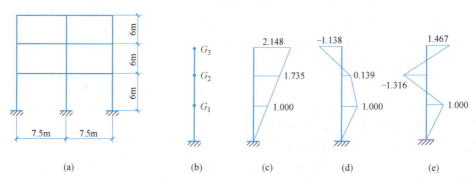

图 4-21 各部分尺寸、计算简图及三个振型

【解】 1）计算各质点的水平地震作用
用振型分解法求水平地震作用。

（1）各振型的地震影响系数。设防烈度为 8 度（0.20g），多遇地震时，Ⅱ类场地时，查得其地震影响系数最大值 $\alpha_{\max}=0.1675$。Ⅱ类场地、地震分组第二组，场地特征周期 $T_g=0.4s$。$T_g \leqslant T_1 = 0.68s \leqslant 5T_g$，$\xi=0.05$，$\eta_2=1$，$\gamma=0.9$，根据 $\alpha$-$T$ 曲线，第一振型自振周期 $T_1$ 的地震影响系数为：

$$\alpha_1 = \left(\frac{T_g}{T_1}\right)^{0.9} \eta_2 \alpha_{\max} = \left(\frac{0.4}{0.68}\right)^{0.9} \times 1 \times 0.1675 = 0.104$$

$0.1s \leqslant T_2 = 0.24s \leqslant T_g$，$0.1s \leqslant T_3 = 0.16s \leqslant T_g$，$\alpha_2 = \alpha_3 = \alpha_{\max} = 0.1675$

（2）各振型的参与系数。振型参与系数计算：

$$\gamma_j = \frac{\sum_{i=1}^{n} X_{ji} G_i}{\sum_{i=1}^{n} X_{ji}^2 G_i}$$

$$\gamma_1 = \frac{1 \times 1200 + 1.735 \times 1000 + 2.148 \times 650}{1^2 \times 1200 + 1.735^2 \times 1000 + 2.148^2 \times 650} = 0.601$$

$$\gamma_2 = \frac{1 \times 1200 + 0.139 \times 1000 + (-1.138) \times 650}{1^2 \times 1200 + 0.139^2 \times 1000 + (-1.138)^2 \times 650} = 0.291$$

$$\gamma_3 = \frac{1 \times 1200 + (-1.316) \times 1000 + 1.467 \times 650}{1^2 \times 1200 + (-1.316)^2 \times 1000 + 1.467^2 \times 650} = 0.193$$

（3）各质点的水平地震作用 $F_{ji}$ 及其层间地震剪力。

第一振型作用下：

$$F_{11} = \alpha_1 G_1 \gamma_1 X_{11} = 0.104 \times 1200 \times 0.601 \times 1 = 75 \text{kN}$$

$$F_{12} = \alpha_1 G_2 \gamma_1 X_{12} = 0.104 \times 1000 \times 0.601 \times 1.735 = 108.4 \text{kN}$$

$$F_{13} = \alpha_1 G_3 \gamma_1 X_{13} = 0.104 \times 650 \times 0.601 \times 2.148 = 87.3 \text{kN}$$

对应层间地震剪力：

$$V_{11} = F_{11} + F_{12} + F_{13} = 75 + 108.4 + 87.3 = 270.7 \text{kN}$$

$$V_{12} = F_{12} + F_{13} = 108.4 + 87.3 = 195.7 \text{kN}$$

$$V_{13} = F_{13} = 87.3 \text{kN}$$

第二振型作用下：

$$F_{21} = \alpha_2 G_1 \gamma_2 X_{21} = 0.1675 \times 1200 \times 0.291 \times 1 = 58.5 \text{kN}$$

$$F_{22} = \alpha_2 G_2 \gamma_2 X_{22} = 0.1675 \times 1000 \times 0.291 \times 0.139 = 6.8 \text{kN}$$

$$F_{23} = \alpha_2 G_3 \gamma_2 X_{23} = 0.1675 \times 650 \times 0.291 \times (-1.138) = -36.1 \text{kN}$$

对应层间地震剪力：

$$V_{21} = F_{21} + F_{22} + F_{23} = 58.5 + 6.8 + (-36.1) = 29.2 \text{kN}$$

$$V_{22} = F_{22} + F_{23} = 6.8 + (-36.1) = -29.3 \text{kN}$$

$$V_{23} = F_{23} = -36.1 \text{kN}$$

第三振型作用下：

$$F_{31} = \alpha_3 G_1 \gamma_3 X_{31} = 0.1675 \times 1200 \times 0.193 \times 1 = 38.8 \text{kN}$$

$$F_{32} = \alpha_3 G_2 \gamma_3 X_{32} = 0.1675 \times 1000 \times 0.193 \times (-1.316) = -42.5 \text{kN}$$

$$F_{33} = \alpha_3 G_3 \gamma_3 X_{33} = 0.1675 \times 650 \times 0.193 \times 1.467 = 30.8 \text{kN}$$

对应层间地震剪力：

$$V_{31} = F_{31} + F_{32} + F_{33} = 38.8 - 42.5 + 30.8 = 27.1 \text{kN}$$

$$V_{32} = F_{32} + F_{33} = -42.5 + 30.8 = -11.7 \text{kN}$$

$$V_{33} = F_{33} = 30.8 \text{kN}$$

2）计算地震剪力

相应于前三个振型的剪力分布图如图 4-22（a）、（b）、（c）所示。

楼层地震剪力按规范公式计算：

顶层：$V_3 = \sqrt{\sum_{j=1}^{3} V_{j3}^2} = \sqrt{87.3^2 + (-36.1)^2 + 30.8^2} \text{ kN} = 99.4 \text{kN}$。

第二层：$V_2 = \sqrt{\sum_{j=1}^{3} V_{j2}^2} = \sqrt{195.7^2 + (-29.3)^2 + (-11.7)^2} \text{ kN} = 198.2 \text{kN}$。

第一层：$V_1 = \sqrt{\sum_{j=1}^{3} V_{j1}^2} = \sqrt{270.7^2 + 29.2^2 + 27.1^2} \text{ kN} = 273.6 \text{kN}$。

根据计算结果，可绘制出楼层地震剪力图，如图 4-22（d）所示。

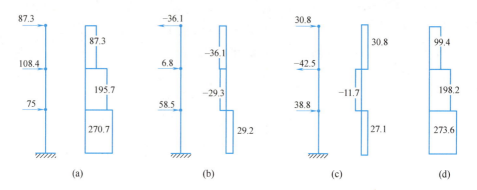

图 4-22 振型及地震剪力图

(a) 第一振型；(b) 第二振型；(c) 第三振型；(d) 地震剪力图

查规范得楼层剪力系数 $\lambda=0.032$，根据规范求得楼层最小剪力为：

$$V_3^{\min}=\lambda G_3=0.032\times650=20.8\text{kN}\leqslant99.4\text{kN}$$

$$V_2^{\min}=\lambda(G_2+G_3)=0.032\times(1000+650)=52.8\text{kN}\leqslant198.2\text{kN}$$

$$V_1^{\min}=\lambda(G_1+G_2+G_3)=0.032\times(1200+1000+650)=91.2\text{kN}\leqslant273.6\text{kN}$$

满足要求。

【例 4-10】 已知某四层钢筋混凝土框架结构顶部有突出小屋，层高和楼层重力代表值如图 4-23 所示，抗震设防烈度为 8 度（0.2g）、Ⅱ类场地、设计地震分组为第二组。考虑填充墙的刚度影响后，结构自振基本周期 $T_1=0.6\text{s}$。求各楼层地震剪力标准值。

【解】 1) 计算水平地震影响系数

Ⅱ类场地，设防烈度为 8 度，设计基本地震加速度为 0.2g，多遇地震时，水平地震影响系数最大值 $\alpha_{\max}=0.1675$。地基为Ⅱ类场地土，设计地震分组为第二组，$T_g=0.40\text{s}$。$\xi=0.05$，$\eta_2=1$，$\gamma=0.9$。$T_g=0.40\text{s}$，$T_g\leqslant T=0.6\text{s}\leqslant 5T_g$，多遇地震时，水平地震影响系数：

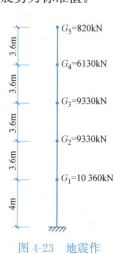

图 4-23 地震作用计算简图

$$\alpha=\left(\frac{T_g}{T_1}\right)^{0.9}\eta_2\alpha_{\max}=\left(\frac{0.4}{0.6}\right)^{0.9}\times1\times0.1675=0.116$$

2) 计算结构总地震作用标准值

结构等效总重力荷载代表值为：

$$G_{\text{eq}}=0.85G_E=0.85\times(10\ 360+9330\times2+6130+820)=30\ 574.5\text{kN}$$

总地震作用标准值为：

$$F_{\text{Ek}}=\alpha_1 G_{\text{eq}}=0.116\times30\ 574.5=3547\text{kN}$$

3) 计算各楼层的地震作用标准值

$T=0.6\text{s}\geqslant 1.4T_g$，考虑主体结构顶部附加地震作用。

因为 $T_g=0.4\text{s}$ 介于 0.35～0.55，$\delta_{n-1}=0.08T_1+0.01=0.058$，主体结构顶部附加地震作用：

$$\Delta F_{n-1}=\delta_{n-1}F_{\text{EK}}=0.058\times3547=206\text{kN}$$

各楼层地震作用，计算结果详见表 4-23。

$$F_i = \frac{G_i H_i}{\sum_{j=1}^{n} G_j H_j} F_{EK}(1-\delta_{n-1})$$

4）计算各层层间地震剪力标准值并验算层间最小地震剪力

因 $G_5/G_4 = 820/6130 = 0.134 < 1/3$，第 5 层为屋面局部突出建筑，主体结构顶为 4 层顶。顶部附加地震作用应加到第 4 层。将该楼层以上楼层地震作用累加，即得楼层地震剪力，结果列于表 4-23 及图 4-24。

计算结果    表 4-23

| 楼层 | $G_i$ (kN) | $H_i$ (m) | $G_i H_i$ (kN·m) | $\frac{G_i H_i}{\sum G_j H_j} F_{EK}(1-\delta_{n-1})$ (kN) | $V_i = \sum_{j=i}^{n} F_i + \Delta F_{n-1}$ (kN) |
|---|---|---|---|---|---|
| 5 | 820 | 18.4 | 15 088 | 0.047×3341=156 | 156×3=468 |
| 4 | 6130 | 14.8 | 90 724 | 0.281×3341=939 | 156+206+939=1301 |
| 3 | 9330 | 11.2 | 104 496 | 0.324×3341=1082 | 2283 |
| 2 | 9330 | 7.6 | 70 908 | 0.220×3341=734 | 3117 |
| 1 | 10 360 | 4 | 41 440 | 0.128×3341=429 | 3547 |
| ∑ | 35 970 | — | 322 656 | 3341 | — |

$\Delta F_{n-1} = \delta_n F_{EK} = 0.058 \times 3547 = 206$ kN；$F_{EK}(1-\delta_{n-1}) = 3547 - 206 = 3341$ kN

自振周期 $T_1 = 0.6s < 3.5s$，设防烈度 8 度（0.2$g$），按规范得楼层最小地震剪力系数值 $\lambda = 0.032$，验算各层最小地震剪力。

$$V_i = \sum_{j=i}^{n} F_i + \Delta F_{n-1}$$

$V_5 = 468\text{kN} \geqslant 0.032 \times 820 = 26.2\text{kN}$

$V_4 = 1301\text{kN} \geqslant 0.032 \times (820+6130) = 222.4\text{kN}$

$V_3 = 2283\text{kN} \geqslant 0.032 \times (820+6130+9330) = 521.0\text{kN}$

$V_2 = 3117\text{kN} \geqslant 0.032 \times (820+6130+9330 \times 2) = 819.5\text{kN}$

$V_1 = 3547\text{kN} \geqslant 0.032 \times 35\,970 = 1151\text{kN}$

故结构任一楼层的地震剪力均大于最小值。

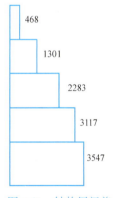

图 4-24 结构层间剪力（单位：kN）

【例 4-11】 已知单层钢筋混凝土框架计算简图如图 4-25 所示，集中于屋盖处的重力荷载代表值 $G = 1200$kN。梁的抗弯刚度 $EI = \infty$，柱的截面尺寸 $b \times h = 350\text{mm} \times 350\text{mm}$，采用 C20 的混凝土，结构的阻尼比 $\xi = 0.05$。Ⅱ 类场地，设防烈度为 7 度，设计基本地震加速度为 0.1$g$，建筑所在地区的设计地震分组为第二组。结构自振周期 $T = 0.88$s。求在多遇地震作用下框架的水平地震作用标准值。

【解】 设计地震分组为第二组，Ⅱ 类场地，场地特征周期 $T_g = 0.4$s。Ⅱ 类场地，设防烈度为 7 度，设计基本地震加速度为 0.1$g$，多遇地震时，水平地震影响系数最大值 $\alpha_{max} = 0.0825$。$\xi = 0.05$，$\eta_2 = 1$，$\gamma = 0.9$。

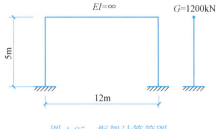

图 4-25 框架计算简图

单质点，$G_{eq}=G=1200\text{kN}$。

$T_g \leqslant T=0.88\text{s} \leqslant 5T_g$，水平地震影响系数：

$$\alpha = \left(\frac{T_g}{T_1}\right)^{0.9} \eta_2 \alpha_{max} = \left(\frac{0.4}{0.88}\right)^{0.9} \times 1 \times 0.0825 = 0.041$$

$$F_{EK} = \alpha G_{eq} = 0.041 \times 1200 = 49.2\text{kN}$$

【例 4-12】 已知北京市区地震设防烈度 8 度 0.2g，地震分组第一组。有幢两跨不等高单层厂房，其结构简图和基本数据如图 4-26 所示，位于Ⅲ类场地，基本自振周期 $T_1=0.6$s。用底部剪力法计算多遇地震时排架的横向地震作用。

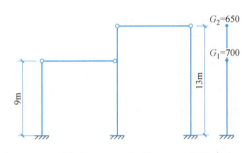

图 4-26 结构简图和基本数据（$G_i$ 单位：kN）

【解】 1）结构等效总重力荷载

$$G_{eq} = 0.85G_e = 0.85 \times (G_1+G_2) = 0.85 \times (700+650) = 1148\text{kN}$$

2）水平地震影响系数

Ⅲ类场地，设防烈度为 8 度，设计基本地震加速度为 0.2g，多遇地震时，水平地震影响系数最大值 $\alpha_{max}=0.215$。Ⅲ类场地，地震分组第一组，按规范得特征周期 $T_g=0.45$s。$\xi=0.05$，$\eta_2=1$，$\gamma=0.9$。$T_g=0.45$s，$T_g \leqslant T=0.6$s $\leqslant 5T_g$，水平地震影响系数：

$$\alpha = \left(\frac{T_g}{T_1}\right)^{0.9} \eta_2 \alpha_{max} = \left(\frac{0.45}{0.6}\right)^{0.9} \times 1 \times 0.215 = 0.166$$

3）水平地震作用标准值

$$F_{EK} = \alpha_1 G_{eq} = 0.166 \times 1148 = 190.6\text{kN}$$

4）是否考虑房屋顶部附加地震作用

$T=0.6\text{s} \leqslant 1.4T_g = 0.63\text{s}$，不考虑顶部附加地震作用，$\delta_n=0$。

5）各层水平地震作用

$$F_1 = \frac{G_1 H_1}{G_1 H_1 + G_2 H_2} F_{EK}(1-\delta_n)$$
$$= \frac{700 \times 9}{700 \times 9 + 650 \times 13} \times 190.6 = 81.4\text{kN}$$

$$F_2 = \frac{G_2 H_2}{G_1 H_1 + G_2 H_2} F_{EK}(1-\delta_n)$$
$$= \frac{650 \times 13}{700 \times 9 + 650 \times 13} \times 190.6 = 109.2\text{kN}$$

【例 4-13】 已知某框架结构中的悬挑梁，如图 4-27 所示，悬挑梁长度 2500mm，重力荷载代表值在该梁上形成的均布线荷载为 20kN/m。该框架所处地区抗震设防烈度为 8 度，设计基本地震加速度值为 0.20g。求作竖向地震计算时，其支座负弯矩的设计值 $M$。

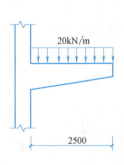

图 4-27 悬挑梁

【解】 竖向地震标准值取重力荷载值的10%。
$$M = \gamma_G S_{GE} + \gamma_{Ev} S_{Evk}$$
$$= 1.3 \times (0.5 \times 20 \times 2.5^2) + 1.4 \times (0.5 \times 20 \times 2.5^2) \times 0.1$$
$$= 90 \text{kN} \cdot \text{m}$$

【例 4-14】 已知图 4-28 表示一榀两端简支的钢桁架。跨度为30m，抗震设防烈度为 8 度（0.2g），场地类别为Ⅲ类。屋架节点上重力荷载代表值 $P_{gk} = 180$kN。求钢桁架节点上的竖向地震作用。

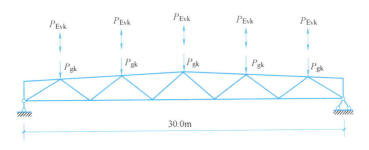

图 4-28 刚桁架计算简图

【解】 钢桁架节点上的竖向地震作用标准值 $P_{Evk}$，可取节点上重力荷载代表值 $P_{gk}$ 的10%，即 $P_{Evk} = 0.1 P_{gk} = 0.1 \times 180$kN $= 18$kN。

【例 4-15】 已知某格构式门形铰接刚架，计算跨度为30m，位于抗震设防烈度 8 度区。在重力荷载代表值、水平地震作用标准值、垂直地震作用标准值、雪荷载标准值作用下，上弦某杆的轴心拉力标准值分别为：$N_{gk} = 300$kN，$N_{Ehk} = 120$kN，$N_{Evk} = 50$kN，$N_{sk} = 10$kN。求该上弦杆的抽心拉力设计值。

【解】 因重力荷载代表值中包含了雪荷载的组合，故不计雪荷载参与组合；大跨结构应考虑竖向地震参与组合。
$$N = 1.3 \times 300 + 1.4 \times 120 + 0.5 \times 50 = 583 \text{kN}$$

【例 4-16】 已知有一挑出 8m 的长悬挑梁，作用永久荷载标准值的线荷载 $g_k = 30$kN/m，楼面活荷载标准值的线荷载 $q_k = 20$kN/m。抗震设防烈度为 8 度（0.30g）。求梁根处的最大弯矩设计值。

【解】 1）考虑竖向地震作用效应组合，$\gamma_G = 1.3$，$\gamma_{Ev} = 1.4$

竖向地震作用标准值的线荷载 $g_{Ek}$ 值，8 度（0.30g）时，取构件上重力荷载代表值的15%，即 $g_{Ek} = (g_k + 0.5 q_k) \times 15\% = (30 + 0.5 \times 20) \times 15\% = 6$kN/m。

重力荷载代表值及其竖向地震作用的组合时：
$$M = 0.5 \times [1.3 \times (30 + 0.5 \times 20) + 1.4 \times 6] \times 8^2 = 1932.8 \text{kN} \cdot \text{m}$$

2）不考虑竖向地震作用，楼面活荷载效应控制的组合
$$M = 0.5 \times (1.3 \times 30 + 1.5 \times 20) \times 8^2 = 2208 \text{kN} \cdot \text{m}$$

由上述两种情况的计算结果，不考虑竖向地震作用，楼面恒活荷载效应控制的组合时，梁根产生的弯矩设计值最大。

【例 4-17】 已知某一建于 7 度地震区 10 层钢筋混凝土框架结构，底层层高 6m，楼层屈服强度系数 $\xi_y$ 为 0.45。底层屈服强度系数是相邻上层该系数的 0.55 倍，且不考虑重力二阶效应及结构稳定方面的影响。求在罕遇地震作用下按弹性分析的层间位移 $\Delta u_e$ 的最大值。

【解】 底层在罕遇地震作用下的弹塑性变形，按《标准》中的简化计算法计算。

$$\Delta u_p \leqslant [\theta_p]h = 6000 \times \frac{1}{50} = 120\text{mm}$$

$$\Delta u_p = \eta_p \Delta u_e, \Delta u_e = \Delta u_p / \eta_p$$

当 $\xi_{y1} < 0.5\xi_{y2}$ 时，$\eta_p = 1.5 \times \frac{1}{2} \times (1.8 + 2.0) = 2.85$。

当 $\xi_{y1} > 0.8\xi_{y2}$ 时，$\eta_p = \frac{1}{2} \times (1.8 + 2.0) = 1.9$。

当 $\xi_{y1} = 0.55\xi_{y2}$ 时，线性内插，$\eta_p = 2.69$。

$$\Delta u_e \leqslant \frac{120}{2.69} = 44.6\text{mm}$$

【例 4-18】 某一层高为 4.0m 的 10 层钢筋混凝土框架结构，如图 4-29 所示。位于 8 度（0.2g）抗震设防区。底层、2 层及 3 层的柱截面、配筋相同且均为 C40 混凝土。边柱 400mm×400mm，中柱 500mm×500mm，每榀横向框架的侧向刚度为 89 477kN/m。经抗震计算，已知：

（1）在罕遇地震作用下，该楼共承受总水平地震作用标准值 $F_{Ek}$ 为 61 875kN。

（2）底层边柱、底层中柱的轴压比均大于 0.40。

（3）按柱的实际配筋和混凝土的强度标准值所算得的每根底层边柱、每根底层中柱的

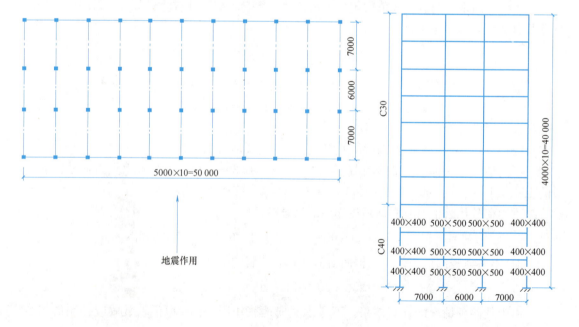

图 4-29 平面图和立面图

抗剪承载力分别为 550kN 和 800kN。

(4) 柱子全高的箍筋大于最小含箍特征值 30%。

进行罕遇地震作用下的薄弱层抗震变形验算。

【解】 1) 判断是否需要进行罕遇地震作用下薄弱层的抗震变形验算

已知 8 度罕遇地震作用下结构基底弹性地震剪力 $V_0=61\,875$kN。

该楼底层共有 22 根边柱和 22 根中柱得以抗剪,因此该楼底层的楼层屈服强度系数:

$$\xi_y=\frac{22\times(550+800)}{61\,875}=0.48<0.50$$

该框架需要进行罕遇地震作用下薄弱层的抗震变形验算。

2) 对薄弱层作抗震变形验算

框架层数小于 12 层,且其侧向刚度无突变,可按规范简化方法计算 $\Delta u_e$。薄弱层就在此 $\xi_y$ 沿竖向均匀分布的结构的底层。

(1) 求罕遇地震作用下,按弹性分析时的层间弹性侧移 $\Delta u_e$

每榀横向框架的侧向刚度为 89 477kN/m,在罕遇地震作用下,按弹性分析得薄弱层(即底层结构)的弹性层间侧移:

$$\Delta u_e=\frac{V_0}{11\times\frac{12}{h^2}\sum i_c}=\frac{61\,875}{11\times 89\,477}=0.0628\text{m}$$

(2) 求结构薄弱层的层间弹塑性侧移 $\Delta u_p$

已算得 $\xi_y=0.48$,第 2、3 层的配筋柱的截面尺寸、混凝土强度等级又均与底层柱相同,因而底层、2 层及 3 层的楼层屈服强度系数基本相同,满足薄弱层(底层)的屈服强度系数不小于相邻层该系数平均值的 0.8 的要求。根据《标准》,查得弹塑性位移增大系数为 $\eta_p=1.84$。因此,$\Delta u_p=1.84\times 0.0628=0.1156$m。

(3) 弹塑性抗震变形验算

查表得到框架结构的弹塑性层间位移角限值 $[\theta_p]$ 为 1/50,当轴压比小于 0.4 时可提高 10%;当柱子全高的箍筋大于最小配箍特征值 30% 时,又可提高 20%,但累计不超过 25%。因此,该结构的 $[\theta_p]$ 取为 $1.2\times 1/50=0.024$。$\Delta u_p=0.1156\text{m}>[\theta_p]h=0.024\times 4\text{m}=0.096\text{m}$,不符合要求。

## 思考题与习题

1. 地震作用大小的确定取决于地震影响系数曲线,地震影响系数曲线与( )无关。
(A) 建筑结构的阻尼比 (B) 特征周期值 (C) 结构自重 (D) 水平地震影响系数最大值

2. 我国《标准》所给出的地震影响系数曲线中,结构自振周期的范围是( )。
(A) 0~3s (B) 0~5s (C) 0~6s (D) 0~4s

3. 某多层钢筋混凝土框架结构,建筑场地类别为 $I_1$ 类,抗震设防烈度为 8 度,设计地震分组为第二组。计算罕遇地震作用时的特征周期 $T_g(s)$ 应取( )。
(A) 0.30 (B) 0.35 (C) 0.40 (D) 0.45

4. 一幢 20 层的高层建筑,采用钢筋混凝土结构。该建筑的抗震设防烈度为 8 度 (0.3g),场地类别为 II 类,设计地震分组为第一组。该结构的自振周期 $T_1=1.2$s,阻尼比 $\xi=0.05$,地震影响系数 $\alpha$ 与( )最接近。

(A) 0.0825　　　　(B) 0.070　　　　(C) 0.060　　　　(D) 0.050

5. 用振型分解法计算时，设 $M_1$、$M_2$、$M_3$ 分别为三个振型计算所得某截面的弯矩值，则截面弯矩组合值应取（　　）。

(A) $M=\sqrt{M_1^2+M_2^2+M_3^2}$　　　　(B) $M=\sqrt{M_1^2-M_2^2+M_3^2}$

(C) $M=M_1+M_2+M_3$　　　　(D) $M=M_1-M_2+M_3$

6. 一幢 10 层的钢筋混凝土框架结构，其平面图如图 4-30 所示。该结构采用振型分解反应谱法计算 $y$ 向水平地震作用（不进行扭转耦联计算）。由此算得该框架结构中的框架柱 $C_1$，在第 6 层对应 3 个振型产生 3 个柱脚弯矩标准值，即由第 1 振型算得柱脚弯矩标准值 $M_{y1}=80$kN·m，由第 2 振型算得 $M_{y2}=30$kN·m，由第 3 振型算得 $M_{y3}=-20$kN·m，则这 3 个振型产生的柱脚组合弯矩标准值 $M_{Ek}$（kN·m）应为（　　）。

(A) 87.75　　　　(B) 90　　　　(C) 105　　　　(D) 120

7～9. 某两层钢筋混凝土框架结构如图 4-31 所示，框架梁刚度 $EI=\infty$，建筑场地类别为Ⅲ类，抗震烈度为 8 度，设计地震分组为第一组，设计地震基本加速度值为 $0.2g$，阻尼比 $\xi=0.05$。

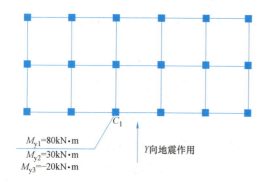

图 4-30　框架结构平面图

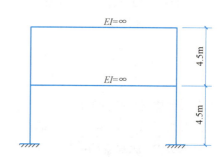

图 4-31　两层框架结构简图

7. 已知第一、二振型周期 $T_1=1.1$s，$T_2=0.35$s，在多遇地震作用下对应第一、二振型地震影响系数 $\alpha_1$、$\alpha_2$ 与（　　）最接近。

(A) 0.096，0.215　　　　(B) 0.096，0.12

(C) 0.08，0.12　　　　(D) 0.215，0.096

8. 当用振型分解反应谱法计算时，相应于第一、二振型水平地震作用下剪力标准值如图 4-32 所示。问水平地震作用下Ⓐ轴底层柱剪力标准值 $V$（kN）与（　　）最接近。

(A) 42.0　　　　(B) 48.2　　　　(C) 50.6　　　　(D) 58.01

9. 同题 8，上柱高 4.5m，当用振型分解反应谱法计算时，顶层柱顶弯矩标准值 $M$（kN·m）与（　　）最接近。

(A) 37.0　　　　(B) 51.8　　　　(C) 74.0　　　　(D) 83.3

10～12. 图 4-33 表示一幢总高度为 12m 的钢筋混凝土框架，抗震设防烈度为 8 度，$0.20g$，抗震设计分组为第二组，建筑的场地类别为Ⅲ类。已知框架各层层高如图 4-33（a）所示。图 4-33（b）所示的各层质点重力荷载代表值为 $G_1=G_2=G_3=1086$kN，$G_4=864$kN。框架的自振周期 $T_1=0.8$s，$T_2=0.28$s，$T_3=0.19$s，$T_4=0.15$s。框架的四个振型依次分别如图 4-33（c）～(f) 所示。

10. 试计算相应于第一振型自振周期的地震影响系数 $\alpha_1$，并指出其值与（　　）最为接近。

(A) 0.153　　　　(B) 0.163　　　　(C) 0.086　　　　(D) 0.066

11. 试计算第三振型的参与系数 $\gamma_3$，并指出其值最接近（　　）。

(A) －0.343　　　　(B) 1.003　　　　(C) 0.140　　　　(D) 1.250

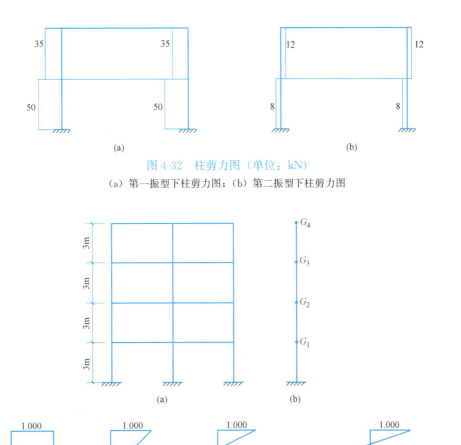

图 4-32 柱剪力图（单位：kN）
(a) 第一振型下柱剪力图；(b) 第二振型下柱剪力图

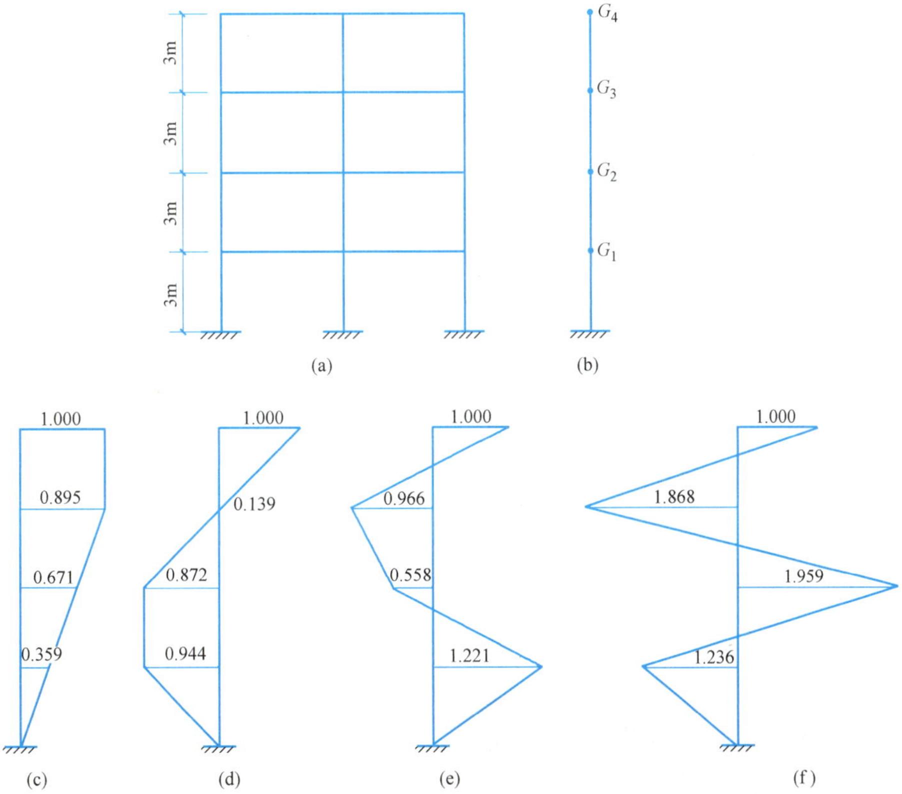

图 4-33 四层框架各振型图

12. 已知第二振型的振型参与系数 $\gamma_2 = -0.355$，相应于第二振型自振周期的地震影响系数 $\alpha_2 = 0.215$。试判定第二振型的基底剪力设计值（kN）与（　　）最为接近。

(A) 53.79　　　　(B) 102.28　　　　(C) 219.72　　　　(D) 167.08

13. 计算地震作用时，重力荷载代表值应取（　　）。

(A) 结构和构配件自重标准值　　(B) 各可变荷载组合值
(C) (A)+(B)　　　　　　　　　(D) (A) 或 (B)

14. 某多层钢筋混凝土框架结构，建筑场地类别为 $I_1$ 类，抗震设防烈度为 8 度，设计地震分组为第二组。试问，计算罕遇地震作用时的特征周期 $T_g$（s）应取（　　）。

(A) 0.30　　　　(B) 0.35　　　　(C) 0.40　　　　(D) 0.45

15. 当采用底部剪力法计算多遇地震水平地震作用时，特征周期 $T_g=0.30$s，顶部附加水平地震作用标准值为 $\Delta F_n=\delta_n \cdot F_{EK}$，当结构基本自振周期 $T_1=1.30$s 时，顶部附加水平地震作用系数 $\delta_n$ 应与（　　）最为接近。

(A) 0.17　　　　(B) 0.11　　　　(C) 0.08　　　　(D) 0.0

16. 某框架结构的基本自振周期 $T_1=1.0$s，结构总重力荷载代表值 $G_E=40\,000$kN，设计地震基本加速度 $0.3g$，设计地震分组为第二组，$I_1$ 类场地，8 度设防。按底部剪力法计算多遇地震作用下结构总水平地震作用标准值 $F_{EK}$（kN）与（　　）最接近。

(A) 2165　　　　(B) 3250　　　　(C) 2346　　　　(D) 1891

17～19. 某 6 层框架结构，如图 4-34 所示，设防烈度为 8 度，设计基本地震加速度为 $0.20g$，设计地震分组为第二组，场地类别为Ⅲ类，集中在屋盖和楼盖处的重力荷载代表值为 $G_6=4750$kN，$G_{2\sim5}=6050$kN，$G_1=7000$kN。采用底部剪力法计算。

17. 假定结构的基本自振周期 $T_1=0.65$s，结构阻尼比 $\xi=0.05$。结构总水平地震作用标准值 $F_{EK}$（kN）与（　　）最接近。

(A) 3492　　　　(B) 4271　　　　(C) 5653　　　　(D) 6555

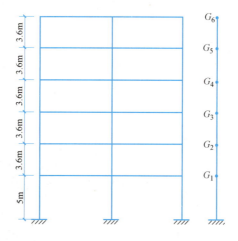

图 4-34　框架结构层高及层重力荷载代表值

18. 若该框架的基本自振周期 $T_1=0.85$s。总水平地震作用标准值 $F_{EK}=3304$kN，作用于顶部附加水平地震作用标准值 $\Delta F_6$（kN）与（　　）最为接近。

(A) 153　　　　(B) 258　　　　(C) 466　　　　(D) 525

19. 若已知结构总水平地震作用标准值 $F_{EK}=3126$kN，顶部附加水平地震作用 $\Delta F_6=256$kN，作用于 $G_5$ 处的地震作用标准值 $F_5$（kN）与（　　）最为接近。

(A) 565　　　　(B) 697　　　　(C) 756　　　　(D) 914

20. 某多层钢筋混凝土框架-剪力墙结构房屋，7 度地震区，设计基本地震加速度为 $0.15g$，场地为Ⅱ类、设计地震分组为第二组。该建筑物总重力荷载代表值为 $30\,000$kN。经计算水平地震作用下相应的底层楼层地震剪力标准值 $V_{EK1}=500$kN。底层为结构薄弱层，该结构基本自振周期 $T_1=1.8$s。底层楼层水平地震剪力标准值（kN）应为（　　）。

(A) 552　　　　(B) 575　　　　(C) 828　　　　(D) 955

21、22. 某钢筋混凝土框架结构房屋，位于 8 度地震设防区，$I_1$ 类场地，设计基本地震加速度为 $0.30g$，设计地震分组为第一组，该结构的总重力荷载代表值为 $400\,000$kN，采用底部剪力法计算。经计算其自振周期为 $T_1=1.24$s。

21. 该结构底部总水平地震剪力标准值（kN）与下列（　　）项数值最接近？
    (A) 19 200　　　(B) 21 000　　　(C) 22 000　　　(D) 24 000
22. 若采用振型分解反应谱法，计算得到其底部总水平剪力标准值 $V_{EK0}=12\,000\text{kN}$，则其底部剪力系数 $\lambda=V_{EK0}/\Sigma G_j$ 的值应与（　　）最接近。
    (A) 0.03　　　(B) 0.032　　　(C) 0.048　　　(D) 0.064
23. 某10层现浇钢筋混凝土框架结构，该结构顶部增加突出小屋（第11层水箱间）为丙类建筑，抗震设防烈度为8度，设计基本地震加速度为0.20$g$。已知：10层（层顶质点）的水平地震作用标准值 $F_{10}=682.3\text{kN}$，第11层（层顶质点）的水平地震作用标准值 $F_{11}=85.3\text{kN}$，第10层的顶部附加水平地震作用标准值为 $\Delta F_{10}=910.7\text{kN}$。试问，采用底部剪力法计算时，顶部突出小屋（第11层水箱间）以及第10层的楼层水平地震剪力标准值 $V_{EK11}$ 和 $V_{EK10}$，分别与（　　）最为接近。
    (A) $V_{EK11}=85\text{kN}$，$V_{EK10}=1680\text{kN}$　　　(B) $V_{EK11}=256\text{kN}$，$V_{EK10}=1680\text{kN}$
    (C) $V_{EK11}=996\text{kN}$，$V_{EK10}=1680\text{kN}$　　　(D) $V_{EK11}=256\text{kN}$，$V_{EK10}=1850\text{kN}$
24. 下列高层建筑中，地震作用计算时（　　）宜采用时程分析法进行补充计算。
    （Ⅰ）建筑设防类别为甲类的高层建筑结构
    （Ⅱ）设防烈度为8度，Ⅲ类场地上高度大于60m的高层建筑结构
    （Ⅲ）设防烈度为7度，高度大于80m的丙类高层建筑结构
    （Ⅳ）刚度与质量沿竖向分布特别不均匀的高层建筑结构
    (A)（Ⅰ）、（Ⅳ）　　　(B)（Ⅱ）、（Ⅲ）
    (C)（Ⅰ）、（Ⅱ）　　　(D)（Ⅲ）、（Ⅳ）
25. 高层建筑结构采用时程分析法进行补充计算时，所求得的底部剪力应符合（　　）。
    (A) 每条时程曲线计算所得的结构底部剪力不应小于振型分解反应谱法求得的底部剪力的80%
    (B) 每条时程曲线计算所得的结构底部剪力不应小于振型分解反应谱法求得的底部剪力的65%，多条时程曲线计算所得的结构底部剪力平均值不应小于振型分解反应谱法求得的底部剪力的80%
    (C) 每条时程曲线计算所得的结构底部剪力不应小于振型分解反应谱法求得的底部剪力的90%
    (D) 每条时程曲线计算所得的结构底部剪力不应小于振型分解反应谱法或底部剪力法求得的底部剪力的75%
26. 7度设防地区采用时程分析的房屋高度范围（　　）。
    (A) >100m　　　(B) >80m　　　(C) >120m　　　(D) >60m
27. 高层建筑进行地震作用计算时，（　　）宜采用时程分析法进行补充计算。
    (A) 高柔的高层建筑结构
    (B) 沿竖向刚度略有变化的52m高的乙类高层建筑结构
    (C) 设防烈度为7度，高度大于100m的丙类高层建筑结构
    (D) 甲类高层建筑结构
28. 下列建筑中进行地震作用计算时，宜采用时程分析法进行补充计算的是（　　）。
    ① 特别不规则的建筑
    ② 甲类建筑
    ③ 7度设防烈度，高度120 m的高层建筑
    ④ 8度设防烈度，Ⅱ类场地，高度为85m的高层建筑
    (A) ①②　　　(B) ①③　　　(C) ①②④　　　(D) ①②③
29. 高度不超过40m、以剪切变形为主且质量和刚度沿高度分布比较均匀的高层建筑结构地震作用计算时为了简化计算可采用（　　）方法。
    (A) 时程分析法
    (B) 振型分解反应谱法

(C) 底部剪力法

(D) 先用振型分解反应谱法计算，再以时程分析法作补充计算

30. 何谓地震作用效应的平方和开方法（SRSS 法）和完全二次型组合法（CQC 法），说明其适用范围。

31. 试简述抗震设防"三水准两阶段设计"的基本内容。

32. 已知四层钢筋混凝土框架，各部分尺寸如图 4-35（a）所示，各楼层的重力荷载代表值如图 4-35（b），各值 $G_1 = 434$kN，$G_2 = 440$kN，$G_3 = 429$kN，$G_4 = 380$kN，场地为 IV 类，设防烈度为 7 度（0.10g），第一组。现已算得前两个振型的自振周期为 $T_1 = 0.381$s，$T_2 = 0.154$s，振型如图 4-35（c）、（d）所示。采用振型分解法求该框架结构的层间地震剪力标准值。

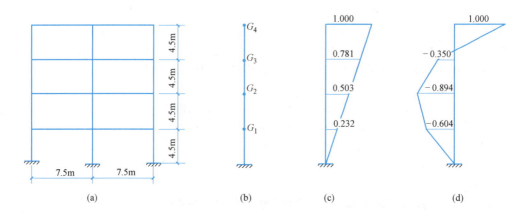

图 4-35 框架基本数据及振型图

(a) 框架立面图；(b) 重力荷载代表值；(c) 第一振型；(d) 第二振型

33. 已知一幢 20 层的钢筋混凝土框架核心筒结构。设防烈度为 8 度（0.3g），结构自振周期 $T_1 = 1.8$s。结构的总重力荷载代表值 $\sum_{j=1}^{20} G_j = 392\ 000$kN，算得底部总剪力标准值 $V_{EK0} = 11\ 760$kN。按最小地震剪力系数调整底部总剪力。

34. 已知某工程为 8 层框架结构，梁柱现浇，楼板预制，设防烈度为 7 度，地震加速度为 $0.1g$，地基为 II 类场地土，设计地震分组为第二组，阻尼比 0.05，尺寸如图 4-36 所示。现已计算出结构自振周期为 $T_1 = 0.56$s，集中在屋盖和楼盖的恒载为顶层 5700kN，2~7 层 5000kN，底层 6000kN，活载为顶层 600kN，1~7 层 1000kN。多遇地震时，按底部剪力法计算各楼层的地震作用标准值与地震剪力标准值。

35. 已知一幢二层框架结构。结构和构件自重作用下的柱脚 B 弯矩标准值 $M_{BGK} = 40$kN·m，二层楼面活载标准值作用下的柱脚弯矩标准值 $M_{BQK} = 30$kN·m（不计屋面活荷载的影响），水平地震作用下的柱脚弯矩标准值 $M_{BEK} = 60$kN·m（已计及相应的增大系数或调整系数）。求柱脚弯矩设计值。

36. 设有两幢双跨等高单层钢筋混凝土排架厂房，其单榀排架的柔度系数分别为 $\delta_{11} = 2 \times 10^{-4}$m/kN 和 $\delta_{11} = 1 \times 10^{-4}$m/kN，在一个计算单元内集中于屋盖处的重力荷载为 $G = 150$kN，试计算作用于上述两幢厂房一个计算单元内屋盖处的多遇地震烈度和罕遇地震烈度下的水平地震作用。抗震设防烈度为 8 度（0.2g），设计地震分组为第二组、II 类场地，阻尼比为 0.05。

37. 一幢三层的现浇钢筋混凝土框架结构，其基本周期 $T_1 = 0.29$s，各层高 $h_1 = 4.4$m，$h_2 = 4$m，$h_3 = 3.8$m；重力荷载代表值为 $G_1 = 5944$kN，$G_2 = 5612$kN，$G_3 = 3583$kN。已知抗震设防烈度为 7 度（0.1g），设计地震分组为第二组、II 类场地，试按底部剪力法计算多遇地震烈度下各楼层质点处的水平地震作用及各层层间地震剪力。

图 4-36 框架计算简图

38. 已知某三层框架各层的层间侧移刚度 $K_1=5.2\times10^5$ kN/m，$K_2=3.8\times10^5$ kN/m，$K_3=2.8\times10^5$ kN/m；各层层高 $h_1=4$m，$h_2=3.8$m，$h_3=3.6$m；各层的抗剪承载力 $V_{y_1}=2500$kN，$V_{y_2}=800$kN，$V_{y_3}=900$kN；罕遇地震作用下各层的弹性地震剪力 $V_{e_1}=4200$kN，$V_{e_2}=3800$kN，$V_{e_3}=2000$kN；其他抗震设防参数同题 37。试计算罕遇地震时该框架结构的薄弱层位置，并验算其层间弹塑性位移。

# 第 5 章

# 混凝土结构房屋抗震设计

## 5.1 抗震设计的一般要求

我国地震区中的多层和高层房屋建筑大多数采用钢筋混凝土结构，目前在工程中常用的结构体系有：框架结构、抗震墙结构、框架-抗震墙结构、筒体结构等。

框架结构平面布置灵活，易于满足大空间的要求，但侧向刚度小，水平位移较大。

抗震墙结构由钢筋混凝土纵横墙体组成，侧向刚度较大，但平面布置不灵活。

框架-抗震墙结构，在框架结构中设置抗震墙来提高结构抗侧刚度，既可获得较大使用空间，又具有良好抗侧能力。

研究分析和震害经验表明，多层和高层钢筋混凝土房屋具有足够的强度、良好的延性和较强的整体性，经过合理的抗震设计，采用此类结构是可以保证安全的。

钢筋混凝土结构具有良好的抗震性能。如果设计不当，也会产生严重震害。多高层钢筋混凝土房屋有如下震害。

1. **框架梁、柱的震害**

框架的震害主要集中于梁柱节点处，总的是：柱的震害重于梁；角柱重于内柱；短柱重于一般柱。

1) 柱

如图 5-1、图 5-2 所示，柱顶的破坏，轻则在柱顶有周圈水平裂缝、斜裂缝或交叉裂缝，重者混凝土被压碎崩落，柱内箍筋拉断，纵筋压曲成灯笼状。分析其原因是节点处于弯矩、剪力、轴力复合作用下，且两者都比较大，柱的箍筋失效，混凝土剥落，轴向力使纵向钢筋压曲。这种震害在高烈度区较为普遍，修复也较困难。

图 5-1　长柱破坏发生在上下两端　　　图 5-2　纵筋压屈外鼓呈灯笼状

柱底：常见的震害是在离地面 100~400mm 处有周圈水平裂缝，重者混凝土剥落，钢筋压屈，一般是由于柱底箍筋较少或混凝土浇捣不够密实而引起。

柱身：当地震剪力较大而柱抗剪强度不足时，柱身可能出现斜裂缝。

如图 5-3 所示，由于房屋不可避免要发生扭转，角柱所受的附加剪力最大，另外角柱受双向弯矩作用所受的约束又比其他柱小，所以震害重于内柱。

如图 5-4 所示,框架房屋中如有错层、夹层或有半高的填充墙,或不适当地设置某些拉梁等形成短柱,短柱的刚度大,所受的地震剪力大,易发生剪切破坏,严重时发生脆性错断。

图 5-3 角柱破坏　　　　　图 5-4 短柱剪切破坏

2) 梁

一般梁的震害较轻,通常是在梁的两端节点附近产生周圈竖向裂缝或斜缝。这是因为水平地震的反复作用,在梁端产生较大的变号弯矩,当超过混凝土抗拉强度时,便产生周圈裂缝,严重时截面将出现塑性铰。当箍筋不足或弯起钢筋不够时,将在梁端出现斜向裂缝或混凝土剪压破坏。

3) 梁柱节点

如图 5-5 所示,在地震的反复作用下,节点主要承受剪力和压力,由梁两端的反号弯矩引起节点核心区很大的剪力,使核心区混凝土处于剪压复合应力状态。当节点核心抗剪强度不足引起剪切破坏,表现在核心区产生斜向对角的通长裂缝,节点区的箍筋屈服、外鼓甚至崩断,当节点区剪压比较大时,箍筋有时可能并未达到屈服,但混凝土被剪压酥碎成块而发生破坏。

如图 5-6 所示,由于构造措施不当或因贪图施工方便,节点区的箍筋过稀而产生脆性破坏,或由于交于节点核心区的钢筋过密而影响混凝土浇筑质量引起剪切破坏。

图 5-5 节点核心区破坏

2. 填充墙的震害

如图 5-7 所示,带填充墙的框架,因其抗侧刚度大而受到较大的地震作用,但一般填充墙的抗剪强度较低,因而在地震发生时就可能出现斜裂缝,在随后的反复地震作用下墙面形成交叉裂缝。在大地震时,填充墙大部分倒塌。

从总体上看,框架结构的下部填充墙破坏重于上部,这是因为框架结构的变形为剪切

# 第5章 混凝土结构房屋抗震设计

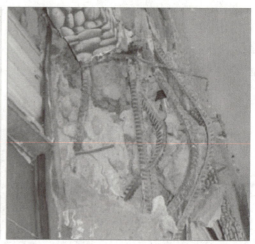

图 5-6 框架梁柱构造不当引起的震害

型，下部层间变形大。而在框架-抗震墙结构上部填充墙的破坏重于下部。

3. 抗震墙的震害

如图 5-8 所示，抗震墙的震害主要表现在墙肢之间连梁产生剪切破坏，这主要是由于连梁跨度小、高度大，形成深梁，剪跨比小而剪切效应十分明显，在反复荷载作用下形成 X 形剪切裂缝，而其他部位完好。

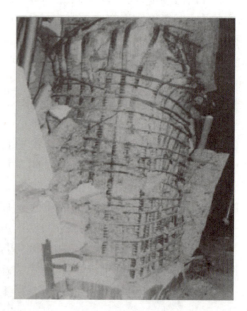

图 5-7 填充墙破坏　　　　　　　　图 5-8 剪力墙破坏

4. 其他震害

（1）位于较弱地基上的高大柔性建筑物，当结构自振周期与场地特征周期比较接近时，易发生类共振现象，有时即使烈度不高，但结构物的破坏比预计的严重得多。

（2）建于软弱地基土或液化土层上的框架结构，在地震时常因地基的不均匀沉降使上部结构倾斜甚至倒塌。

（3）防震缝两侧结构单元由于各自的振动特性不同，因此，在地震时可能会产生相向的位移，这时如果防震缝宽度不够，或者局部被填塞，则结构单元之间会发生碰撞而破坏。

（4）结构沿竖向刚度有突然变化，可能使结构在刚度突然变小的楼层产生过大变形，甚至倒塌。

现浇钢筋混凝土房屋的结构类型和最大高度应符合表 5-1 的要求。平面和竖向均不规则的结构，适用的最大高度宜适当降低。表中抗震墙指结构抗侧力体系中的钢筋混凝土剪力墙，不包括只承担重力荷载的混凝土墙。

现浇钢筋混凝土房屋适用的最大高度（m）  表 5-1

| 结构类型 | | 烈 度 | | | | |
|---|---|---|---|---|---|---|
| | | 6 | 7 | 8(0.2g) | 8(0.3g) | 9 |
| 框架 | | 60 | 50 | 40 | 35 | 24 |
| 框架-抗震墙 | | 130 | 120 | 100 | 80 | 50 |
| 抗震墙 | | 140 | 120 | 100 | 80 | 60 |
| 部分框支抗震墙 | | 120 | 100 | 80 | 50 | 不应采用 |
| 筒体 | 框架-核心筒 | 150 | 130 | 100 | 90 | 70 |
| | 筒中筒 | 180 | 150 | 120 | 100 | 80 |
| 板柱-抗震墙 | | 80 | 70 | 55 | 40 | 不应采用 |

注：1. 房屋高度指室外地面到主要屋面板板顶的高度（不包括局部突出屋顶部分）；
2. 框架-核心筒结构指周边稀柱框架与核心筒组成的结构；
3. 部分框支抗震墙结构指首层或底部两层为框支层的结构，不包括仅个别框支墙的情况；
4. 表中框架，不包括异形柱框架；
5. 板柱-抗震墙结构指板柱、框架和抗震墙组成抗侧力体系的结构；
6. 乙类建筑可按本地区抗震设防烈度确定其适用的最大高度；
7. 超过表内高度的房屋，应进行专门研究和论证，采取有效的加强措施。

### 5.1.1 抗震等级

钢筋混凝土房屋应根据设防类别、烈度、结构类型和房屋高度采用不同的抗震等级，并应符合相应的计算和构造措施要求。丙类建筑的抗震等级应按表 5-2 确定。

现浇钢筋混凝土房屋的抗震等级  表 5-2

| 结构类型 | | 设防烈度 | | | | | | | |
|---|---|---|---|---|---|---|---|---|---|
| | | 6 | | 7 | | 8 | | 9 | |
| 框架结构 | 高度 | ≤24 | >24 | ≤24 | >24 | ≤24 | >24 | ≤24 | |
| | 框架 | 四 | 三 | 三 | 二 | 二 | 一 | 一 | |
| | 大跨度框架 | 三 | | 二 | | 一 | | 一 | |
| 框架-抗震墙结构 | 高度(m) | ≤60 | >60 | ≤24 | 25~60 | >60 | ≤24 | 25~60 | >60 | ≤24 | 25~50 |
| | 框架 | 四 | 三 | 四 | 三 | 二 | 三 | 二 | 一 | 二 | 一 |
| | 抗震墙 | 三 | 三 | 三 | 二 | 二 | 二 | 一 | 一 | 一 | |

续表

| 结构类型 | | | 设防烈度 | | | | | | | |
|---|---|---|---|---|---|---|---|---|---|---|
| | | | 6 | | 7 | | | 8 | | 9 |
| 抗震墙结构 | 高度(m) | | ≤80 | >80 | ≤24 | 25~80 | >80 | ≤24 | 25~80 | >80 | ≤24 | 25~60 |
| | 抗震墙 | | 四 | 三 | 四 | 三 | 二 | 三 | 二 | 一 | 二 | 一 |
| 部分框支抗震墙结构 | 高度(m) | | ≤80 | >80 | ≤24 | 25~80 | >80 | ≤24 | 25~80 | | |
| | 抗震墙 | 一般部位 | 四 | 三 | 四 | 三 | 二 | 三 | 二 | | |
| | | 加强部位 | 三 | 二 | 三 | 二 | 一 | 二 | 一 | | |
| | 框支层框架 | | 二 | | 二 | | 一 | | 一 | | |
| 框架-核心筒结构 | 框架 | | 三 | | 二 | | | 一 | | | |
| | 核心筒 | | 二 | | 二 | | | 一 | | | |
| 筒中筒结构 | 外筒 | | 三 | | 二 | | | 一 | | | |
| | 内筒 | | 三 | | 二 | | | 一 | | | |
| 板柱-抗震墙结构 | 高度(m) | | ≤35 | >35 | ≤35 | >35 | | ≤35 | >35 | | |
| | 框架、板柱的柱 | | 三 | 二 | 二 | 二 | | 一 | 一 | | |
| | 抗震墙 | | 二 | 二 | 二 | 一 | | 一 | 一 | | |

注：1. 建筑场地为 I 类时，除 6 度外应允许按表内降低一度所对应的抗震等级采取抗震构造措施，但相应的计算要求不应降低；
2. 接近或等于高度分界时，应允许结合房屋不规则程度及场地、地基条件确定抗震等级；
3. 大跨度框架指跨度不小于 18m 的框架；
4. 高度不超过 60m 的框架-核心筒结构按框架-抗震墙的要求设计时，应按表中框架-抗震墙结构的规定确定其抗震等级。

钢筋混凝土房屋抗震等级的确定，本章"一、二、三、四级"即"抗震等级为一、二、三、四级"的简称，尚应符合下列要求：

设置少量抗震墙的框架结构，在规定的水平力作用下，底层框架部分所承担的地震倾覆力矩大于结构总地震倾覆力矩的 50% 时，其框架的抗震等级应按框架结构确定，抗震墙的抗震等级可与其框架的抗震等级相同。底层指计算嵌固端所在的层。

裙房与主楼相连，除应按裙房本身确定抗震等级外，相关范围不应低于主楼的抗震等级；主楼结构在裙房顶板对应的相邻上下各一层应适当加强抗震构造措施。裙房与主楼分离时，应按裙房本身确定抗震等级。

当地下室顶板作为上部结构的嵌固部位时，地下一层的抗震等级应与上部结构相同，地下一层以下抗震构造措施的抗震等级可逐层降低一级，但不应低于四级。地下室中无上部结构的部分，抗震构造措施的抗震等级可根据具体情况采用三级或四级。

当甲乙类建筑按规定提高一度确定其抗震等级而房屋的高度超过本规范表 5-2 相应规定的上界时，应采取比一级更有效的抗震构造措施。抗震设防类别为甲、乙、丁类，场地类别为 I、III、IV 的建筑应按相应的抗震设防标准，找出调整后的设防烈度。比照丙类建筑的规定确定相应的抗震等级。考虑"抗震措施等级"时设防烈度的调整见表 5-3；考虑"抗震构造措施等级"时设防烈度的调整见表 5-4。

## 5.1 抗震设计的一般要求

考虑"抗震措施等级"时采用的设防烈度　　　　　表 5-3

| 设防类别＼设防烈度 | 6 | 7<br>0.1g | 7<br>0.15g | 8<br>0.2g | 8<br>0.3g | 9 |
|---|---|---|---|---|---|---|
| 甲 | 7 | 8 | 8 | 9 | 9 | 9⁺ |
| 乙 | 7 | 8 | 8 | 9 | 9 | 9⁺ |
| 丙 | 6 | 7 | 7 | 8 | 8 | 9 |
| 丁 | 6 | 7⁻ | 7⁻ | 8⁻ | 8⁻ | 9⁻ |

注：7⁻表示比7度适当降低的要求；8⁻表示比8度适当降低的要求；9⁻表示比9度适当降低的要求，9⁺表示比9度更高的要求。

考虑"抗震构造措施等级"时采用的设防烈度　　　　　表 5-4

| 设防烈度 | 6 | | 7<br>0.1g | | 7<br>0.15g | | 8<br>0.2g | | 8<br>0.3g | | 9 | |
|---|---|---|---|---|---|---|---|---|---|---|---|---|
| 场地类别 | Ⅰ | Ⅱ<br>Ⅲ<br>Ⅳ | Ⅰ | Ⅱ<br>Ⅲ<br>Ⅳ | Ⅰ | Ⅱ<br>Ⅲ<br>Ⅳ | Ⅰ | Ⅱ<br>Ⅲ<br>Ⅳ | Ⅰ | Ⅱ<br>Ⅲ<br>Ⅳ | Ⅰ | Ⅱ<br>Ⅲ<br>Ⅳ |
| 甲 | 6 | 7 | 7 | 8 | 8 | 9 | 8 | 9 | 9 | 9⁺ | 9 | 9⁺ |
| 乙 | 6 | 7 | 7 | 8 | 8 | 9 | 8 | 9 | 9 | 9⁺ | 9 | 9⁺ |
| 丙 | 6 | 6 | 6 | 7 | 7 | 8 | 7 | 8 | 8 | 9 | 9 | 9 |

注：9⁺表示比9度更高的要求。

### 5.1.2 防震缝

钢筋混凝土房屋需要设置防震缝时，应符合下列规定。

1) 防震缝宽度应分别符合下列要求：

（1）框架结构（包括设置抗震墙的框架结构）房屋的防震缝宽度，当高度不超过15m 时不应小于100mm；当高度超过15m 时，6度、7度、8度和9度分别每增加高度5m、4m、3m 和2m，宜加宽20mm；

（2）框架-抗震墙结构房屋的防震缝宽度不应小于本款（1）项规定数值的70%，抗震墙结构房屋的防震缝宽度不应小于本款（1）项规定数值的50%；且均不宜小于100mm；

（3）防震缝两侧结构类型不同时，宜按需要较宽防震缝的结构类型和较低房屋高度确定缝宽。

2) 8、9度框架结构房屋防震缝两侧结构层高相差较大时，防震缝两侧框架柱的箍筋应沿房屋全高加密，并可根据需要在缝两侧沿房屋全高各设置不少于两道垂直于防震缝的抗撞墙。抗撞墙的布置宜避免加大扭转效应，其长度可不大于1/2层高，抗震等级可同框架结构；框架构件的内力应按设置和不设置抗撞墙两种计算模型的不利情况取值。防震缝宽设置请扫描二维码5-1观看。

### 5.1.3 设计原则

框架结构和框架-抗震墙结构中，框架和抗震墙均应双向设置，柱中线与抗震墙中线、梁中线与柱中线之间偏心距大于柱宽的1/4时，应计入偏心的影响。

二维码 5-1

甲、乙类建筑以及高度大于24m 的丙类建筑，不应采用单跨框架结构；高度不大于24m 的丙类建筑不宜采用单跨框架结构。

139

框架-抗震墙、板柱-抗震墙结构以及框支层中，抗震墙之间无大洞口的楼、屋盖的长宽比，不宜超过表 5-5 的规定；超过时，应计入楼盖平面内变形的影响。

抗震墙之间楼屋盖的长宽比　　　　　　　　　表 5-5

| 楼、屋盖类型 | | 设防烈度 | | | |
| --- | --- | --- | --- | --- | --- |
| | | 6 | 7 | 8 | 9 |
| 框架-抗震墙结构 | 现浇或叠合楼、屋盖 | 4 | 4 | 3 | 2 |
| | 装配整体式楼、屋盖 | 3 | 3 | 2 | 不宜采用 |
| 板柱-抗震墙结构的现浇楼、屋盖 | | 3 | 3 | 2 | — |
| 框支层的现浇楼、屋盖 | | 2.5 | 2.5 | 2 | — |

采用装配整体式楼、屋盖时，应采取措施保证楼、屋盖的整体性及其与抗震墙的可靠连接。装配整体式楼、屋盖采用配筋现浇面层加强时，其厚度不应小于 50mm。

框架-抗震墙结构和板柱-抗震墙结构中的抗震墙设置，宜符合下列要求：

（1）抗震墙宜贯通房屋全高。

（2）楼梯间宜设置抗震墙，但不宜造成较大的扭转效应。

（3）抗震墙的两端（不包括洞口两侧）宜设置端柱或与另一方向的抗震墙相连。

（4）房屋较长时，刚度较大的纵向抗震墙不宜设置在房屋的端开间。

（5）抗震墙洞口宜上下对齐；洞边距端柱不宜小于 300mm。

抗震墙结构和部分框支抗震墙结构中的抗震墙设置，应符合下列要求：

（1）抗震墙的两端（不包括洞口两侧）宜设置端柱或与另一方向的抗震墙相连；框支部分落地墙的两端（不包括洞口两侧）应设置端柱或与另一方向的抗震墙相连。

（2）较长的抗震墙宜设置跨高比大于 6 的连梁形成洞口，将一道抗震墙分成长度较均匀的若干墙段，各墙段的高宽比不宜小于 3。

（3）墙肢的长度沿结构全高不宜有突变；抗震墙有较大洞口时，以及一、二级抗震墙的底部加强部位，洞口宜上下对齐。

（4）矩形平面的部分框支抗震墙结构，其框支层的楼层侧向刚度不应小于相邻非框支层楼层侧向刚度的 50%；框支层落地抗震墙间距不宜大于 24m，框支层的平面布置宜对称，且宜设抗震筒体；底层框架部分承担的地震倾覆力矩，不应大于结构总地震倾覆力矩的 50%。

抗震墙底部加强部位的范围，应符合下列规定：

（1）底部加强部位的高度，应从地下室顶板算起。

（2）部分框支抗震墙结构的抗震墙，其底部加强部位的高度，可取框支层加框支层以上两层的高度及落地抗震墙总高度的 1/10 两者的较大值。其他结构的抗震墙，房屋高度大于 24m 时，底部加强部位的高度可取底部两层和墙体总高度的 1/10 两者的较大值；房屋高度不大于 24m 时，底部加强部位可取底部一层。

（3）当结构计算嵌固端位于地下一层的底板或以下时，底部加强部位尚宜向下延伸到计算嵌固端。

楼梯间应符合下列要求：

（1）宜采用现浇钢筋混凝土楼梯。

（2）对于框架结构，楼梯间的布置不应导致结构平面特别不规则；楼梯构件与主体结构整浇时，应计入楼梯构件对地震作用及其效应的影响，应进行楼梯构件的抗震承载力验算；宜采取构造措施，减少楼梯构件对主体结构刚度的影响。

(3) 楼梯间两侧填充墙与柱之间应加强拉结。

## 5.2 框架结构的抗震设计

框架结构抗震设计请扫描二维码 5-2、二维码 5-3 观看。

### 5.2.1 框架结构的抗震计算

1. 框架结构内力与位移计算

1) 水平地震作用的计算

二维码 5-2　　二维码 5-3

一般情况下，可在建筑结构的两个主轴方向分别考虑水平地震作用，各方向的水平地震作用应全部由该方向抗侧力框架结构来承担。

计算多层框架结构的水平地震作用时，一般应以防震缝所划分的结构单元作为计算单元，计算单元各楼层重力荷载代表值 $G_i$ 设在楼屋盖标高处。对于高度不超过 40m、质量和刚度沿高度分布比较均匀的框架结构，可采用底部剪力法分别求出计算单元的总水平地震作用标准值 $F_{EK}$、各层的水平地震作用标准值 $F_i$ 和顶部附加水平地震作用标准值 $\Delta F_n$。

计算结构总水平地震作用标准值时，首先需要确定结构的基本周期。作为手算的方法，一般多采用顶点位移法来计算结构基本周期。计入周期折减系数 $\Psi_T$ 的影响，则其基本周期 $T_1$ 可按下列公式计算：

$$T_1 = 1.7 \Psi_T \sqrt{u_T} \text{ (s)} \tag{5-1}$$

式中　$\Psi_T$——考虑非结构墙体刚度影响的周期折减系数，当采用实砌填充砖墙时取 0.6～0.7；当采用轻质墙、外挂墙板时取 0.8；

　　　$u_T$——结构顶点假想位移（m），即假想把集中在各层楼层处的重力荷载代表值 $G_i$ 作为水平荷载，仅考虑计算单元全部柱的侧移刚度 $\Sigma D_i$，按弹性方法所求得的结构顶点位移。

应该指出，对于有突出于屋面的屋顶间（电梯间、水箱间）等的框架结构房屋，结构顶点假想位移 $u_T$ 指主体结构顶点的位移。因此，突出屋面的屋顶间的顶面不需设质点 $G_{n+1}$，而将其并入主体结构屋顶集中质点 $G_n$ 内。

《标准》规定，为考虑扭转效应的影响，对于规则结构，横、纵向边框架柱的上述分配水平地震剪力标准值应分别乘以增大系数 1.15、1.05。一般将砖填充墙仅作为非结构构件，不考虑其抗侧力作用。

2) 水平地震作用下框架内力的计算

在工程计算中，常采用反弯点法和 $D$ 值法（修正反弯点法）。反弯点法适用于层数较少、梁柱线刚度比大于 3 的情况，计算比较简单。$D$ 值法近似地考虑了框架节点转动对侧移刚度和反弯点高度的影响，比较精确，得到广泛应用。

3) 竖向荷载作用下框架内力计算

竖向荷载下框架内力近似计算可采用分层法和弯矩二次分配法。

由于钢筋混凝土结构具有塑性内力重分布性质，在竖向荷载下可以考虑适当降低梁端弯矩，进行调幅，以减少负弯矩钢筋的拥挤现象。对于现浇框架，调幅系数可取 0.8～0.9；装配整体式框架由于节点的附加变形，可取 0.7～0.8。将调幅后的梁端弯矩叠加简支梁的弯矩，则可得到梁的跨中弯矩。

支座弯矩调幅降低后，梁跨中弯矩应相应增加，且调幅后的支座及跨中弯矩均不应小于简支情况下跨中弯矩的 1/3。

只有竖向荷载作用下的梁端弯矩可以调幅，水平荷载作用下的梁端弯矩不能考虑调幅。因此，必须先将竖向荷载作用下的梁端弯矩调幅后，再与水平荷载产生的弯矩进行组合。

4）内力组合

通过框架内力分析，获得了在不同荷载作用下产生的构件内力标准值。进行结构设计时，应根据可能出现的最不利情况确定构件内力设计值，进行截面设计。在框架抗震设计时，应考虑地震作用效应与重力荷载代表值效应的组合。

抗震设计第一阶段的任务，是在多遇地震作用下使结构有足够的承载力。此时，除地震作用外，还认为结构受到重力荷载代表值和其他活荷载的作用。当只考虑水平地震作用与重力荷载代表值时，其内力组合设计值 $S$ 按式（5-2）计算。

$$S = 1.3 S_{GEk} + 1.4 S_{Ehk} \tag{5-2}$$

式中　$S_{GEk}$——相应于水平地震作用下由重力荷载代表值效应的标准值；

$S_{Ehk}$——水平地震作用效应的标准值。

5）位移计算

多遇地震作用下层间弹性位移的计算对于钢筋混凝土框架结构，当采用手算进行弹性位移校核时，一般仍采用 $D$ 值法。先算出各层柱子的 $D$ 值，然后将底部剪力法得到的楼层地震剪力 $V_e$ 标准值除以相应各层的 $\sum D_i$ 值，即得到各层的相对水平位移值 $\Delta u_e = V_e / \sum D_i$，除以各层相应层高后，得各层层间位移角，然后验算最大值是否满足规范要求。例题参考附录 A。

罕遇地震作用下层间弹性位移的计算按 4.7.4 节计算。

2. 框架柱抗震设计

框架柱抗震设计可扫描二维码 5-4 观看。

柱是框架中最主要的承重构件，它是压弯剪构件，变形能力不如以弯曲作用为主的梁。要使框架结构具有较好的抗震性能，应该确保柱有足够的承载力和必要的延性。为此，应遵循以下设计原则：按强柱弱梁设计，尽量实现梁铰破坏机制；按强剪弱弯设计，避免发生剪切破坏；控制剪跨比和轴压比，实现大偏心受压破坏；加强约束，配置必要的约束箍筋；控制截面尺寸，保证框架柱的延性；设置箍筋加密区，改善框架柱的延性；控制纵向钢筋的面积，提高框架柱的延性。

二维码 5-4

1）强柱弱梁与柱端弯矩设计值的确定

"强柱弱梁"的概念就是在强烈地震作用下，结构发生大的水平位移进入非弹性阶段时，为使框架仍有承受竖向荷载的能力而免于倒塌，要求实现梁铰机制，即塑性铰首先在梁上形成，而避免在破坏后危害更大的柱上出现塑性铰。

为此，对于承载力，要求同一节点上、下柱端截面极限受弯承载力之和应大于同一平面内节点左、右梁端截面的极限受弯承载力之和。一、二、三、四级框架的梁柱节点处，除框架顶层和柱轴压比小于 0.15 者及框支梁与框支柱的节点外，柱端组合的弯矩设计值应符合下式要求：

$$\sum M_C = \eta_C \sum M_b \tag{5-3}$$

一级的框架结构和 9 度的一级框架可不符合上式要求，但应符合下式要求：

$$\sum M_C = 1.2 \sum M_{bua} \tag{5-4}$$

式中 $\sum M_C$——节点上下柱端截面顺时针或反时针方向组合的弯矩设计值之和，上下柱端的弯矩设计值，可按弹性分析分配；

$\sum M_b$——节点左右梁端截面逆时针或顺时针方向组合的弯矩设计值之和，一级框架节点左右梁端均为负弯矩时，绝对值较小的弯矩应取零；

$\sum M_{bua}$——节点左右梁端截面逆时针或顺时针方向实配的正截面抗震受弯承载力所对应的弯矩值之和，根据实配钢筋面积（计入梁受压筋和相关楼板钢筋）和材料强度标准值确定；

$\eta_C$——框架柱端弯矩增大系数；对框架结构，一、二、三、四级可分别取 1.7、1.5、1.3、1.2；其他结构类型中的框架，一级可取 1.4，二级可取 1.2，三、四级可取 1.1。

当反弯点不在柱的层高范围内时，柱端截面组合的弯矩设计值可乘以上述柱端弯矩增大系数。

一、二、三、四级框架结构的底层，柱下端截面组合的弯矩设计值，应分别乘以增大系数 1.7、1.5、1.3 和 1.2。底层柱纵向钢筋应按上下端的不利情况配置。

一、二、三、四级框架的角柱，以上调整后的组合弯矩设计值、剪力设计值尚应乘以不小于 1.10 的增大系数。

2) 在弯曲破坏之前不发生剪切破坏

为了防止框架柱出现剪切破坏，一、二、三级抗震设计时应将柱的剪力设计值适当放大。

一、二、三、四级的框架柱和框支柱组合的剪力设计值应按下式调整：

$$V_c = \eta_{vc}(M_c^b + M_c^t)/H_n \tag{5-5}$$

一级的框架结构和 9 度的一级框架可不按上式调整，但应符合下式要求：

$$V_c = 1.2(M_{cua}^b + M_{cua}^t)/H_n \tag{5-6}$$

式中 $V_c$——柱端截面组合的剪力设计值；框支柱的剪力设计值尚应符合《标准》规定；

$H_n$——柱的净高；

$M_c^b$、$M_c^t$——分别为柱的上下端顺时针或逆时针方向截面组合的弯矩设计值，应符合《标准》规定；

$M_{cua}^b$、$M_{cua}^t$——分别为偏心受压柱的上下端顺时针或逆时针方向实配的正截面抗震受弯承载力所对应的弯矩值，根据实配钢筋面积、材料强度标准值和轴压力等确定；

$\eta_{vc}$——柱剪力增大系数；对框架结构，一、二、三、四级可分别取 1.5、1.3、1.2、1.1；对其他结构类型的框架，一级可取 1.4，二级可取 1.2，三、四级可取 1.1。

3) 剪压比限值

剪压比是截面上平均剪应力与混凝土轴心抗压强度设计值的比值，以 $V/f_cbh_0$ 表示，用以说明截面上承受名义剪应力的大小。

试验表明，在一定范围内增加箍筋可以提高构件的受剪承载力，但作用在构件上的剪力最终要通过混凝土来传递。如果剪压比过大，混凝土就会过早地产生脆性破坏，而箍筋未能充分发挥作用。因此必须限制剪压比，实质上也就是构件最小截面尺寸的限制条件。

考虑地震作用组合的矩形截面的框架柱（柱的剪跨比 $\lambda > 2$），其截面组合剪力设计值应符合下式要求：

$$V_c \leqslant \frac{1}{\gamma_{RE}}(0.2\beta_c f_c bh_0) \tag{5-7}$$

剪跨比 $\lambda \leqslant 2$ 的柱：

$$V_c \leqslant \frac{1}{\gamma_{RE}}(0.15\beta_c f_c bh_0) \tag{5-8}$$

式中 $V_c$——柱端计算截面的剪力设计值；

$\beta_c$——混凝土强度影响系数，当混凝土强度等级不大于 C50 时取 1；当混凝土强度等级为 C80 时取 0.8；当混凝土强度等级在 C50～C80 之间时可按线性内插取用；

$f_c$——混凝土轴心抗压强度设计值；

$b$——矩形截面的宽度，T 形截面和工字形截面的腹板宽度；

$h_0$——柱截面计算方向有效高度。

4) 柱斜截面受剪承载力

试验证明，在反复荷载下，框架柱的斜截面破坏，有斜拉、斜压和剪压等几种破坏形态。当配箍率能满足一定要求时，可防止斜拉破坏；当截面尺寸满足一定要求时，可防止斜压破坏。而对于剪压破坏，应通过配筋计算来防止。

研究表明，影响框架柱受剪承载力的主要因素除混凝土强度外，尚有剪跨比、轴压比和配箍特征值等。剪跨比越大，受剪承载力就越低。轴压比小于 0.4 时，由于轴向压力有利于骨料咬合，可以提高受剪承载力；而轴压比过大时混凝土内部产生微裂缝，受剪承载力反而下降。在一定范围内，箍筋越多，受剪承载力就会越高。在反复荷载下，截面上混凝土反复开裂和剥落，混凝土咬合作用有所削弱，这将引起构件受剪承载力的降低。与单调加载相比，在反复荷载下的构件受剪承载力要降低 10%～30%，而箍筋项承载力降低不明显。为此，仍以截面总受剪承载力试验值的下包线作为公式的取值标准，其中将混凝土项取为非抗震情况下混凝土受剪承载力的 60%，而箍筋项则不考虑反复荷载作用的降低。因此，框架柱斜截面受剪承载力按式 (5-9) 计算。

$$V_c \leqslant \frac{1}{\gamma_{RE}}\left(\frac{1.05}{1+\lambda}f_t bh_0 + f_{yv}\frac{A_{sv}}{s}h_0 + 0.056N\right) \tag{5-9}$$

式中 $f_t$——混凝土轴心抗拉强度设计值；

$\lambda$——框架柱的计算剪跨比，取 $\lambda = M/(Vh_0)$；此处，$M$ 宜取柱上、下端组合弯矩设计值的较大者，$V$ 取与 $M$ 对应的剪力设计值；当柱反弯点在层高范围内时，可取 $\lambda = H_n/(2h_0)$；当 $\lambda < 1$ 时，取 $\lambda = 1$；当 $\lambda > 3$ 时，取 $\lambda = 3$；

$H_n$ 为柱净高，$h_0$ 为柱截面计算有效高度；

$N$——考虑地震作用组合的柱轴向压力设计值；当 $N>0.3f_cbh$ 时，$N=0.3f_cbh$；

$\gamma_{RE}$——承载力抗震调整系数，取 0.85；

$A_{sv}$——同一截面内各肢水平箍筋的全部截面面积；

$s$——箍筋间距；

$f_{yv}$——箍筋或拉筋抗拉强度设计值。

当考虑地震作用组合的框架柱出现拉力时，其截面抗震受剪承载力应按式（5-10）计算。

$$V_c \leqslant \frac{1}{\gamma_{RE}} \left( \frac{1.05}{1+\lambda} f_t bh_0 + f_{yv} \frac{A_{sv}}{s} h_0 - 0.2N \right) \tag{5-10}$$

式中 $N$——考虑地震作用组合的框架柱轴向拉力设计值。

当式（5-10）右边括号内的计算值小于 $f_{yv}A_{sv}h_0/s$ 时，取等于 $f_{yv}A_{sv}h_0/s$，且 $f_{yv}A_{sv}h_0/s$ 值不应小于 $0.36f_tbh_0$。

5）柱正截面受弯承载力

矩形截面柱正截面受弯承载力应按式（5-11）验算，受压区高度 $x$ 按式（5-12）确定。

$$\eta M \leqslant \frac{1}{\gamma_{RE}} [\alpha_1 f_c bx(h_0-0.5x) + f'_y A'_s(h_0-a'_s)] + 0.5N(h_0-a_s) \tag{5-11}$$

$$N = \frac{1}{\gamma_{RE}} (\alpha_1 f_c bx + A'_s f'_y - \sigma_s A_s) \tag{5-12}$$

$$\sigma_s = \frac{x/h_0 - 0.8}{\xi_b - 0.8} f_y \tag{5-13}$$

式中 $\eta$——偏心距增大系数，一般不予考虑；

$\sigma_s$——受拉边或受压较小边钢筋的应力；当 $\xi = x/h_0 \leqslant \xi_b$（大偏心受压）时，取 $\sigma_s = f_y$；当 $\xi > \xi_b$（小偏心受压）时，按式（5-13）取用；

$\xi_b$——界限相对受压区高度。

6）控制柱轴压比

轴压比 $\mu_N$ 是指有地震作用组合的柱组合轴压力设计值与柱的全截面面积和混凝土轴心抗压强度设计值乘积的比值，以 $\dfrac{N}{f_cbh}$ 表示。轴压比是影响柱子破坏形态和延性的主要因素之一。试验表明，柱的位移延性随轴压比增大而急剧下降。尤其是在高轴压比条件下，箍筋对柱的变形能力的影响越来越不明显。随轴压比的大小，柱将呈现两种破坏形态，即混凝土压碎而受拉钢筋并未屈服的小偏心受压破坏和受拉钢筋首先屈服具有较好延性的大偏心受压破坏。框架柱的抗震设计一般应控制在大偏心受压破坏范围。因此，必须控制轴压比。

7）加强柱端约束

根据震害调查，框架柱的破坏主要集中在柱端 1～1.5 倍柱截面高度范围内。1979 年美国加州地震中，有一幢 6 层框架，底层柱地面上一段未加密柱箍，发生破坏。因此，应采用加密箍筋的措施来约束柱端。加密箍筋可以有三方面作用：第一，承担柱子剪力；第二，约束混凝土，可提高混凝土抗压强度，更主要的是提高变形能力；第三，为纵向钢筋提供侧向支承，防止纵筋压曲。试验表明，当箍筋间距小于 6～8 倍柱纵筋直径时，在受压混凝土压溃之前，一般不会出现钢筋压曲现象。

试验资料表明，在满足一定位移的条件下，约束箍筋的用量随轴压比的增大而增大，大致呈线性关系。为经济合理地反映箍筋含量对混凝土的约束作用，直接引用配箍特征值；为了避免配箍率过小还规定了最小体积配箍率。

8) 纵向钢筋的配置

根据国内外 270 余根柱的试验资料，发现柱屈服位移角大小主要受受拉钢筋配筋率支配，并且大致随配筋率线性增大。

为了避免地震作用下柱过早进入屈服，并获得较大的屈服变形，必须满足柱纵向钢筋的最小总配筋率。总配筋率按柱截面中全部纵向钢筋的面积与截面面积之比计算。同时，每一侧配筋率不应小于 0.2%。

框架柱纵向钢筋的最大总配筋率也应受到控制，过大的配筋率容易产生粘结破坏并降低柱的延性。因此，柱总配筋率不应大于 5%。按一级抗震等级设计且 $H_n/h_0=3\sim 4$ 时，柱的纵向受拉钢筋单边配筋率不宜大于 1.2%，并应沿柱全高采用复合箍筋，以防止粘结型剪切破坏。截面尺寸大于 400mm 的柱，纵向钢筋间距不宜大于 200mm。边柱、角柱在地震作用组合产生小偏心受拉时，柱内纵筋总截面面积应比计算值增加 25%。柱纵向钢筋的绑扎接头应避开柱端的箍筋加密区。柱纵筋宜对称配置。

9) 框架柱截面的抗震设计基本步骤

框架柱截面的抗震设计基本步骤如下："已知：考虑地震作用组合的柱端弯矩设计值"→"按照强柱弱梁原则确定柱端弯矩设计值"→"按照强剪弱弯原则确定柱端剪力设计值"→"柱轴压比、剪压比校核"→"柱受剪验算,确定箍筋面积;柱受弯验算,确定纵筋面积"→"箍筋加密区配置校核和纵向钢筋面积校核"。

3. 框架梁抗震设计

框架梁抗震设计可扫描二维码 5-5 观看。

框架结构的合理屈服机制是在梁上出现塑性铰。但在梁端出现塑性铰后，随着反复荷载的循环作用，剪力的影响逐渐增加，剪切变形相应加大。因此，既允许塑性铰在梁上出现，又要防止由于梁筋屈服渗入节点而影响节点核心的性能，这就是对梁端抗震设计的要求。具体来说包括：梁形成塑性铰后仍有足够的受剪承载力；梁筋屈服后，塑性铰区段应有较好的延性和耗能能力；妥善地解决梁筋锚固问题。

二维码 5-5

1) 按强剪弱弯设计，避免发生剪切破坏

梁是钢筋混凝土框架的主要耗能构件。梁的破坏可能是弯曲破坏，也可能是剪切破坏。梁剪切破坏是由于剪切承载力不足，在弯曲破坏之前梁沿剪切斜裂缝剪断而破坏，屈服前的破坏是脆性破坏，没有延性，设计时应予以避免。为了确保梁端塑性铰区不发生脆性剪切破坏，要求按"强剪弱弯"设计构件，即要求截面抗剪承载力大于抗弯承载力。《标准》规定，一、二、三级的框架梁和抗震墙的连梁，其梁端截面组合的剪力设计值应按式（5-14）调整。

$$V_b = \eta_{vb}(M_b^l + M_b^r)/l_n + V_{Gb} \tag{5-14}$$

一级的框架结构和 9 度的一级框架梁、连梁可不按上式调整，但应按式（5-15）调整。

$$V_b = 1.1(M_{bua}^l + M_{bua}^r)/l_n + V_{Gb} \tag{5-15}$$

式中　　$V_b$——梁端截面组合的剪力设计值；

　　　　$l_n$——梁的净跨；

　　　　$V_{Gb}$——梁在重力荷载代表值（9 度时高层建筑还应包括竖向地震作用标准值）作用下，按简支梁分析的梁端截面剪力设计值；

$M_b^l$、$M_b^r$——分别为梁左右端逆时针或顺时针方向组合的弯矩设计值，一级框架两端弯矩均为负弯矩时，绝对值较小的弯矩应取零；

$M_{bua}^l$、$M_{bua}^r$——分别为梁左右端逆时针或顺时针方向实配的正截面抗震受弯承载力所对应的弯矩值，根据实配钢筋面积（计入受压筋和相关楼板钢筋）和材料强度标准值确定；

　　　　$\eta_{vb}$——梁端剪力增大系数，一级可取 1.3，二级可取 1.2，三级可取 1.1。

需要指出，用于框架梁只允许在梁端出现塑性铰，在设计时只要求梁端截面抗剪承载力大于抗弯承载力。一、二、三级框架梁端箍筋加密区以外的区段，以及四级框架梁，其截面剪力设计值可直接取考虑地震作用组合的剪力计算值。

2）剪压比限值

梁塑性铰区截面剪应力的大小对梁的延性、耗能及保持梁的刚度和承载力有明显影响。根据反复荷载下配箍率较高的梁剪切试验资料，其极限剪压比平均值约 0.24。当剪压比大于 0.30 时，即使增加配箍也容易发生斜压破坏。因此，对于跨高比大于 2.5 的梁，各抗震等级的框架梁端部截面组合的剪力设计值均应满足式（5-16），对于跨高比不大于 2.5 的梁，应满足式（5-17）。

$$V_b \leqslant \frac{1}{\gamma_{RE}}(0.2\beta_c f_c b h_0) \tag{5-16}$$

$$V_b \leqslant \frac{1}{\gamma_{RE}}(0.15\beta_c f_c b h_0) \tag{5-17}$$

3）斜截面受剪承载力

与非抗震设计类似，梁的受剪承载力可归结为由混凝土和抗剪钢筋两部分组成。但是反荷载作用下，混凝土的抗剪作用将有明显的削弱。其原因是梁的受压区混凝土不再完整，斜裂缝的反复张开和闭合，使骨料咬合作用下降，严重时混凝土将剥落。根据试验资料，反复荷载下梁的受剪承载力比静荷载下低 20%～40%，对于矩形、T 形和工字形截面的一般框架梁，斜截向受剪承载力应按式（5-18）验算。

$$V_b \leqslant \frac{1}{\gamma_{RE}}\left(0.42 f_t b h_0 + f_{yv}\frac{A_{sv}}{s}h_0\right) \tag{5-18}$$

式中　　$f_{yv}$——箍筋抗拉强度设计值；

　　　　$A_{sv}$——同一截面内各肢的全部截面面积；

　　　　$\gamma_{RE}$——承载力抗震调整系数，取 0.85；对于一、二级框架短梁，建议可取 1；

　　　　$b$——柱截面宽度；

　　　　$f_t$——混凝土轴心抗拉强度设计值。

集中荷载较大（包括有多种荷载，其中集中荷载对节点边缘产生的剪力值占总剪力的

75%以上的情况）的框架梁，应按式（5-19）验算。

$$V_b \leqslant \frac{1}{\gamma_{RE}}\left(\frac{1.05}{1+\lambda}f_t bh_0 + f_{yv}\frac{A_{sv}}{s}h_0\right) \tag{5-19}$$

式中 $\lambda$——计算截面的剪跨比，可取 $\lambda = a/h_0$，$a$ 为集中荷载作用点至节点边缘的距离；当 $\lambda < 1.5$ 时，取 $\lambda = 1.5$；当 $\lambda > 3$ 时，取 $\lambda = 3$。

4) 正截面受弯承载力

考虑地震作用组合的框架梁，其正截面抗弯承载力用式（5-20）验算，受压区高度按式（5-21）计算，受压区高度 $x$ 应满足 $x \geqslant 2a'_s$ 条件。

$$M \leqslant \frac{1}{\gamma_{RE}}[\alpha_1 f_c bx(h_0 - 0.5x) + A'_s f'_y(h_0 - a'_s)] \tag{5-20}$$

$$x = \frac{f_y A_s - f'_y A'_s}{\alpha_1 f_c b} \tag{5-21}$$

当 $x < 2a'_s$ 时应取 $x = 2a'_s$，此时梁受弯承载力按式（5-22）验算。

$$M \leqslant \frac{1}{\gamma_{RE}} A_s f_y(h_0 - a'_s) \tag{5-22}$$

式中 $M$——组合的梁端截面弯矩设计值；
$\alpha_1$——等效矩形应力图系数，混凝土强度等级不大于 C50 时，$\alpha_1 = 1$；
$f_c$——混凝土轴心抗压强度设计值；
$f_y$、$f'_y$——分别为纵筋受拉筋抗拉强度设计值、纵筋受压筋抗压强度设计值；
$A_s$、$A'_s$——分别为受拉钢筋和受压钢筋面积；
$x$——混凝土受压区高度；
$a'_s$——受压钢筋合力点到截面受拉边缘的距离；
$\gamma_{RE}$——承载力抗震调整系数，梁受弯取 $\gamma_{RE} = 0.75$。

5) 提高梁延性的措施

承受地震作用的框架梁，除了要保证必要的受弯和受剪承载力外，更重要的是要具有较好的延性，使梁端塑性铰得到充分开展，以增加变形能力，耗散地震能量。

试验和理论分析表明，影响梁截面延性的主要因素有梁的截面尺寸、纵向钢筋配筋率、剪压比、配箍率、钢筋和混凝土的强度等级等。

在地震作用下，梁端塑性铰区混凝土保护层容易剥落。如果梁截面宽度过小则截面损失比例较大，故一般框架梁宽度不宜小于 200mm。为了对节点核心区提供约束以提高节点受剪承载力，梁宽不宜小于柱宽的 1/2，狭而高的梁不利于混凝土约束，也会在梁刚度降低后引起侧向失稳，故梁的高宽比不宜大于 4。另外，梁的塑性铰区发展范围与梁的跨高比有关，当跨高比小于 4 时，属于短梁，在反复弯剪作用下，斜裂缝将沿梁全长发展，从而使梁的延性及承载力急剧降低，梁净跨与截面高度之比不宜小于 4。

试验表明，当纵向受拉钢筋配筋率很高时，梁受压区的高度相应加大，截面上受到的压力也大。梁的变形能力随截面混凝土受压区的相对高度 $\xi$（$x/h_0$）的减小而增大。当 $\xi = 0.2 \sim 0.35$ 时，梁的位移延性可达 $3 \sim 4$。控制梁受压区高度，也就控制了梁的纵向钢筋配筋率。一级框架梁 $\xi$ 不应大于 0.25，二、三级框架梁 $\xi$ 不应大于 0.35，且梁端纵向受拉钢筋的配筋率均不应大于 2.5%，限制受拉配筋是为了避免剪跨比较大的梁在未达到延性要求之前，梁端下部受压区混凝土过早达到极限压应变而破坏。

另外，梁端截面上纵向受压钢筋与纵向受拉钢筋保持一定的比例，对梁的延性也有较大的影响。其一，一定的受压钢筋可以减小混凝土受压区高度；其二，在地震作用下，梁端可能会出现正弯矩，如果梁底面钢筋过少，梁下部破坏严重，也会影响梁的承载力和变形能力。所以《标准》规定，在梁端箍筋加密区，受压钢筋面积和受拉钢筋面积的比值，一级不应小于 0.5，二、三级不应小于 0.30。在计算该截面受压区高度 $x$ 时，由于受压筋在梁铰形成时呈现不同程度的压曲失效，一般可按受压筋面积的 60% 且不大于同截面受拉筋的 30% 考虑。

考虑到地震弯矩的不确定性，梁顶面和底面应有通长钢筋。对于一、二级抗震等级，梁上、下的通长钢筋不应小于 2Φ14 且分别不少于梁顶面和底面纵向钢筋中较大截面面积的 1/4，三、四级则不应小于 2Φ12。

在梁端和柱端的箍筋加密区内，不宜设置钢筋接头。

6）梁筋锚固

在反复荷载作用下，钢筋与混凝土的粘结强度将发生退化，梁筋锚固破坏是常见的脆性破坏之一。锚固破坏将大大降低梁截面后期受弯承载力和节点刚度。当梁端截面的底面钢筋面积比顶面钢筋面积相差较多时，底面钢筋更容易产生滑动，应设法防止。

梁筋的锚固方式一般有两种：直线锚固和弯折锚固。在中柱常用直线锚固，在边柱常用 90°弯折锚固。

7）框架梁端截面抗震设计步骤

框架梁端截面的抗震设计步骤如下："已知：考虑地震作用组合的梁端弯矩设计值"→"按照强剪弱弯原则确定梁端剪力设计值"→"梁截面尺寸校核"→"梁受弯验算，确定纵筋面积；梁受剪验算，确定箍筋面积"→"混凝土受压区高度校核，纵向钢筋面积校核；箍筋加密区配置校核"。

4. 框架节点抗震设计

框架节点抗震设计可扫描二维码 5-6 观看。

国内外大地震的震害表明，钢筋混凝土框架节点都有不同程度的破坏，严重的会引起整体框架倒塌。节点破坏后的修复也比较困难。

框架节点破坏的主要形式是节点核心区剪切破坏和钢筋锚固破坏。根据"强节点"的设计要求，框架节点的设计准则是：节点的承载力不应低于其连接件（梁、柱）的承载力；多遇地震时，节点应在弹性范围内工作；罕遇地震时，节点承载力的降低不得危及竖向荷载的传递；节点配筋不应使施工过分困难。为此，对框架节点要进行受剪承载力验算，并采取加强约束等构造措施。

二维码 5-6

1）节点核心区的抗震概念设计

节点核心区是指框架梁与框架柱相交的部位。我国规范采用了保证节点核心区受剪承载力的设计方法，节点核心区配置足够的箍筋以抵抗斜裂缝的开展，并且要求在梁端钢筋屈服前，核心区不发生剪切破坏，体现了强节点的要求。一个延性的框架结构，不但需由各构件的承载力及其延性来保证，还需使各个节点有足够的抗震承载力使框架的塑性铰出现于梁端而节点不会早于梁构件先破坏,节点核心区的混凝土有良好的约束,同时各构件的纵向受力钢筋能可靠地锚固于节点。

2) 节点核心区的剪力设计值

《标准》要求,一、二、三级框架的节点核心区应进行抗震验算;四级框架节点核心区可不进行抗震验算,但应符合抗震构造措施的要求。

一、二、三级框架梁柱节点核心区组合的剪力设计值,应按式(5-23)确定。一级框架结构和9度的一级框架结构可不按式(5-23)确定,但应符合式(5-24)。

$$V_j = \frac{\eta_{jb} \sum M_b}{h_{b0} - a'_s} \left(1 - \frac{h_{b0} - a'_s}{H_c - h_b}\right) \tag{5-23}$$

$$V_j = \frac{1.15 \sum M_b}{h_{b0} - a'_s} \left(1 - \frac{h_{b0} - a'_s}{H_c - h_b}\right) \tag{5-24}$$

式中 $V_j$——梁柱节点核心区组合的剪力设计值;

$h_{b0}$——梁截面的有效高度,节点两侧梁截面高度不等时可采用平均值;

$a'_s$——梁受压钢筋合力点至受压边缘的距离;

$H_c$——柱的计算高度,可采用节点上、下柱反弯点之间的距离;

$h_b$——梁的截面高度,节点两侧梁截面高度不等时可采用平均值;

$\eta_{jb}$——强节点系数,对于框架结构,一级宜取1.5,二级宜取1.35,三级宜取1.2;对于其他结构中的框架,一级宜取1.35,二级宜取1.2,三级宜取1.1;

$\sum M_b$——节点左右梁端逆时针或顺时针方向组合弯矩设计值之和,一级框架节点左右梁端均为负弯矩时,绝对值较小的弯矩应取零。

计算框架顶层梁柱节点核心区组合剪力设计值时,式(5-23)、式(5-24)中括号项取消。

3) 节点核心区的剪压比限值

为控制节点核心区的剪应力不过高,以免过早出现裂缝而导致混凝土碎裂,规范对节点核心区的剪压比作了限制。但节点核心周围一般都有梁的约束,抗剪面积实际比较大,故剪压比限值可放宽,应满足式(5-25)要求。

$$V_j \leq \frac{1}{\gamma_{RE}} (0.3 \eta_j \beta_c f_c b_j h_j) \tag{5-25}$$

式中 $\eta_j$——正交梁的约束影响系数,楼板为现浇,梁柱中线重合,四侧各梁截面宽度不小于该侧柱截面宽度的1/2,且正交方向梁高度不小于框架梁高度的3/4时,可采用1.5,9度的一级宜采用1.25,其他情况均采用1;

$b_j$——核心区截面有效验算宽度,当验算方向的梁截面宽度不小于该侧柱截面宽度的1/2时,可$b_j = b_c$;当小于柱截面宽度的1/2时,可取$b_b + 0.5h_c$和$b_c$中的较小值。当梁、柱的中线不重合且偏心距$e_0$不大于柱宽的1/4时,$b_j$可取$(0.5b_b + 0.5b_c + 0.25h - e_0)$、$b_b + 0.5h_c$和$b_c$中三者中的最小值;

$b_b$——验算方向梁截面宽度;

$h$——验算方向柱截面高度;

$b_c$——验算方向柱截面宽度;

$e_0$——梁与柱中线偏心距;

$h_j$——节点核心区的截面高度,可采用验算方向的柱截面高度;

$\gamma_{RE}$——承载力抗震调整系数,可采用 0.85。

4)节点核心区的受剪承载力

框架节点核心区的受剪承载力可以由混凝土和节点箍筋共同组成。影响受剪承载力的主要因素有:柱轴向力、直交梁约束、混凝土强度和节点配箍情况等。试验表明,与柱相似,在一定范围内,随着柱轴向压力的增加,不仅能提高节点的抗裂度,而且能提高节点极限承载力。另外,垂直于框架平面的直交梁如具有一定的截面尺寸,对核心区混凝土将具有明显的约束作用,实质上是扩大了受剪面积,因而也提高了节点的受剪承载力。

节点核心区截面抗震受剪承载力,应按式(5-26)验算。9 度的一级时,按式(5-27)验算。

$$V_j = \frac{1}{\gamma_{RE}} \left( 1.1 \eta_j f_t b_j h_j + 0.05 \eta_j N \frac{b_j}{b_c} + f_{yv} A_{svj} \frac{h_{b0} - a'_s}{s} \right) \tag{5-26}$$

$$V_j = \frac{1}{\gamma_{RE}} \left( 0.9 f_t b_j h_j + f_{yv} A_{svj} \frac{h_{b0} - a'_s}{s} \right) \tag{5-27}$$

式中 $N$——对应于组合剪力设计值的上柱组合轴向压力较小值,其取值不应大于柱的截面面积和混凝土轴心抗压强度设计值的乘积的 50%,当 $N$ 为拉力时,$N=0$;

$f_{yv}$——箍筋的抗拉强度设计值;

$f_t$——混凝土轴心抗拉强度设计值;

$A_{svj}$——核心区有效验算宽度范围内同一截面验算方向箍筋的总截面面积;

$s$——箍筋间距。

5)梁、柱纵筋在框架节点区的锚固与搭接要求

纵向受拉钢筋的抗震锚固长度 $l_{aE}$ 按式(5-28)确定。关于锚固长度请扫描二维码 5-7 观看。

$$l_{aE} = \xi_a l_a \tag{5-28}$$

二维码 5-7

式中 $l_a$——纵向受拉钢筋非抗震设计的最小锚固长度,按现行《混凝土结构设计标准》GB/T 50010 确定;

$\xi_a$——纵向受拉钢筋锚固长度修正系数,一、二级时取 1.15,三级时取 1.05,四级时取 1.1。

框架柱的纵向受力钢筋在框架节点区的锚固和搭接如图 5-9 所示,图中 $l_{abE}$ 为受拉钢筋基本锚固长度,$d$ 为纵筋直径;图中(a)、(b)、(c)、(d)应配合使用,图中(d)不应单独使用(仅用于未伸入梁内的柱外侧纵筋锚固),伸入梁内的柱外侧纵筋不宜少于柱外侧全部纵筋面积的 65%,可选择(b)+(d)或(c)+(d)或(a)+(b)+(d)或(a)+(c)+(d)的做法。

框架梁的纵向受力钢筋在框架节点区的锚固和搭接如图 5-10 所示。

6)节点核心区的抗震设计步骤

一、二、三级框架梁柱节点核心区的抗震设计步骤如下:"已知:考虑地震作用组合的梁端弯矩设计值"→"按照强节点原则确定节点剪力设计值"→"节点核心区截面尺寸校核"→"受剪承载力验算,确定箍筋面积"→"节点核心区的箍筋配置校核"。

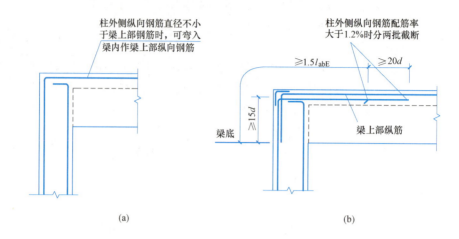

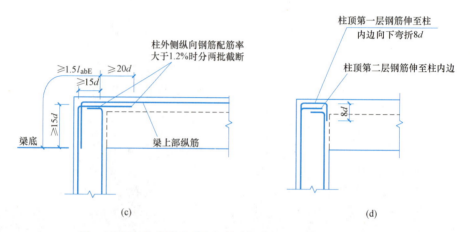

图 5-9 框架柱的纵向受力钢筋在框架节点区的锚固和搭接

(a) 柱筋作为梁上部钢筋使用；(b) 从梁底算起 $1.5l_{abE}$ 超过柱内侧边缘；
(c) 从梁底算起 $1.5l_{abE}$ 未超过柱内侧边缘；(d) 用于 2 或 3 节点未伸入梁内的柱外侧钢筋锚固

### 5.2.2 框架的基本抗震构造措施

1. 梁截面

梁的截面尺寸，宜符合下列各项要求：

(1) 截面宽度不宜小于 200mm；
(2) 截面高宽比不宜大于 4；
(3) 净跨与截面高度之比不宜小于 4。

梁宽大于柱宽的扁梁应符合下列要求：

(1) 采用扁梁的楼、屋盖应现浇，梁中线宜与柱中线重合，扁梁应双向布置。扁梁的截面尺寸应符合下列要求，并应满足现行有关规范对挠度和裂缝宽度的规定：

$$b_b \leqslant 2b_c \tag{5-29}$$

$$b_b \leqslant b_c + h_b \tag{5-30}$$

$$h_b \geqslant 16d \tag{5-31}$$

式中 $b_c$——柱截面宽度，圆形截面取柱直径的 0.8 倍；

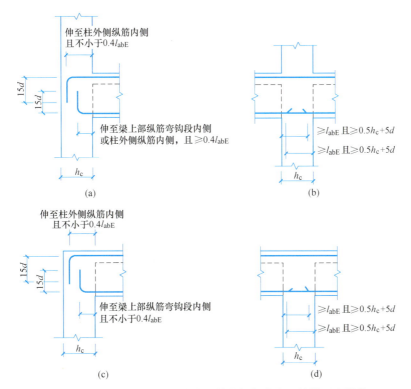

图 5-10 框架梁的纵向受力钢筋在框架节点区的锚固和搭接

(a) 中间层端节点；(b) 中间层中间节点；(c) 顶层端节点；(d) 顶层中间节点

$b_b$、$h_b$——分别为梁截面宽度和高度；

$d$——柱纵筋直径。

(2) 扁梁不宜用于一级框架结构。

2. 梁钢筋

梁的钢筋配置，应符合下列各项要求：

(1) 梁端计入受压钢筋的混凝土受压区高度和有效高度之比，一级不应大于 0.25，二、三级不应大于 0.35。

(2) 梁端截面的底面和顶面纵向钢筋配筋量的比值，除按计算确定外，一级不应小于 0.5，二、三级不应小于 0.3。

(3) 梁端箍筋加密区的长度、箍筋最大间距和最小直径、沿梁全长箍筋的面积配筋率应按表 5-6 采用，当梁端纵向受拉钢筋配筋率大于 2% 时，表中箍筋最小直径数值应增大 2mm。

梁端箍筋加密区的构造要求　　　　　表 5-6

| 抗震等级 | 加密区长度<br>(采用较大值)(mm) | 箍筋最大间距<br>(采用最小值)(mm) | 箍筋最小直径(mm) | 沿梁全长箍筋的<br>面积配筋率(%) |
|---|---|---|---|---|
| 一 | $2h_b$,500 | $h_b/4,6d,100$ | 10 | $0.3f_t/f_{yv}$ |
| 二 | $1.5h_b$,500 | $h_b/4,8d,100$ | 8 | $0.28f_t/f_{yv}$ |
| 三 | $1.5h_b$,500 | $h_b/4,8d,150$ | 8 | $0.26f_t/f_{yv}$ |
| 四 | $1.5h_b$,500 | $h_b/4,8d,150$ | 6 | $0.26f_t/f_{yv}$ |

注：1. $d$ 为纵向钢筋直径，$h_b$ 为梁截面高度，$f_t$ 为混凝土轴心抗拉强度设计值，$f_{yv}$ 为箍筋抗拉强度设计值；

2. 箍筋直径大于 12mm、数量不少于 4 肢且肢距不大于 150mm 时，一、二级的最大间距允许适当放宽，但不得大于 150mm。

梁的钢筋配置，尚应符合下列规定：

（1）梁端纵向受拉钢筋的配筋率不宜大于2.5%。沿梁全长顶面、底面的配筋，一、二级不应少于2Φ14，且分别不应少于梁顶面、底面两端纵向配筋中较大截面面积的1/4；三、四级不应少于2Φ12。框架梁纵向受拉钢筋最小配筋率 $\rho_{\min}$（%）见表5-7。

框架梁纵向受拉钢筋的最小配筋率（%）  表5-7

| 抗震等级 | 位 置 | |
| --- | --- | --- |
| | 支座（取较大值） | 跨中（取较大值） |
| 一级 | 0.4 和 $80f_t/f_y$ | 0.3 和 $65f_t/f_y$ |
| 二级 | 0.3 和 $65f_t/f_y$ | 0.25 和 $55f_t/f_y$ |
| 三、四级 | 0.25 和 $55f_t/f_y$ | 0.2 和 $45f_t/f_y$ |

（2）一、二、三级框架梁内贯通中柱的每根纵向钢筋直径，对框架结构不应大于矩形截面柱在该方向截面尺寸的1/20，或纵向钢筋所在位置圆形截面柱弦长的1/20；对其他结构类型的框架不宜大于矩形截面柱在该方向截面尺寸的1/20，或纵向钢筋所在位置圆形截面柱弦长的1/20。

（3）梁端加密区的箍筋肢距，一级不宜大于200mm和20倍箍筋直径的较大值，二、三级不宜大于250mm和20倍箍筋直径的较大值，四级不宜大于300mm。

3. 柱截面

柱的截面尺寸，宜符合下列各项要求：

（1）截面的宽度和高度，四级或不超过2层时不宜小于300mm，一、二、三级且超过2层时不宜小于400mm；圆柱的直径，四级或不超过2层时不宜小于350mm，一、二、三级且超过2层时不宜小于450mm。

（2）剪跨比宜大于2。

（3）截面长边与短边的边长比不宜大于3。

4. 柱轴压比

柱轴压比不宜超过表5-8的规定；建造于Ⅳ类场地且较高的高层建筑，柱轴压比限值应适当减小。

柱轴压比限值  表5-8

| 结构类型 | 抗震等级 | | | |
| --- | --- | --- | --- | --- |
| | 一 | 二 | 三 | 四 |
| 框架结构 | 0.65 | 0.75 | 0.85 | 0.90 |
| 框架-抗震墙、板柱-抗震墙、框架-核心筒、筒中筒 | 0.75 | 0.85 | 0.90 | 0.95 |
| 部分框支抗震墙 | 0.6 | 0.70 | — | — |

注：1. 轴压比指柱组合的轴压力设计值与柱的全截面面积和混凝土轴心抗压强度设计值乘积之比值；对《标准》规定不进行地震作用计算的结构，可取无地震作用组合的轴力设计值计算；
2. 表内限值适用于剪跨比大于2、混凝土强度等级不高于C60的柱；剪跨比不大于2的柱，轴压比限值应降低0.05；剪跨比小于1.5的柱，轴压比限值应专门研究并采取特殊构造措施；
3. 沿柱全高采用井字复合箍且箍筋肢距不大于200mm、间距不大于100mm、直径不小于12mm，或沿柱全高采用复合螺旋箍、螺旋间距不大于100mm、箍筋肢距不大于200mm、直径不小于12mm，或沿柱全高采用连续复合矩形螺旋箍、螺旋净距不大于80mm、箍筋肢距不大于200mm、直径不小于10mm，轴压比限值均可增加0.10；上述三种箍筋的最小配箍特征值均应按增大的轴压比由《标准》确定；
4. 在柱的截面中部附加芯柱，其中另加的纵向钢筋的总面积不少于柱截面面积的0.8%，轴压比限值可增加0.05；此项措施与注3的措施共同采用时，轴压比限值可增加0.15，但箍筋的体积配箍率仍可按轴压比增加0.10的要求确定；
5. 柱轴压比不应大于1.05。

5. 柱钢筋

1) 柱纵筋最小总配筋率

柱纵向受力钢筋的最小总配筋率应按表 5-9 采用，同时每侧配筋率不应小于 0.2%；对建造于Ⅳ类场地且较高的高层建筑，最小总配筋率应增加 0.1%。

柱截面纵向钢筋的最小总配筋率（%）　　　　表 5-9

| 类别 | 抗震等级 | | | |
|---|---|---|---|---|
| | 一 | 二 | 三 | 四 |
| 中柱和边柱 | 0.9(1.0) | 0.7(0.8) | 0.6(0.7) | 0.5(0.6) |
| 角柱、框支柱 | 1.1 | 0.9 | 0.8 | 0.7 |

注：1. 表中括号内数值用于框架结构的柱；
2. 钢筋强度标准值小于 400MPa 时，表中数值应增加 0.1，钢筋强度标准值为 400MPa 时，表中数值应增加 0.05；
3. 混凝土强度等级高于 C60 时，上述数值应相应增加 0.1。

2) 柱箍筋加密区

柱箍筋在规定范围内加密，加密区的箍筋间距和直径，应符合下列要求：

(1) 一般情况下，箍筋的最大间距和最小直径，应按表 5-10 采用。

柱箍筋加密区的箍筋最大间距和最小直径　　　　表 5-10

| 抗震等级 | 箍筋最大间距（采用较小值，mm） | 箍筋最小直径(mm) |
|---|---|---|
| 一 | $6d$,100 | 10 |
| 二 | $8d$,100 | 8 |
| 三 | $8d$,150（柱根 100） | 8 |
| 四 | $8d$,150（柱根 100） | 6（柱根 8） |

注：$d$ 为柱纵筋最小直径；柱根指底层柱下端箍筋加密区。

(2) 一级框架柱的箍筋直径大于 12mm 且箍筋肢距不大于 150mm 及二级框架柱的箍筋直径不小于 10mm 且箍筋肢距不大于 200mm 时，除底层柱下端外，最大间距应允许采用 150mm；三级框架柱的截面尺寸不大于 400mm 时，箍筋最小直径应允许采用 6mm；四级框架柱剪跨比不大于 2 时，箍筋直径不应小于 8mm。

(3) 框支柱和剪跨比不大于 2 的框架柱，箍筋间距不应大于 100mm。

3) 柱纵向钢筋

柱的纵向钢筋配置，尚应符合下列规定：

(1) 柱的纵向钢筋宜对称配置。

(2) 截面边长大于 400mm 的柱，纵向钢筋间距不宜大于 200mm。

(3) 柱总配筋率不应大于 5%；剪跨比不大于 2 的一级框架的柱，每侧纵向钢筋配筋率不宜大于 1.2%。

(4) 边柱、角柱及抗震墙端柱在小偏心受拉时，柱内纵筋总截面面积应比计算值增加 25%。

(5) 柱纵向钢筋的绑扎接头应避开柱端的箍筋加密区。

4) 柱箍筋配置

柱的箍筋配置，尚应符合下列要求：

（1）柱的箍筋加密范围，应按下列规定采用：

① 柱端，取截面高度（圆柱直径）、柱净高的 1/6 和 500mm 三者的最大值；

② 底层柱的下端不小于柱净高的 1/3；

③ 刚性地面上下各 500mm；

④ 剪跨比不大于 2 的柱、因设置填充墙等形成的柱净高与柱截面高度之比不大于 4 的柱、框支柱、一级和二级框架的角柱，取全高。

（2）柱箍筋加密区的箍筋肢距，一级不宜大于 200mm，二、三级不宜大于 250mm，四级不宜大于 300mm。至少每隔一根纵向钢筋宜在两个方向有箍筋或拉筋约束；采用拉筋复合箍时，拉筋宜紧靠纵向钢筋并钩住箍筋。

（3）柱箍筋加密区的体积配箍率，应按下列规定采用：

① 柱箍筋加密区的体积配箍率应满足式（5-32）要求。

$$\rho_v \geq \lambda_v f_c / f_{yv} \tag{5-32}$$

式中　$\rho_v$——柱箍筋加密区的体积配箍率，一级不应小于 0.8%，二级不应小于 0.6%，三、四级不应小于 0.4%；计算复合螺旋箍的体积配箍率时，其非螺旋箍的箍筋体积应乘以折减系数 0.80；

　　　$f_c$——混凝土轴心抗压强度设计值，强度等级低于 C35 时，应按 C35 计算；

　　　$f_{yv}$——箍筋或拉筋抗拉强度设计值；

　　　$\lambda_v$——最小配箍特征值，宜按表 5-11 采用。

柱箍筋加密区的箍筋最小配箍特征值　　　　表 5-11

| 抗震等级 | 箍筋形式 | 柱轴压比 | | | | | | | | |
|---|---|---|---|---|---|---|---|---|---|---|
| | | ≤0.3 | 0.4 | 0.5 | 0.6 | 0.7 | 0.8 | 0.9 | 1.0 | 1.05 |
| 一 | 普通箍、复合箍 | 0.10 | 0.11 | 0.13 | 0.15 | 0.17 | 0.20 | 0.23 | — | — |
| | 螺旋箍、复合或连续复合矩形螺旋箍 | 0.08 | 0.09 | 0.11 | 0.13 | 0.15 | 0.18 | 0.21 | — | — |
| 二 | 普通箍、复合箍 | 0.08 | 0.09 | 0.11 | 0.13 | 0.15 | 0.17 | 0.19 | 0.22 | 0.24 |
| | 螺旋箍、复合或连续复合矩形螺旋箍 | 0.06 | 0.07 | 0.09 | 0.11 | 0.13 | 0.15 | 0.17 | 0.20 | 0.22 |
| 三、四 | 普通箍、复合箍 | 0.06 | 0.07 | 0.09 | 0.11 | 0.13 | 0.15 | 0.17 | 0.20 | 0.22 |
| | 螺旋箍、复合或连续复合矩形螺旋箍 | 0.05 | 0.06 | 0.07 | 0.09 | 0.11 | 0.13 | 0.15 | 0.18 | 0.20 |

注：普通箍指单个矩形箍和单个圆形箍，复合箍指由矩形、多边形、圆形箍或拉筋组成的箍筋；复合螺旋箍指由螺旋箍与矩形、多边形、圆形箍或拉筋组成的箍筋；连续复合矩形螺旋箍指用一根通长钢筋加工而成的箍筋。

② 框支柱宜采用复合螺旋箍或井字复合箍，其最小配箍特征值应比表 5-9 内数值增加 0.02，且体积配箍率不应小于 1.5%。

③ 剪跨比不大于 2 的柱宜采用复合螺旋箍或井字复合箍，其体积配箍率不应小于 1.2%，9 度一级时不应小于 1.5%。

（4）柱箍筋非加密区的箍筋配置，应符合下列要求：

柱箍筋非加密区的体积配箍率不宜小于加密的 50%；非加密区箍筋间距，一、二级框架柱不应大于 10 倍纵向钢筋直径，三、四级框架柱不应大于 15 倍纵向钢筋直径。

6. 框架节点核心区

框架节点核心区箍筋的最大间距和最小直径宜按《标准》采用；一、二、三级框架节点核心区配箍特征值分别不宜小于 0.12、0.10 和 0.08，且体积配箍率分别不宜小于 0.6%、0.5%和 0.4%。柱剪跨比不大于 2 的框架节点核心区，体积配箍率不宜小于核心区上、下柱端的较大体积配箍率。

## 5.3 抗震墙结构的抗震设计

钢筋混凝土剪力墙的设计要求是：在正常使用荷载及小震（或风载）作用下，结构应处于弹性工作阶段；在中等强度地震作用下（设防烈度），允许进入弹塑性状态，但裂缝宽度不能过大，应具有足够的承载能力、延性及良好吸收地震能量的能力；在强烈地震作用（罕遇烈度）下，剪力墙不允许倒塌。此外还应保证剪力墙结构的稳定。

抗震墙结构的抗震设计包括下列内容：除了先按抗震设计的一般要求进行抗震墙的结构布置外，还应进行抗震墙结构的抗震计算，最后进行抗震墙的截面设计与构造。

### 5.3.1 抗震墙结构的抗震计算

1. 抗震墙结构的抗震计算原则

对于规则的抗震墙结构，为了确定单片抗震墙的等效刚度，对于洞口比较均匀的抗震墙，可根据其洞口大小、洞口位置及其对抗震墙的减弱情况区分为整体墙、整体小开门墙、联肢墙和壁式框架等几种类型，采用相应的公式进行计算。根据不同类型各片抗震墙等效刚度所占楼层总刚度的比例，把总水平地震作用分配到各片抗震墙，再进行倒三角分布、均匀分布与顶点集中力组合的水平地震作用下各类墙体的内力和位移计算，最终求得各墙体中墙肢的内力（弯矩、剪力、轴力）和连梁的内力（弯矩、剪力）。

震害和试验研究表明，设计合理的抗震墙具有抗侧刚度大、承载力高、耗能能力强和震后易修复等优点。在水平荷载和竖向荷载作用下，抗震墙常见的破坏形态有弯曲破坏、斜拉破坏、斜压破坏、剪压破坏、沿施工缝滑移和锚固破坏等形式。为使抗震墙具有良好的抗震性能，设计中应遵守在发生弯曲破坏之前，不允许发生斜拉、斜压或剪压等剪切破坏形式和其他脆性破坏形式；采用合理的构造措施，保证抗震墙具有良好的延性和耗能能力。

2. 墙肢弯矩设计值

为了迫使塑性铰发生在抗震墙的底部，以增加结构的变形和耗能能力，应加强抗震墙上部的受弯承载力，同时对底部加强区采取提高延性的措施。

抗震墙各墙肢截面组合的内力设计值，应按下列规定采用：一级抗震墙的底部加强部位以上部位，墙肢的组合弯矩设计值应乘以增大系数，其值可采用 1.2；剪力相应调整；部分框支抗震墙结构的落地抗震墙墙肢不应出现小偏心受拉。

通常，双肢抗震墙在竖向荷载和水平荷载作用下，一个墙肢处于偏心受压状态，而另一墙肢则处于偏心受拉状态。试验表明，受拉墙肢开裂后，其刚度降低将导致发生内力重分布，即偏拉墙肢的抗剪能力迅速降低，而偏压墙肢的内力有所加大。为保证墙肢有足够的承载力,《标准》规定,双肢抗震墙中,墙肢不宜出现小偏心受拉;当任一墙肢为偏心受拉时,另一墙肢的剪力设计值、弯矩设计值应乘以增大系数 1.25。

一、二、三级的抗震墙底部加强部位,其截面组合的剪力设计值应按式(5-33)调整:

$$V = \eta_{vw} V_w \tag{5-33}$$

9 度的一级可不按上式调整,但应满足按式(5-34)要求:

$$V = 1.1 \frac{M_{wua}}{M_w} V_w \tag{5-34}$$

式中 $V$——抗震墙底部加强部位截面组合的剪力设计值;

$V_w$——抗震墙底部加强部位截面组合的剪力计算值;

$M_{wua}$——抗震墙底部截面按实配纵向钢筋面积、材料强度标准值和轴力等计算的抗震受弯承载力所对应的弯矩值;有翼墙时应计入墙两侧各一倍翼墙厚度范围内的纵向钢筋;

$M_w$——抗震墙底部截面组合的弯矩设计值;

$\eta_{vw}$——抗震墙剪力增大系数,一级可取 1.6,二级可取 1.4,三级可取 1.2。

根据强剪弱弯的要求,对于抗震墙中跨高比大于 2.5 的连梁,其端部截面组合的剪力设计值同框架梁的剪力设计值取法见式(5-14)、式(5-15)。

3. 剪压比限制

墙肢截面的剪压比是截面的平均剪应力与混凝土轴心抗压强度的比值。试验表明,墙肢的剪压比超过一定值时,将较早出现斜裂缝,增加横向钢筋并不能有效提高其受剪承载力,很可能在横向钢筋未屈服的情况下,墙肢混凝土发生斜压破坏,或发生受弯钢筋屈服后的剪切破坏。为了避免这些破坏,应限制墙肢剪压比、剪跨比较小的墙(矮墙),限制要更加严格。限制剪压比实际上是要求抗震墙墙肢的截面达到一定厚度。《标准》规定,抗震墙(图 5-11)和连梁,对于跨高比大于 2.5 的连梁及剪跨比大于 2 的抗震墙,其截面组合的剪力设计值应满足式(5-35)要求。

$$V \leqslant \frac{1}{\gamma_{RE}} (0.20 f_c b h_0) \tag{5-35}$$

跨高比不大于 2.5 的连梁、剪跨比不大于 2 的柱和抗震墙、部分框支抗震墙结构的框支柱和框支梁以及落地抗震墙的底部加强部位,其截面组合的剪力设计值应满足式(5-36)要求。

$$V \leqslant \frac{1}{\gamma_{RE}} (0.15 f_c b h_0) \tag{5-36}$$

剪跨比应按式(5-37)计算。

$$\lambda = M^c / (V^c h_0) \tag{5-37}$$

式中 $\lambda$——剪跨比,应按柱端或墙端截面组合的弯矩计算值 $M^c$、对应的截面组合剪力计算值 $V^c$ 及截面有效高度 $h_0$ 确定,并取上下端计算结果的较大值;反弯点位于柱高中部的框架柱可按柱净高与 2 倍柱截面高度之比计算;

$V$——按以上规定调整后的梁端、柱端或墙端截面组合的剪力设计值;

$f_c$——混凝土轴心抗压强度设计值;

$b$——梁、柱截面宽度或抗震墙墙肢截面宽度;圆形截面柱可按面积相等的方形截面柱计算；

$h_0$——截面有效高度，抗震墙可取墙肢长度。

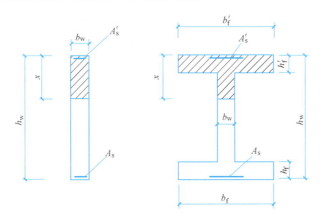

图 5-11　抗震墙截面

**4. 墙肢正截面偏心受压承载力验算**

抗震墙墙肢在竖向荷载和水平荷载作用下属偏心受力构件，它与普通偏心受力柱的区别在于截面高度大、宽度小，有均匀分布的钢筋。因此，截面设计时应考虑分布钢筋的影响并进行平面外的稳定验算。

偏心受压墙肢可分为大偏压和小偏压两种情况。当发生大偏压破坏时，位于受压区和受拉区的分布钢筋都可能屈服。但在受压区，考虑到分布钢筋直径小，受压易屈曲，因此设计中可不考虑其作用。受拉区靠近中和轴附近的分布钢筋，其拉应力较小，可不考虑，而设计中仅考虑距受压区边缘 $1.5x$（$x$ 为截面受压区高度）以外的受拉分布钢筋屈服。当发生小偏压破坏时，墙肢截面大部分或全部受压，因此可认为所有分布钢筋均受压易屈曲或部分受拉但应变很小而忽略其作用，故设计时可不考虑分布筋的作用，即小偏压墙肢的计算方法与小偏压柱完全相同，但需验算墙体平面外的稳定。大、小偏压墙肢的判别可采用与大、小偏压柱完全相同的判别方法。

如图 5-11 所示，建立在上述分析基础上，矩形、T 形、工字形偏心受压墙肢的正截面承载力可按式（5-38）。

$$N \leqslant \frac{1}{\gamma_{RE}}(f'_y A'_s + N_c - \sigma_s A_s - N_{sw}) \tag{5-38}$$

$$N(e_0 + h_{w0} - 0.5h_w) \leqslant \frac{1}{\gamma_{RE}}[f'_y A'_s(h_{w0} - a'_s) - M_{sw} + M_c] \tag{5-39}$$

当 $x > h'_f$ 时：

$$N_c = \alpha_1 f_c b_w x + \alpha_1 f_c (b'_f - b_w) h'_f \tag{5-40}$$

$$M_c = \alpha_1 f_c b_w x (h_{w0} - 0.5x) + \alpha_1 f_c (b'_f - b_w) h'_f (h_{w0} - 0.5h'_f) \tag{5-41}$$

当 $x \leqslant h'_f$ 时：

$$N_c = \alpha_1 f_c b_w x \tag{5-42}$$

$$M_c = \alpha_1 f_c b_w x (h_{w0} - 0.5x) \tag{5-43}$$

当 $x \leqslant \xi_b h_{w0}$ 时：

$$\sigma_s = f_y \tag{5-44}$$

$$N_{sw} = (h_{w0} - 1.5x) b_w f_{yw} \rho_w \tag{5-45}$$

$$M_{sw} = 0.5(h_{w0} - 1.5x)^2 b_w f_{yw} \rho_w \tag{5-46}$$

当 $x > \xi_b h_{w0}$ 时：

$$\sigma_s = f_y \frac{\dfrac{x}{h_{w0}} - \beta_1}{\xi_b - \beta_1} \tag{5-47}$$

$$N_{sw} = 0$$
$$M_{sw} = 0$$

$$\xi_b = \frac{\beta_1}{1 + \dfrac{f_y}{E_s \varepsilon_{cu}}} \tag{5-48}$$

式中　　$\gamma_{RE}$——承载力抗震调整系数；

$N_c$——受压区混凝土受压合力；

$M_c$——受压区混凝土受压合力对端部受拉钢筋合力点的力矩；

$\sigma_s$——受拉区钢筋应力；

$N_{sw}$——受拉区分布钢筋受拉合力；

$M_{sw}$——受拉区分布钢筋受拉合力对端部受拉钢筋合力点的力矩；

$f_y$、$f'_y$、$f_{yw}$——分别为抗震墙端部受拉、受压钢筋和墙体竖向分布钢筋强度设计值；

$\alpha_1$、$\beta_1$——计算系数，当混凝土强度等级不超过C50时分别取1、0.8；

$f_c$——混凝土轴心抗压强度设计值；

$e_0$——偏心距，$e_0 = M/N$；

$h_{w0}$——抗震墙截面有效高度，$h_{w0} = h_w - a'_s$；

$a'_s$——抗震墙受压区端部钢筋合力点到受压区边缘的距离；

$\rho_w$——抗震墙竖向分布钢筋配筋率；

$\xi_b$——界限相对受压区高度；

$\varepsilon_{cu}$——混凝土极限压应变。

5. 墙肢正截面偏心受拉承载力计算

偏心受拉墙肢分为大偏拉和小偏拉两种情况。当发生大偏拉破坏时，其受力和破坏特征同大偏压，故可采用大偏压的计算方法；当发生小偏拉破坏时，墙肢全截面受拉，混凝土不参与工作，其抗侧能力和耗能能力都很差，不利于抗震，因此应避免使用。当双肢抗震墙的一个墙肢为大偏拉时，墙肢易出现裂缝，使其刚度降低，剪力将在墙肢中重新分配，此时，可将另一受压墙肢的弯矩、剪力设计值乘以增大系数1.25，以提高受弯、受剪承载力，推迟其屈服。

矩形截面受拉墙肢的正截面承载力，建议按下列近似公式计算：

$$N \leqslant \frac{1}{\gamma_{RE}} \frac{1}{\dfrac{1}{N_{0u}} + \dfrac{e_0}{M_{wu}}} \tag{5-49}$$

$$N_{0u} = 2f_y A_s + f_{yw} A_{sw} \tag{5-50}$$

$$M_u = f_y A_s (h_{w0} - a'_s) + f_{yw} A_{sw} \frac{h_{w0} - a'_s}{2} \tag{5-51}$$

式中 $A_{sw}$——抗震墙腹板竖向分布钢筋的全部截面面积。

6. 墙肢斜截面受剪承载力验算

在抗震设计时,通过构造措施防止发生斜拉破坏或斜压破坏,通过计算确定墙中水平钢筋,防止发生剪切破坏。偏压构件中,轴压力有利于抗剪承载力,但压力增大到一定程度后,对抗剪的有利作用减小,因此需对轴力的取值加以限制。抗震墙的斜截面受剪承载力包括墙肢混凝土、横向钢筋和轴向力的影响三方面的抗剪作用,试验表明,反复荷载作用下,抗震墙的抗剪性能比静载下的抗剪性能降低 15%~20%,偏心受压墙肢斜截面受剪承载力按(5-52)计算。

$$V \leqslant \frac{1}{\gamma_{RE}} \left[ \frac{1}{\lambda - 0.5} \left( 0.4 f_t b_w h_{w0} + 0.1 N \frac{A_w}{A} \right) + 0.8 f_{yh} \frac{A_{sh}}{s} h_{w0} \right] \quad (5-52)$$

式中 $N$——考虑地震作用组合的抗震墙的轴向压力设计值,当 $N>0.2 f_c b_w h_w$ 时,取 $N=0.2 f_c b_w h_w$;

$A$——抗震墙全截面面积;

$A_w$——T 形或工形墙肢截面腹板的面积,矩形截面时,取 $A_w=A$;

$\lambda$——计算截面处的剪跨比,$\lambda=Mw/(Vwh_{w0})$;当 $\lambda<1.5$ 时,取 $\lambda=1.5$,当 $\lambda>2.2$ 时,取 $\lambda=2.2$;此处,$Mw$ 为 $Vw$ 相应的弯矩值,当计算截面与墙底之间的距离小于 $0.5h_{w0}$ 时,$\lambda$ 应按距墙底 $0.5h_{w0}$ 处的弯矩值与剪力值计算;

$A_{sh}$——配置在同一截面内的水平分布钢筋截面面积之和;

$f_{yh}$——水平分布钢筋抗拉强度设计值;

$s$——水平分布钢筋间距。

偏拉构件中,考虑了轴向拉力的不利影响,轴力项用负值。偏心受拉墙肢斜截面受剪承载力按式(5-53)计算。

$$V \leqslant \frac{1}{\gamma_{RE}} \left[ \frac{1}{\lambda - 0.5} \left( 0.4 f_t b_w h_{w0} - 0.1 N \frac{A_w}{A} \right) + 0.8 f_{yh} \frac{A_{sh}}{s} h_{w0} \right] \quad (5-53)$$

当公式右边计算值小于 $0.8 f_{yh} \frac{A_{sh}}{s} h_{w0}$ 时,取 $0.8 f_{yh} \frac{A_{sh}}{s} h_{w0}$。

按式(5-52)、式(5-53)计算,避免墙肢发生剪压破坏。而墙肢的斜拉破坏,可通过满足水平分布钢筋 $\rho_{min}$ 和竖筋锚固来避免。

7. 墙肢水平施工缝的受剪承载力验算

抗震墙的施工,是分层浇筑混凝土的,因而层间留有水平施工缝。唐山地震灾害调查和抗震墙结构模型试验表明,水平施工缝在地震中容易开裂,为避免墙体受剪后沿水平施工缝滑移,应验算水平施工缝受剪承载力。

按一级抗震等级设计的抗震墙水平施工缝处竖向钢筋的截面面积应符合下列要求:当 $N$ 为轴向压力时,按式(5-54)计算;当 $N$ 为轴向拉力时,按式(5-55)计算。

$$V_w \leqslant \frac{1}{\gamma_{RE}} (0.6 f_y A_s + 0.8 N) \quad (5-54)$$

$$V_w \leqslant \frac{1}{\gamma_{RE}} (0.6 f_y A_s - 0.8 N) \quad (5-55)$$

式中 $V_w$——水平施工缝处的剪力设计值;

$N$——水平施工缝处截面组合的轴向力设计值;

$A_s$——水平施工缝处全部竖向钢筋截面面积,包括竖向分布钢筋、竖向附加插筋以及边缘构件(不包括两侧翼墙)纵向钢筋的总截面面积;

$f_y$——竖向钢筋抗拉强度设计值。

8. 调整连梁内力,满足抗震性能要求

抗震墙在水平地震作用下,其连梁内通常产生很大的剪力和弯矩。由于连梁的宽度往往较小(通常与墙厚相同),这使得连梁的截面尺寸和配筋往往难以满足设计要求,即存在连梁截面尺寸不能满足剪压比限值、纵向受拉钢筋超筋、不满足斜截面受剪承载力要求等问题。若加大连梁截面尺寸,则因连梁刚度的增加而导致其内力也增加。根据设计经验,可采用下列方法来处理。

(1) 在满足结构位移限制的前提下,适当减小连梁高度,从而使连梁的剪力和弯矩迅速减小。

(2) 加大洞口宽度以增加连梁的跨度,也即减小连梁刚度。

(3) 考虑水平力作用下,连梁由于开裂而导致其刚度降低的现象,采用刚度折减系数$\beta$($\beta$不宜小于0.5)。

(4) 为保证抗震墙"强墙弱梁"的延性要求,当联肢抗震墙中某几层连梁的弯矩设计值超过其最大受弯承载力时,可降低这些部位的连梁弯矩设计值,并将其余部位的连梁弯矩设计值相应提高,以满足平衡条件。经调整的连梁弯矩设计值,可均取为最大弯矩连梁调整前弯矩设计值的80%。必要时可提高墙肢的配筋,以满足极限平衡条件。

9. 连梁正截面受弯和斜截面受剪承载力验算

连梁受弯验算与普通框架梁相同,由于一般连梁都是上下配相同数量钢筋,可按双筋截面验算,受压区很小,通常用受拉钢筋对受压钢筋取矩,就可得到式(5-56)受弯承载力。

$$M \leqslant \frac{1}{\gamma_{RE}} f_y A_s (h_{b0} - a'_s) \tag{5-56}$$

连梁有地震作用组合时的斜截面受剪承载力,跨高比大于2.5时按式(5-57)验算;跨高比不大于2.5时,按式(5-58)验算。

$$V_b \leqslant \frac{1}{\gamma_{RE}} \left( 0.42 f_t b_b h_{b0} + f_{yv} \frac{A_{sv}}{s} h_{b0} \right) \tag{5-57}$$

$$V_b \leqslant \frac{1}{\gamma_{RE}} \left( 0.38 f_t b_b h_{b0} + 0.9 f_{yv} \frac{A_{sv}}{s} h_{b0} \right) \tag{5-58}$$

### 5.3.2 抗震墙结构的基本抗震构造措施

1. 抗震墙厚度

抗震墙的厚度,一、二级不应小于160mm且不宜小于层高或无支长度的1/20,三、四级不应小于140mm且不小于层高或无支长度的1/25;无端柱或翼墙时,一、二级不宜小于层高或无支长度的1/16,三、四级不宜小于层高或无支长度的1/20。

底部加强部位的墙厚,一、二级不应小于200mm且不宜小于层高或无支长度的1/16,三、四级不应小于160mm且不宜小于层高或无支长度的1/20;无端柱或翼墙时,一、二级不宜小于层高或无支长度的1/12,三、四级不宜小于层高或无支长度的1/16。

2. 抗震墙轴压比

一、二、三级抗震墙在重力荷载代表值作用下墙肢的轴压比，一级时，9度不宜大于0.4，7、8度不宜大于0.5；二、三级时不宜大于0.6。

墙肢轴压比指墙的轴压力设计值与墙的全截面面积和混凝土轴心抗压强度设计值乘积之比值。

3. 抗震墙配筋

抗震墙竖向、横向分布钢筋的配筋，应符合下列要求：

（1）一、二、三级抗震墙的竖向和横向分布钢筋最小配筋率均不应小于0.25%，四级抗震墙分布钢筋最小配筋率不应小于0.20%。但高度小于24m且剪压比很小的四级抗震墙，其竖向分布筋的最小配筋率应允许按0.15%采用。

（2）部分框支抗震墙结构的落地抗震墙底部加强部位，竖向和横向分布钢筋配筋率均不应小于0.3%。

抗震墙竖向和横向分布钢筋的配置，尚应符合下列规定：

（1）抗震墙的竖向和横向分布钢筋的间距不宜大于300mm，部分框支抗震墙结构的落地抗震墙底部加强部位，竖向和横向分布钢筋的间距不宜大于200mm。

（2）抗震墙厚度大于140mm时，其竖向和横向分布钢筋应双排布置，双排分布钢筋间拉筋的间距不宜大于600mm，直径不应小于6mm。

（3）抗震墙竖向和横向分布钢筋的直径，均不宜大于墙厚的1/10且不应小于8mm；竖向钢筋直径不宜小于10mm。

4. 抗震墙边缘构件

抗震墙两端和洞口两侧应设置边缘构件，边缘构件包括暗柱、端柱和翼墙，并应符合下列要求：

（1）对于抗震墙结构，底层墙肢底截面的轴压比不大于表5-12规定的一、二、三级抗震墙及四级抗震墙，墙肢两端可设置构造边缘构件，构造边缘构件的范围可按图5-12采用，构造边缘构件的配筋除应满足受弯承载力要求外，并宜符合表5-13的要求。

抗震墙设置构造边缘构件的最大轴压比　　　　表5-12

| 抗震等级或烈度 | 一级(9度) | 一级(7,8度) | 二、三级 |
|---|---|---|---|
| 轴压比 | 0.1 | 0.2 | 0.3 |

抗震墙构造边缘构件的配筋要求　　　　表5-13

| 抗震等级 | 纵向钢筋最小量（取较大值） | 箍筋 | | 纵向钢筋最小量（取较大值） | 箍筋 | |
|---|---|---|---|---|---|---|
| | | 最小直径(mm) | 沿竖向最大间距(mm) | | 最小直径(mm) | 沿竖向最大间距(mm) |
| 一 | $0.010A_c$,6$\Phi$16 | 8 | 100 | $0.008A_c$,6$\Phi$14 | 8 | 150 |
| 二 | $0.008A_c$,6$\Phi$14 | 8 | 150 | $0.006A_c$,6$\Phi$12 | 8 | 200 |
| 三 | $0.006A_c$,6$\Phi$12 | 6 | 150 | $0.005A_c$,4$\Phi$12 | 6 | 200 |
| 四 | $0.005A_c$,4$\Phi$12 | 6 | 200 | $0.004A_c$,4$\Phi$12 | 6 | 250 |

注：1. $A_c$为边缘构件的截面面积；
2. 其他部位的拉筋，水平间距不应大于纵筋间距的2倍；转角处宜采用箍筋；
3. 当端柱承受集中荷载时，其纵向钢筋、箍筋直径和间距应满足柱的相应要求。

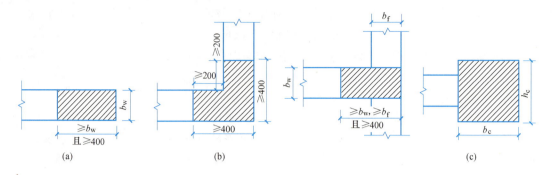

图 5-12 抗震墙的构造边缘构件范围
(a) 暗柱；(b) 翼柱；(c) 端柱

（2）底层墙肢底截面的轴压比大于表 5-10 规定的一、二、三级抗震墙，以及部分框支抗震墙结构的抗震墙，应在底部加强部位及相邻的上一层设置约束边缘构件，在以上的其他部位可设置构造边缘构件。约束边缘构件沿墙肢的长度、配箍特征值、箍筋和纵向钢筋宜符合表 5-14 的要求（图 5-13）。

5．抗震墙的墙肢长度

抗震墙的墙肢长度不大于墙厚的 3 倍时，应按柱的有关要求进行设计；矩形墙肢的厚度不大于 300mm 时，尚宜全高加密箍筋。

抗震墙约束边缘构件的范围及配筋要求  表 5-14

| 项目 | 一级(9度) | | 一级(7、8度) | | 二、三级 | |
|---|---|---|---|---|---|---|
| | $\lambda \leqslant 0.2$ | $\lambda > 0.2$ | $\lambda \leqslant 0.3$ | $\lambda > 0.3$ | $\lambda \leqslant 0.4$ | $\lambda > 0.4$ |
| $l_c$（暗柱） | $0.20h_w$ | $0.25h_w$ | $0.15h_w$ | $0.20h_w$ | $0.15h_w$ | $0.20h_w$ |
| $l_c$（翼墙或端柱） | $0.15h_w$ | $0.20h_w$ | $0.10h_w$ | $0.15h_w$ | $0.10h_w$ | $0.15h_w$ |
| $\lambda_v$ | 0.12 | 0.20 | 0.12 | 0.20 | 0.12 | 0.20 |
| 纵向钢筋（取较大值） | $0.012A_c$，8Φ16 | | $0.012A_c$，8Φ16 | | $0.010A_c$，6Φ16（三级 6Φ14） | |
| 箍筋或拉筋沿竖向间距 | 100mm | | 100mm | | 150mm | |

注：1. 抗震墙的翼墙长度小于其 3 倍厚度或端柱截面边长小于 2 倍墙厚时，按无翼墙、无端柱查表；端柱有集中荷载时，配筋构造尚应满足与墙相同抗震等级框架柱的要求；
2. $l_c$ 为约束边缘构件沿墙肢长度，且不小于墙厚和 400mm；有翼墙或端柱时不应小于翼墙厚度或端柱沿墙肢方向截面高度加 300mm；
3. $\lambda_v$ 为约束边缘构件的配箍特征值，体积配箍率可按《标准》计算，并可适当计入满足构造要求且在墙端有可靠锚固的水平分布钢筋的截面面积；
4. $h_w$ 为抗震墙墙肢长度；$\lambda$ 为墙肢轴压比；$A_c$ 为图 5-13 中约束边缘构件阴影部分的截面面积。

6．高连梁

跨高比较小的高连梁，可设水平缝形成双连梁、多连梁或采取其他加强受剪承载力的构造。顶层连梁的纵向钢筋伸入墙体的锚固长度范围内，应设置箍筋。

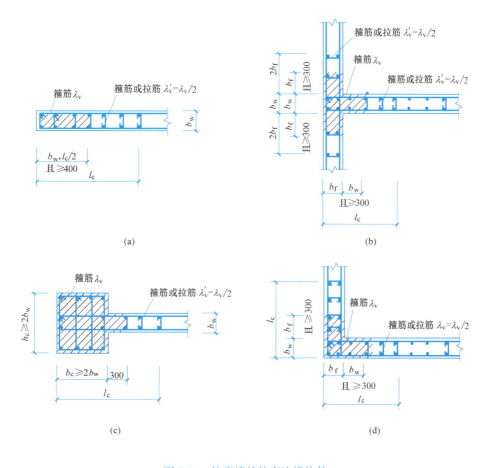

图 5-13 抗震墙的约束边缘构件
（a）暗柱；（b）有翼墙；（c）有端柱；（d）转角墙（L 形墙）

## 5.4 框架-抗震墙结构的抗震设计

### 5.4.1 框架-抗震墙结构的抗震性能

1. 框架-抗震墙的共同工作特性

框架-抗震墙结构是通过刚性楼盖使钢筋混凝土框架和抗震墙协调变形共同工作的。对于纯框架结构，柱轴向变形所引起的倾覆状的变形影响是次要的。由 $D$ 值法可知，框架结构的层间位移与层间总剪力成正比，因层间剪力自上而下越来越大，故层间位移也是自上而下越来越大，这与悬臂梁的剪切变形相一致，故称为剪切型变形。对于纯抗震墙结构，其在各楼层处的弯矩等于外荷载在该楼面标高处的倾覆力矩，该力矩与抗震墙纵向变形的曲率成正比，其变形曲线凸向原始位移，这与悬臂梁的弯曲变形相一致，故称为弯曲型变形。当框架与抗震墙共同作用时，两者变形必须协调一致，在下部楼层，抗震墙位移较小，它使得框架必须按弯曲型曲线变形，使之趋于减少变形，抗震墙协助框架工作，外荷载在结构中引起的总剪力将大部分由抗震墙承受；在上部楼层，抗震墙外倾，而框架内收，协调变形的结果是框架协助抗震墙工作，顶部较小的总剪力主要由框架承担，而抗震

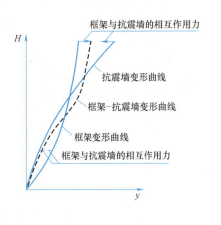

图 5-14 侧移曲线

墙仅承受来自框架的负剪力。上述共同工作的结果对框架受力十分有利，使其受力比较均匀，故其总的侧移曲线为弯剪型，详见图 5-14。

2. 抗震墙的合理数量

一般来讲，多设抗震墙可以提高建筑物的抗震性能，减轻震害。但是，如果抗震墙超过了合理的数量，就会增加建筑物的造价。这是由于随着抗震墙的增加，结构刚度也随之增大，周期缩短，于是作用于结构的地震作用也加大所造成的。这样，必须要有一个合理的抗震墙数量能兼顾抗震性能和经济性两方的要求：基于国内的设计经验，表 5-15 列出了底层结构截面面积（即抗震墙截面面积 $A_w$ 和柱截面面积 $A_c$ 之和）与楼面面积之比、抗震墙截面面积 $A_w$ 与楼面面积 $A_c$ 之比的合理范围。

抗震墙纵横两个方向总量应在表 5-15 范围内，两个方向抗震墙的数量宜相近。抗震墙的数量还应满足对建筑物所提出的刚度要求。在地震作用下，一般标准的框架-抗震墙结构顶点位移与全高之比 $u/H$ 不宜大于 1/700；较高装修标准时不宜超过 1/850。

### 5.4.2 框架-抗震墙结构的抗震设计

1. 水平地震作用

底层结构截面面积与楼面面积之比　　　　　　　表 5-15

| 设计条件 | $\dfrac{A_w+A_f}{A_f}$ | $\dfrac{A_w}{A_f}$ |
| --- | --- | --- |
| 7 度，Ⅱ类场地 | 3%～5% | 2%～3% |
| 8 度，Ⅱ类场地 | 4%～6% | 3%～4% |

对于规则的框架-抗震墙结构，与框架结构相同，作为一种近似计算，建议采用底部剪力法来确定计算单元的总水平地震作用标准值 $F_{Ek}$、各层的水平地震作用标准值 $F_i$ 和顶部附加水平地震作用标准值 $\Delta F_n$。采用顶点位移法公式（5-1）来计算框架-抗震墙结构的基本周期，其中：结构顶点假想位移 $u_T(m)$ 假想地把集中各层楼层处的重力荷载代表值 $G_i$ 按等效原则化为均匀水平荷载 $q$，并按框架-抗震墙结构体系计算简图计算的顶部侧移值；考虑非结构墙体刚度影响的周期折减系数 $\Psi_T$ 采用 0.7～0.8。

2. 内力与位移计算

框架-抗震墙结构在水平地震作用下的内力与位移计算方法可分为电算法和手算法。采用电算法时，先将框架-抗震墙结构转换为壁式框架结构，然后采用矩阵位移法借助计算机进行计算，其计算结果较为准确手算法，即微分方程法，该方法将所有框架等效为综合框架，所有抗震墙等效为综合抗震墙，所有连梁等效为综合连梁，并把它们移到同一平面内，通过自身平面内刚度为无穷大的楼盖的联结作用而协调变形共同工作。

框架-抗震墙结构是按框架和抗震墙协同工作原理来计算的，计算结果往往是抗震墙承受大部分荷载，而框架承受的水平荷载则很小。工程设计中，考虑到抗震墙的间距较大，楼板的变形会使中间框架所承受的水平荷载有所增加；由于抗震墙的开裂、弹塑性变形的发展或塑性铰的出现，使得其刚度有所降低，致使抗震墙和框架之间的内力分配中，框架承受的水平荷载亦有所增加。另外，从多道抗震设防的角度来看，框架作为结构抗震的第二道防线（第一道防线是抗震墙），也有必要保证框架有足够的安全储备。故框架-抗震墙结构中，框架所承受的地震剪力不应小于某一限值，以考虑上述影响。为此，《标准》规定，规则的框架-抗震墙结构中，任一层框架部分剪力值，不应小于结构底部总地震剪力的20%和按框架-抗震墙结构侧向刚度分配的框架部分各楼层按地震剪力中最大值1.5倍两者的较小值。

3. 框架-抗震墙截面设计

截面设计的原则：框架-抗震墙结构的截面设计，框架部分按框架结构进行设计，抗震墙部分按抗震墙结构进行设计。

周边有梁柱的抗震墙（包括现浇柱、预制梁的现浇抗震墙），当抗震墙与梁柱有可靠连接时，柱可作为抗震墙的翼缘，截面按抗震墙墙肢进行设计。主要的竖向受力钢筋应配置在柱截面内。抗震墙上的框架梁不必进行专门的截面设计计算，钢筋可按构造配置。

#### 5.4.3 框架-抗震墙结构的构造措施

框架-抗震墙墙的抗震构造措施除采用框架结构和抗震墙结构的有关构造措施外，还应满足下列要求：

1. 抗震墙的厚度不应小于160mm且不宜小于层高或无肢长度的1/20，底部加强部位的抗震墙厚度不应小于200mm且不宜小于层高或无肢长度的1/16。

2. 有端柱时，墙体在楼盖处宜设置暗梁，暗梁的截面高度不宜小于墙厚和400mm的较大值；端柱截面宜与同层框架柱相同，并应满足《标准》对框架柱的要求；抗震墙底部加强部位的端柱和紧靠抗震墙洞口的端柱宜按柱箍筋加密区的要求沿全高加密箍筋。

3. 抗震墙的竖向和横向分布钢筋，配筋率均不应小于0.25%，钢筋直径不宜小于10mm，间距不宜大于300mm，并应双排布置，双排分布钢筋间应设置拉筋。

4. 楼面梁与抗震墙平面外连接时，不宜支承在洞口连梁上；沿梁轴线方向宜设置与梁连接的抗震墙，梁的纵筋应锚固在墙内；也可在支承梁的位置设置扶壁柱或暗柱，并应按计算确定其截面尺寸和配筋。

5. 框架-抗震墙结构的其他抗震构造措施，应符合《标准》有关要求。设置少量抗震墙的框架结构，其抗震墙的抗震构造措施，可仍按《标准》对抗震墙的规定执行。

## 5.5 抗震例题

**【例 5-1】** 某框架梁 $b \times h = 250\text{mm} \times 600\text{mm}$，抗震等级二级，混凝土 C30，纵筋 HRB400，箍筋 HPB300。在重力荷载和地震作用组合下，作用于边跨一层梁上的弯矩值是：$M_{\max} = 220\text{kN} \cdot \text{m}$，$-M_{\max} = 430\text{kN} \cdot \text{m}$。支座柱边端弯矩截面配筋为顶部 4 ⌀ 25，型号 HRB400，底部 2 ⌀ 25，型号 HRB400，检验配筋是否满足规范的有关规定？

**【解】** 1) 最小配筋率。由表 5-5 中二级抗震等级，支座的最小配筋率为 0.3% 和 $0.65 f_t / f_y$ 的较大值：

$$\rho_{\min} = \max(0.3\%, 0.65\times1.43/360) = 0.30\%,$$

而 2 $\Phi$ 25，$A_s = 982\text{mm}^2$；$\dfrac{A_s}{bh} = \dfrac{982}{250\times600} = 0.65\% \geqslant \rho_{\min} = 0.3\%$，可以。

2) 最大配筋率。最大配筋率为 2.5%，而 4 $\Phi$ 25，$A_s = 1964\text{mm}^2$；$\dfrac{A_s}{bh} = \dfrac{1964}{250\times600} = 1.39\% \leqslant \rho_{\max} = 2.5\%$，可以。

3) 2 $\Phi$ 25，$A'_s = 982\text{mm}^2$；4 $\Phi$ 25，$A_s = 1964\text{mm}^2$，则 $\dfrac{A_s}{A'_s} = \dfrac{982}{19\,640} = 0.5 > 0.3$，可以。

4) $x = \dfrac{f_y A_s - f'_y A'_s}{\alpha_1 f_c b} = \dfrac{360\times1964 - 360\times982}{1\times14.3\times250}\text{mm} = 98.8\text{mm} \geqslant 2a'_s = 80\text{mm}$

$\xi = x/h_0 = 98.8/560 = 0.176 \leqslant 0.35$，可以。

5) 支座处底面配筋 2 $\Phi$ 25，$A_s = 982\text{mm}^2$，按双筋梁计算，

$$x = \dfrac{f_y A_s - f'_y A'_s}{\alpha_1 f_c b} = \dfrac{360\times982 - 360\times1964}{1\times14.3\times250} < 0$$

$$M_u = \dfrac{1}{\gamma_{RE}} A_s f_y (h_0 - a'_s) = \dfrac{1}{0.75}\times982\text{mm}^2\times360\text{MPa}\times(560-40)\text{mm}$$

$= 245\times10^6 \text{N}\cdot\text{mm} \geqslant 220\times10^6 \text{N}\cdot\text{mm}$，满足要求。

支座处顶面配筋 4 $\Phi$ 25，$A_s = 1964\text{mm}^2$，按双筋梁计算，

$$x = \dfrac{f_y A_s - f'_y A'_s}{\alpha_1 f_c b} = \dfrac{360\times1964 - 360\times982}{1\times14.3\times250}\text{mm} = 98.8\text{mm} \geqslant 2a'_s = 80\text{mm}$$

$$M_u = \dfrac{1}{\gamma_{RE}}[\alpha_1 f_c bx(h_0 - 0.5x) + A'_s f'_y (h_0 - a'_s)]$$

$= \dfrac{1}{0.75}\times[1\times14.3\times250\times82.4\times(560-0.5\times82.4) + 360\times982\times(560-40)]\text{N}\cdot\text{mm}$

$= 485\times10^6 \text{N}\cdot\text{mm} \geqslant 430\times10^6 \text{N}\cdot\text{mm}$，满足要求。

【例 5-2】 三跨 10 层框架，边跨跨长为 5.6m，柱宽 500mm，$b\times h = 250\text{mm}\times600\text{mm}$，抗震等级二级，混凝土 C30，纵筋 HRB400，箍筋 HPB300。作用于梁上重力荷载设计值为 51kN/m。在重力荷载和地震作用组合下，作用于边跨一层梁上的弯矩值是：$M_{\max} = 215\text{kN}\cdot\text{m}$，$-M_{\max} = 420\text{kN}\cdot\text{m}$。中支座柱边的梁弯矩 $M_{\max} = 180\text{kN}\cdot\text{m}$，$-M_{\max} = 365\text{kN}\cdot\text{m}$；梁跨中 $M_{\max} = 185\text{kN}\cdot\text{m}$；边跨跨中的最大剪力 $V_{\max} = 235\text{kN}$。要求：（1）梁端加密区箍筋配置；（2）梁端非加密区箍筋配置；（3）梁端箍筋加密区的长度。

【解】 1) 梁端加密区箍筋配置

(1) 重力荷载引起的梁支座边缘最大剪力设计值为：二级抗震等级 $V_{Gb} = 0.5 q_{GE} l_n = 0.5\times51\times5.1 = 130.05\text{kN}$，这里 $l_n = 5.6 - 0.5 = 5.1\text{m}$。

(2) 二级抗震等级 $V_b = \eta_{vb}(M_b^l + M_b^r)/l_n + V_{Gb}$，$\eta_{vb} = 1.2$；

逆时针方向，$(M_b^l + M_b^r) = 420\text{kN}\cdot\text{m} + 180\text{kN}\cdot\text{m} = 600\text{kN}\cdot\text{m}$；

顺时针方向，$(M_b^l + M_b^r) = 215\text{kN}\cdot\text{m} + 365\text{kN}\cdot\text{m} = 580\text{kN}\cdot\text{m}$，取大者 $(M_b^l + M_b^r) = 600\text{kN}\cdot\text{m}$；$V_b = \eta_{vb}(M_b^l + M_b^r)/l_n + V_{Gb} = (1.2\times600/5.1 + 130.05)\text{kN} = 217.2\text{kN}$。

(3) 剪压比验算：

跨高比 $l_n/h = 5.1/6 = 8.5 > 2.5$。

$\frac{1}{\gamma_{RE}}(0.2\beta_c f_c b h_0) = \frac{1}{0.85} \times (0.2 \times 1 \times 14.3 \times 250 \times 560) \text{kN}$

$= 471058\text{N} = 471\text{kN} > 271.2\text{kN}$，截面尺寸满足。

(4) 由式 $V_b \leq \frac{1}{\gamma_{RE}}\left(0.42 f_t b h_0 + f_{yv} \frac{A_{sv}}{s} h_0\right)$，

$\frac{A_{sv}}{s} = \frac{\gamma_{RE} V_b - 0.42 f_t b h_0}{f_{yv} h_0} = \frac{0.85 \times 271.2 \times 1000 - 0.42 \times 1.43 \times 250 \times 560}{270 \times 560}$

$= 0.968 \text{mm}^2/\text{mm}$

取双肢ϕ8@100，$A_{sv}/s = 2 \times 50.24/100 = 1\text{mm}^2/\text{mm} > 0.968\text{mm}^2/\text{mm}$，满足要求。

(5) 验算最小配箍率：

二级抗震，验算 $\rho_{sv} \geq 0.28 f_t / f_{yv}$，$\rho_{sv} = \frac{A_{sv}}{bs} = \frac{2 \times 50.24}{250 \times 100} = 0.4\%$，

$\rho_{svmin} = 0.28 f_t / f_{yv} = 0.28 \times 1.43/270 = 0.148\% < \rho_{sv}$，满足要求。

2) 梁端非加密区箍筋配置

(1) 非加密区满足最小配箍率要求 $\rho_{sv} \geq 0.28 f_t / f_{yv}$，算得 $s$：

$$s \leq \frac{A_{sv}/b}{\rho_{sv,min}} = \frac{2 \times 50.24/250}{0.148\%} = 271\text{mm}$$

(2) 由剪压公式 $V_b \leq \frac{1}{\gamma_{RE}}\left(0.42 f_t b h_0 + f_{yv} \frac{A_{sv}}{s} h_0\right)$，算得 $s$，式中边跨跨中的最大剪力 $V_{max} = 235\text{kN}$；

$\frac{A_{sv}}{s} = \frac{\gamma_{RE} V_b - 0.42 f_t b h_0}{f_{yv} h_0} = \frac{0.85 \times 235 \times 1000 - 0.42 \times 1.43 \times 250 \times 560}{270 \times 560} \text{mm}^2/\text{mm}$

$= 0.765 \text{mm}^2/\text{mm}$

取 $2\phi 8$，$A_{sv} = 100.48\text{mm}^2$，$s = 100.48/0.765 = 131\text{mm}$。

由（1）和（2）知，选用双肢箍ϕ8@125。

3) 梁端箍筋加密区的长度

二级抗震，框架梁端箍筋加密区的长度：

$l = \max(1.5 h_b, 500) = \max(1.5 \times 600, 500) = 900\text{mm}$。

【例 5-3】 某框架中柱，抗震等级二级。轴向压力组合设计值 $N = 2690\text{kN}$，柱端组合弯矩设计值 $M_c^t = 728\text{kN} \cdot \text{m}$，柱端组合弯矩设计值 $M_c^b = 772\text{kN} \cdot \text{m}$；$\sum M_b = 890\text{kN} \cdot \text{m}$。选用柱截面 500mm×600mm，采用对称配筋，经配筋计算后每侧 5 ⏀ 25，梁截面 300mm×750mm，层高 4.2m。混凝土 C30，主筋 HRB400 级钢筋，箍筋 HPB300。要求：框架柱的抗震设计。

【解】 1) 按强柱弱梁，调整柱端弯矩设计值

二级抗震，$\eta_c = 1.5$，节点处梁柱端组合组合弯矩符合式 $\sum M_c = 1.5 \sum M_b$；这里 $\sum M_c = 1500\text{kN} \cdot \text{m} \geq 1.5 \sum M_b = 1.5 \times 890 = 1335\text{kN} \cdot \text{m}$，满足要求。

2) 按强剪弱弯，调整柱端剪力设计值

二级抗震，$\eta_{vb}=1.3$，$V_c=1.3(M_c^b+M_c^t)/H_n=1.3\times1500/(4.2-0.75)=565.2$kN

3）剪压比验算

由于剪跨比 $\lambda>2$，剪压比应满足式：

$$\frac{1}{\gamma_{RE}}(0.2\beta_c f_c bh_0)=\frac{1}{0.85}\times(0.2\times1\times14.3\times500\times560)=942\,117\text{N}$$

942.12kN$\geqslant V_c=565.2$kN，截面尺寸满足。

4）根据混凝土受剪承载力，求箍筋加密区和非加密区间距

由于柱反弯点在层高范围内，取 $\lambda=\dfrac{H_n}{2h_n}=\dfrac{3.45}{2\times0.56}=3.08>3$，取 $\lambda=3$。

$N=2\,690\,000\text{N}>0.3f_c bh_c=0.3\times14.3\times500\times600=1\,287\,000$N，取 $N=1287$kN，

由 $V_c\leqslant\dfrac{1}{\gamma_{RE}}\left(\dfrac{1.05}{1+\lambda}f_t bh_0+f_{yv}\dfrac{A_{sv}}{s}h_0+0.056N\right)$，求得：

$$\frac{A_{sv}}{s}=\frac{\gamma_{RE}V_c-\dfrac{1.05}{1+\lambda}f_t bh_0-0.056N}{f_{yv}h_0}$$

$$=\frac{0.85\times565\,200-1.05/4\times1.43\times500\times560-0.056\times1\,287\,000}{270\times560}\text{mm}^2/\text{mm}$$

$$=2\text{mm}^2/\text{mm}$$

选用 $\Phi10$ 四肢箍，$A_{sv}=4\times78.5=314\text{mm}^2$，$s\leqslant314/2=157$mm。

对于柱端加密区尚应满足：$s<8d=200$mm 且 $s\leqslant100$mm，取较小值 $s=100$mm。

对于非加密区，$s=200$mm$\leqslant10d=250$mm，满足要求。

5）轴压比验算

抗震等级二级时其轴压比限值 0.75。

$$\mu_N=\frac{N}{f_c bh_c}=\frac{269\,000}{14.3\times500\times600}=0.627<0.75，满足。$$

6）体积配箍率

$\mu_N=0.627$，查表 5-11 得 $\lambda_v=0.1354$，采用井字复合配筋，其体积配箍率：

$$\rho_v=\frac{\sum a_s l_s}{l_1 l_2 s}=\frac{4\times78.5\times440+4\times78.5\times540}{440\times540\times100}=1.43\%$$

C30<C35，按 C35 取 $f_c=16.7\text{N/mm}^2$，$\lambda_v\dfrac{f_c}{f_{yv}}=0.1354\times\dfrac{16.7}{270}=0.84\%$，$\rho_v\geqslant\lambda_v\dfrac{f_c}{f_{yv}}$，满足要求。

7）柱端加密区长度

$$l_0=\max(h_c, H_n/6, 500\text{mm})=\max\left(600\text{mm},\frac{3450}{6}\text{mm},500\text{mm}\right)=600\text{mm}$$

8）其他：总配筋率、间距、肢距

$\rho=\dfrac{A_s}{bh_c}=\dfrac{10\times490}{500\times600}=1.63\%$，符合表 5-7；纵筋间距小于 200mm 满足要求；肢距不大于 250mm 满足要求。

【例 5-4】 某多层框架-剪力墙结构，经验算其底层剪力墙应设约束边缘构件（有翼墙）。该剪力墙抗震等级为二级，结构的环境类别为一级，钢筋采用 HPB300 和 HRB400；混凝土强度等级为 C40。该约束边缘翼墙设置箍筋范围（即图中阴影部分）的尺寸及配筋如图 5-15（a）所示。试校审该剪力墙。

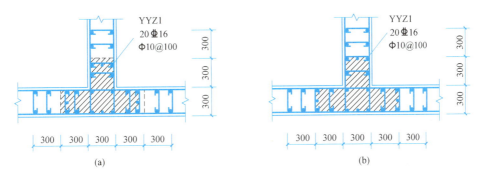

图 5-15 约束边缘翼墙设置箍筋范围

【解】 由图 5-15 知约束边缘构件范围 $l_c=900$mm。
1) 纵向钢筋的配筋范围：
翼柱尺寸 $\max(b_f+b_w, b_f+300)=300+300=600$mm
翼墙尺寸 $\max(b_w+2b_f, b_w+2\times300)=300+2\times300=900$mm，满足尺寸要求。
2) 纵向钢筋最小截面面积，见表 5-12，为 $1\%A_c$：
$$A_{s,\min}=1\%\times(300\times600+600\times300)=3600\text{mm}^2$$
实际：$A_s$ 为 20 ⌽ 16，$A_s=4000$mm² $>A_{s,\min}$，满足要求。
3) 实际箍筋直径、间距为 ⌽10@100，直径大于规范要求 ⌽8 和间距不大于规范值 150mm，满足要求。
4) 箍筋的配筋范围：如图 5-15（a）所示箍筋约束范围没有约束到整个阴影面积，不符合《标准》规定；正确配筋范围如图 5-15（b）所示。
5) 体积配箍率 $\rho_v$，一类环境，墙的保护层厚度 $c=15$mm，求出实际的体积配箍率：
$$\rho_v=\frac{\sum A_{svi}n_i l_i}{A_{cor}s}=\frac{78.5\times(6\times270+585\times2+900\times2)}{(270\times900+315\times270)\times100}=1.1\%$$

所需的最小体积配箍率 $\lambda_v \dfrac{f_c}{f_{yv}}=0.2\times\dfrac{19.1}{270}=1.4\%$，$\rho_v<\rho_{v,\min}$，实际体积配箍率低，不满足要求。

【例 5-5】 有一矩形截面剪力墙，总高 50m，$b_w=250$mm，$h_w=6000$mm，抗震等级为二级。纵筋 HRB400，$f_y=360$N/mm²，箍筋 HPB300，$f_y=270$N/mm²；混凝土 C30，$f_c=14.3$N/mm²，$f_t=1.43$N/mm²，$\xi_b=0.518$，竖向分布钢筋为双排 ⌽10@200，墙肢底部加强部位的截面作用有考虑地震作用的弯矩设计值 $M=18\,000$kN·m，轴力设计值 $N=3200$kN。重力荷载代表值作用下墙肢轴向压力设计值 $N=2980$kN。求解：（1）验算轴压比；（2）确定纵向钢筋（对称配筋）。

【解】 1) 抗震等级为二级时，轴压比限值为 0.6

墙肢轴压比 $\lambda_N = \dfrac{N}{f_c A} = \dfrac{2980 \times 1000}{14.3 \times 250 \times 6000} = 0.14 \leqslant 0.6$，满足要求。

2) 根据图 5-13（a）纵向钢筋配筋范围沿墙肢方向的高度

由表 5-12 中，墙肢轴压比 $\lambda = 0.14 \leqslant 0.4$，抗震等级为二级时，$l_c = 0.15 h_w$，$0.5 l_c = 0.5 \times (0.15 h_w) = 0.075 \times 6000 = 450 \text{mm} \geqslant 400 \text{mm}$，又 $b_w = 250 \text{mm}$，取最大值为 450mm。纵向受力钢筋合力点到近边缘的距离 $a'_s = 0.5 \times 450 \text{mm} = 225 \text{mm}$，剪力墙截面有效高度 $h_{w0} = h_w - a'_s = 6000 \text{mm} - 225 \text{mm} = 5775 \text{mm}$。

3) 剪力墙竖向分布钢筋配筋率

竖向分布钢筋为双排 $\Phi 10@200$。

$$\rho_w = \dfrac{n A_{sv}}{bs} = \dfrac{2 \times 78.5}{250 \times 200} = 0.314\% \geqslant \rho_w^{\min} = 0.25\%$$

4) 配筋计算

假定 $x \leqslant \xi_b h_{w0}$，即 $\sigma_s = f_y$，$A_s = A'_s$，故 $\sigma_s A_s = f'_y A'_s$。

由式（5-38），$N \leqslant \dfrac{1}{\gamma_{RE}}(f'_y A'_s + N_c - \sigma_s A_s - N_{sw}) = \dfrac{1}{0.85} \times (N_c - N_{sw})$。

由式（5-42），$N_c = \alpha_1 f_c b_w x = 1 \times 14.3 \times 250 x = 3575 x$。

由式（5-45），$N_{sw} = (h_{w0} - 1.5x) b_w f_{yw} \rho_w$
$= (5775 - 1.5x) \times 250 \times 270 \times 0.314\%$
$= 1\,224\,011 - 318 x$

合并三式得：

$$3200 \times 1000 = \dfrac{1}{0.85} \times (3575 x - 1\,224\,011 + 318 x)$$

得 $x = 1013 \text{mm} \leqslant \xi_b h_{w0} = 0.55 \times 5775 \text{mm} = 3176 \text{mm}$，与原假定相符。

由式（5-43），$M_c = \alpha_1 f_c b_w x (h_{w0} - 0.5x) = 1 \times 14.3 \times 250 \times 1013 \times (5775 - 0.5 \times 1013) = 19\,080 \times 10^6 \text{N} \cdot \text{mm}$

由式（5-46），$M_{sw} = 0.5 (h_{w0} - 1.5x)^2 b_w f_{yw} \rho_w$
$= 0.5 \times (5775 - 1.5 \times 1013)^2 \times 250 \times 270 \times 0.314\%$
$= 1919 \times 10^6 \text{N} \cdot \text{mm}$

$$e_0 = \dfrac{M}{N} = \dfrac{18\,000 \times 10^6}{3200 \times 10^3} \text{mm} = 5625 \text{mm}$$

由式（5-39），$N(e_0 + h_{w0} - 0.5 h_w) \leqslant \dfrac{1}{\gamma_{RE}}[f'_y A'_s (h_{w0} - a'_s) - M_{sw} + M_c]$

$A_s = A'_s = \dfrac{\gamma_{RE} N(e_0 + h_{w0} - 0.5 h_w) + M_{sw} - M_c}{f'_y (h_{w0} - a'_s)}$

$= \dfrac{0.85 \times 3200 \times 10^3 \times (5625 + 5775 - 0.5 \times 6000) + 1919 \times 10^6 - 19\,080 \times 10^6}{360 \times (5775 - 225)} \text{mm}^2$

$= 2846 \text{mm}^2$

由《标准》要求，纵向钢筋的最小截面面积 $A_{s,\min} = 1\% \times 250 \times 450 = 1125 \text{mm}^2$，并不应小于 $6 \Phi 16$，取 $8 \Phi 22$，$A_s = 3032 \text{mm}^2$。

**【例题 5-6】** 有一矩形截面剪力墙，基本情况同【例题 5-5】，已知距墙底处 $0.5h_{w0}$ 处的内力设计值，弯矩 $M=15\,980\text{kN}\cdot\text{m}$，剪力 $V=2600\text{kN}$，轴力 $N=2980\text{kN}$。求解：（1）验算剪压比；（2）根据受剪承载力的要求确定水平分布钢筋。

**【解】** 1）计算剪跨比

$$\text{剪跨比 }\lambda=\frac{M}{Vh_{w0}}=\frac{15\,980\times10^6}{2600\times10^3\times5775}=1.06$$

2）确定剪力设计值

抗震等级为二级时，剪力增大系数为 1.4。

由式（5-33），$V=1.4V_w=1.4\times2600\text{kN}=3640\text{kN}$。

3）验算剪压比

因为 $\lambda=1.06<2.5$，$\gamma_{RE}=0.85$，

$$\frac{1}{\gamma_{RE}}(0.15f_cbh_0)=\frac{1}{0.85}\times(0.15\times14.3\times250\times5775)=3643\times10^3\text{N}>3640\times10^3\text{N}$$

满足要求。

4）确定水平分布钢筋

$\lambda=1.06<1.5$，取 $\lambda=1.5$；$A_W=A$，$\dfrac{A_w}{A}=1$。

$0.2f_cb_wh_w=0.2\times14.3\times250\times6000=4290\times10^3\text{N}>N=2980\times10^3\text{N}$，取 $N=2980\times10^3\text{N}$。

由 $V\leqslant\dfrac{1}{\gamma_{RE}}\left[\dfrac{1}{\lambda-0.5}\left(0.4f_tb_wh_{w0}+0.1N\dfrac{A_w}{A}\right)+0.8f_{yh}\dfrac{A_{sh}}{s}h_{w0}\right]$

$3640\times10^3\text{N}\leqslant\dfrac{1}{0.85}\times\left[\dfrac{1}{1.5-0.5}\times(0.4\times1.43\times250\times5775+0.1\times2980\times10^3\times1)\right.$

$\left.+0.8\times270\times\dfrac{A_{sh}}{s}\times5775\right]\text{N}$

$3640\times10^3\text{N}=1\,322\,147\text{N}+1\,467\,529\dfrac{A_{sh}}{s}$，$\dfrac{A_{sh}}{s}=1.579\text{mm}^2/\text{mm}$，取双排 Φ12 钢筋，$s=\dfrac{2\times113}{1.579}=143\text{mm}$，取 $s=120\text{mm}$。

即水平分布钢筋为 Φ12@120 双排筋。

**【例题 5-7】** 已知连梁的截面尺寸为 $b=160\text{mm}$，$h=900\text{mm}$，$l_n=900\text{mm}$，混凝土 C30，$f_c=14.3\text{N/mm}^2$，$f_t=1.43\text{N/mm}^2$，纵筋 HRB400，$f_y=360\text{N/mm}^2$，箍筋 HPB300，$f_y=270\text{N/mm}^2$，抗震等级为二级。由于楼层荷载传到连梁上的剪力 $V_{GB}$ 很小，略去不计。由地震作用产生的连梁剪力设计值 $V=152\text{kN}$。要求配置钢筋。

**【解】** 1）连梁弯矩 $M_b=V\cdot0.5l_n=152\times0.5\times0.9=68.4\text{kN}\cdot\text{m}=68.4\times10^6\text{N}\cdot\text{mm}$。

由式（5-56），$M\leqslant\dfrac{1}{\gamma_{RE}}f_yA_s(h_{b0}-a_s')$，$\gamma_{RE}=0.75$，取 $a_s'=a_s=40\text{mm}$。

$$A_s=\frac{\gamma_{RE}M}{f_y(h_{b0}-a_s')}=\frac{0.75\times68.4\times10^6}{360\times(900-40-40)}\text{mm}^2=174\text{mm}^2$$

选用 2 Φ 14，$A_s = 308 \text{mm}^2$。

2) $V_b = 1.2 \dfrac{M_b^l + M_b^r}{l_n} = 1.2 \times \dfrac{2 \times 68.4 \times 10^6}{900} \text{N} = 182.4 \times 10^3 \text{N}$。

$\dfrac{l_n}{h} = \dfrac{900}{900} = 1 < 2.5$，$\gamma_{RE} = 0.85$。

$\dfrac{1}{\gamma_{RE}}(0.15 f_c b h_0) = \dfrac{1}{0.85} \times (0.15 \times 14.3 \times 160 \times 860) = 347 \times 10^3 \text{N} > 182.4 \times 10^3 \text{N}$

剪压比验算满足要求。

3) 由式（5-57）：

$$V_b \leq \dfrac{1}{\gamma_{RE}}\left(0.38 f_t b_b h_{b0} + 0.9 f_{yv} \dfrac{A_{sv}}{s} h_{b0}\right)$$

$\dfrac{A_{sv}}{s} = \dfrac{\gamma_{RE} V_b - 0.38 f_t b_b h_{b0}}{0.9 f_{yv} h_{b0}} = \dfrac{0.85 \times 182.4 \times 10^3 - 0.38 \times 1.43 \times 160 \times 860}{0.9 \times 270 \times 860} \text{mm}^2/\text{mm}$

$= 0.384 \text{mm}^2/\text{mm}$

4) 抗震设计时，沿连梁全长箍筋应按框架梁梁端加密区箍筋的构造要求采用。由表 5-4，箍筋最小直径Φ8，双肢箍筋最大间距：

$s = \min(h_b/4, 8d, 100) = \min(900\text{mm}/4, 8 \times 14\text{mm}, 100\text{mm}) = 100\text{mm}$。

$\dfrac{A_{sv}}{s} = \dfrac{2 \times 50.24}{100} = 1 \text{mm}^2/\text{mm} > 0.384 \text{mm}^2/\text{mm}$，满足要求。

思考题与习题

1. 什么是刚度中心？什么是质量中心？应如何处理好两者的关系？
2. 总水平地震作用在结构中如何分配？其中用到哪些假定？
3. 多高层钢筋混凝土结构抗震等级划分的依据是什么？有何意义？
4. 为什么要限制框架柱的轴压比？
5. 抗震设计为什么要尽量满足"强柱弱梁""强剪弱弯""强节点弱构件"的原则？如何满足这些原则？
6. 框架结构在什么部位应加密箍筋？有何作用？
7. 对水平地震作用产生的弯矩可以调幅吗？为什么？
8. 试简述框架结构内力和位移计算的方法和步骤。
9. 试说明框架梁抗震设计的要点和抗震的构造措施。
10. 试说明框架柱抗震设计的要点和抗震的构造措施。
11. 试说明框架梁柱节点抗震设计的要点和抗震的构造措施。
12. 试说明抗震墙抗震设计的要点和抗震的构造措施。
13. 某框架梁截面尺寸 $b \times h = 250\text{mm} \times 550\text{mm}$，$h_0 = 510\text{mm}$，抗震等级为二级。梁左右两端考虑地震作用组合的最不利弯矩设计值：(1) 逆时针方向，$M_b^r = 175\text{kN} \cdot \text{m}$，$M_b^l = 420\text{kN} \cdot \text{m}$，(2) 顺时针方向，$M_b^r = -360\text{kN} \cdot \text{m}$，$M_b^l = -210\text{kN} \cdot \text{m}$。

梁净跨 $l_n = 7\text{m}$，重力荷载代表值产生的剪力设计值 $V_{GB} = 135.2\text{kN}$，采用 C30 混凝土，纵向受力钢筋采用 HRB400 级，箍筋采用 HPB300 级。计算梁端截面组合的剪力设计值与下列哪项最接近？（　　）

　　(A) 224.5kN　　　(B) 237.2kN　　　(C) 203.4kN　　　(D) 250.6kN

14. 地震区框架结构梁端纵向受拉钢筋的最大配筋率为（　　）。

(A) 1.5%　　　　(B) 2%　　　　(C) 2.5%　　　　(D) 3%

15. 某框架梁尺寸为 300mm×700mm，抗震设防烈度为 8 度，抗震等级为二级，环境类别为二类。梁端纵向受拉钢筋为 8 Φ 25，其重心至受拉边缘 $a_s$=65mm，箍筋为Φ8@100mm（不必验算箍筋加密区长度），试问（　　）判断是正确的。

(A) 未违反强制性条文　　　　　　　　(B) 违反一条强制性条文
(C) 违反二条强制性条文　　　　　　　　(D) 违反三条强制性条文

16. 当抗震等级为一级时，框架结构中柱的最小总配筋率为（　　）。

(A) 0.8%　　　　(B) 0.9%　　　　(C) 1%　　　　(D) 1.5%

17. 下列柱纵筋布置不正确的是（　　）。

(A) 对称布置　　　　　　　　　　　　(B) 总配筋率不大于 5%
(C) 纵筋在柱端箍筋加密区绑扎　　　　　(D) 每侧纵向配筋率不宜大于 1.2%

18. 抗震等级为一级的框架结构的底层，柱下端截面组合的弯矩设计值，应乘以（　　）。

(A) 增大系数 1.7　　(B) 增大系数 1.2　　(C) 减小系数 0.9　　(D) 减小系数 0.8

19. 某现浇混凝土高层框架结构，抗震等级为二级，其第二层中柱截面为 600mm×800mm，梁截面为 350mm×600mm，层高为 3600mm，柱间为填充墙。该柱箍筋加密区的范围（　　）何项数值最为接近？

(A) 全高加密　　　(B) 800mm　　　(C) 500mm　　　(D) 600mm

20. 某钢筋混凝土高层建筑，平面为矩形框架结构，抗震等级为二级，框架底层角柱按双向偏心受力构件进行正截面承载力设计。求其柱底截面考虑地震作用组合的弯矩设计值 $M$=280kN·m。

21. 某层框架柱截面尺寸 $b×h$=400mm×400mm，每侧配置 HRB400 钢筋 2 Φ 18，混凝土强度等级 C30。上、下端考虑地震作用组合且经调整后的弯矩设计值分别为 $M_c^t$=75kN·m，$M_c^b$=68kN·m。柱净高度 $H_n$=4.5m。已知柱正截面抗震受弯承载力弯矩设计值 $M_{cua}^t$=$M_{cua}^b$=88.73kN·m。求抗震等级分别为一级、二级时，节点上柱端截面、下柱端截面的剪力设计值。

22. 某钢筋混凝土框架结构，抗震等级为二级，首层柱上端某节点处各构件弯矩值如下：节点上柱下端 $M_{cu}$=−708kN·m；节点下柱上端 $M_{cd}$=−708kN·m；节点左梁右端 $M_{bl}$=+882kN·m（左震时）；$M_{bl}$=−442kN·m（右震时）；节点右梁左端 $M_{br}$=+388kN·m（左震时）（左震时）；$M_{br}$=−360kN·m（右震时）。提示："+"表示逆时针方向，"−"表示顺时针方向。求此节点下柱上端截面的弯矩设计值。

23. 某高层框架结构，抗震等级为一级，框架梁截面尺寸 $b×h$=250mm×700mm，混凝土强度等级为 C30，纵筋采用 HRB400 级，箍筋用 HPB235 级。已知梁左端截面配筋为：梁顶 6 Φ 20，梁底 4 Φ 20；梁右端截面配筋为梁顶 6 Φ 20，梁底 4 Φ 20。梁顶相关楼板参加工作的钢筋为 4 Φ 10，在重力荷载和地震作用组合下，内力调整前的梁端弯矩设计值如图 5-16 所示。$V_{Gb}$=85kN，梁净跨 $l_n$=5.6m。单排钢筋，取 $a_s=a'_s$=40mm；双排钢筋，取 $a_s=a'_s$=65mm。求该框架梁端部剪力设计值。

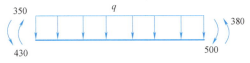

图 5-16　内力调整前的梁端弯矩设计值

# 第 6 章

## 砌体结构房屋抗震设计

## 6.1 一般规定

砌体结构包括普通砖（包括烧结、蒸压、混凝土普通砖）、多孔砖（包括烧结、混凝土多孔砖）和混凝土小型空心砌块等砌体承重的多层房屋，底层或底部两层框架—抗震墙砌体房屋。配筋混凝土小型空心砌块房屋的抗震设计，应符合《标准》附录 F 的规定。

采用非黏土的烧结砖、蒸压砖、混凝土砖的砌体房屋，块体的材料性能应有可靠的试验数据；可按本章普通砖、多孔砖房屋的相应规定执行；"小砌块"为"混凝土小型空心砌块"的简称。

多层砌体房屋、底部框架砌体房屋和内框架砌体房屋由于施工方便、建筑造价低等原因，几十年来一直是我国民用建筑的主要形式，并且在今后几十年内，这类房屋仍将大量建造。但是，由于砌体是一种脆性材料，其抗拉、抗剪、抗弯强度均很低，因而这类房屋的抗震性能及抗震能力均较差，历次的地震震害也证实了这一点。特别是在唐山地震中，砌体房屋大量倒塌，人民的生命财产遭受了极为严重的损失。同时，通过震害调查，发现在 6～7 度区仅有少量砌体房屋发生不同程度的损坏，特别是采取过适当构造措施的砌体房屋，其抗震能力明显增强。

1976 年唐山大地震以后，我国工程抗震界的科技人员对砌体房屋的抗震问题进行了大量细致、深入的试验研究和理论分析，取得了一批令人瞩目的研究成果，在此基础上，形成了我国《标准》中关于砌体房屋抗震设计的有关内容。2008 年 5 月 12 日汶川大地震后，针对大跨砌体结构房屋发生倒塌、严重破坏的情况，《标准》做了补充和修订。

1. 多层砌体房屋的震害

1）房屋倒塌。当房屋墙体特别是底层墙体整体抗震强度不足时，易发生房屋整体倒塌；当房屋局部或上层墙体抗震强度不足时，易发生局部倒塌；另外，当构件间连接强度不足时，个别构件因失去稳定亦会倒塌。

图 6-1 墙体开裂

2）墙体开裂、局部塌落。墙体裂缝形式主要有交叉斜裂缝和水平裂缝两种。墙体出现斜裂缝主要原因是抗剪强度不足，高宽比较小的墙片易出现斜裂缝，而高宽比较大的窗间墙易产生水平偏斜裂缝，当墙片出平面受弯时，极易出现通长水平缝。墙体开裂详见图6-1。

3）墙角破坏。墙角为纵横墙的交会点，地震作用下其应力状态极其复杂，因而其破坏形态多种多样，有受剪斜裂缝，也有受压的竖向裂缝，严重时块材被压碎或墙角脱落。墙角处破坏详见图6-2。

4）纵横墙连接破坏。纵墙和横墙交接处出现竖向剪切裂缝，严重时纵横墙脱开，外纵墙倒塌。

5）楼梯间破坏。主要是楼梯间破坏，而楼梯本身很少破坏，楼梯间由于刚度相对较大，所受的地震作用也大，且墙体高厚比较大，较易发生破坏。

图6-2 墙角处破坏

6）楼盖与屋盖的破坏。主要是由于楼板搁置长度不够，引起局部倒塌，或是其下部的支承墙体破坏倒塌，引起楼屋盖倒塌。预制楼板的倒塌详见图6-3。

7）附属构件的破坏。如女儿墙、突出屋面的小烟囱或附属烟囱发生倒塌等，隔墙等非结构构件、室内装饰等开裂、倒塌。顶部倒塌详见图6-4。

2. 多层砌体房屋在地震作用下发生破坏的原因

多层砌体房屋在地震作用下发生破坏的根本原因是地震作用在结构中产生的效应（内力、应力）超过了结构材料的抗力或强度。从这一点出发，可将多层砌体房屋发生震害的原因分为三类：

1）房屋建筑布置、结构布置不合理造成局部地震作用效应过大，如房屋平立面布置突变造成结构刚度突变，使地震作用异常增大；结构布置不对称引起扭转振动，使房屋两端墙片所受地震作用增大等。

2）砌体墙片抗震强度不足，当墙片所受的地震作用大于墙片的抗震强度时，墙片将会开裂，甚至局部倒塌。

图 6-3　预制楼板的倒塌

图 6-4　顶部倒塌

3）房屋构件（墙片、楼盖、屋盖）间的连接强度不足使各构件间的连接遭到破坏，各构件不能形成一个整体，共同工作，当地震作用产生的变形较大时，相互间连接遭到破坏的各构件丧失稳定，发生局部倒塌。

3. 底部框架砌体房屋的震害

已有震害资料主要是底层框架砖房的震害。当底层框架砖房的底层无抗震墙时，震害将集中在底层框架部分，主要表现在底层框架丧失承载力或因变形集中、位移过大而破坏。当底层有较强的抗震墙时，其震害现象与多层砌体房屋有许多共同点，一般是第二层砖墙的破坏较严重。

国内外的地震震害调查表明，在二到三层的这类建筑中，9 度地震烈度区底层框架完好，上层砖房有中等程度的损坏，与同一地区同样层数的砖房相比，没有震害加剧的现象。但对层数较多的底层框架房屋，还缺乏震害现场调查资料，因此，不能认为底层框架的多层砖房的抗震性能优于同类的多层砖房，对于底层刚度较小的这类房屋，设计时要特别注意。国内外地震中都有这类房屋底层塌落或第二层以上砖房倒塌的实例。例如 1976 年唐山地震中，分别有底层全框架砖房底层塌落而上部未塌落的实例和上部砖房倒塌而底层框架未塌的实例。地震模拟振动台试验中也出现过二层以上砌体房屋倒塌而底层框架未倒塌的情况。又例如1963年南斯拉夫科普里地震、1972年美国圣费南多地震和1978年日本宫城地震，都有底层全框架多层房屋的破坏和倒塌的例子。

### 6.1.1 多层砌体房屋的建筑布置和结构体系要求

多层砌体房屋的建筑布置和结构体系，应符合下列要求：

1）应优先采用横墙承重或纵横墙共同承重的结构体系。不应采用砌体墙和混凝土墙混合承重的结构体系。

2）纵横向砌体抗震墙的布置应符合下列要求：

（1）宜均匀对称，沿平面内宜对齐，沿竖向应上下连续；且纵横向墙体的数量不宜相差过大；

（2）平面轮廓凹凸尺寸，不应超过典型尺寸的50%；当超过典型尺寸的25%时，房屋转角处应采取加强措施；

（3）楼板局部大洞口的尺寸不宜超过楼板宽度的30%，且不应在墙体两侧同时开洞；

（4）房屋错层的楼板高差超过500mm时，应按两层计算；错层部位的墙体应采取加强措施；

（5）轴线上的窗间墙宽度宜均匀；墙面洞口的面积，6、7度时不宜大于墙面总面积的55%，8、9度时不宜大于50%；

（6）在房屋宽度方向的中部应设置内纵墙，其累计长度不宜小于房屋总长度的60%（高宽比大于4的墙段不计入）。

3）房屋有下列情况之一时宜设置防震缝，缝两侧均应设置墙体，缝宽应根据烈度和房屋高度确定，可采用70～100mm：

（1）房屋立面高差在6m以上；

（2）房屋有错层，且楼板高差大于层高的1/4；

（3）各部分结构刚度、质量截然不同。

4）楼梯间不宜设置在房屋的尽端或转角处。

5）不应在房屋转角处设置转角窗。

6）横墙较少、跨度较大的房屋，宜采用现浇钢筋混凝土楼、屋盖。

### 6.1.2 多层房屋的层数和高度要求

多层房屋的层数和高度应符合下列要求：

1）一般情况下，房屋的层数和总高度不应超过表6-1的规定。

2）横墙较少的多层砌体房屋，总高度应比表6-1的规定降低3m，层数相应减少一层；各层横墙很少的多层砌体房屋，还应再减少一层。

注：横墙较少是指同一楼层内开间大于4.2m的房间占该层总面积的40%以上；其中，开间不大于4.2m的房间占该层总面积不到20%且开间大于4.8m的房间占该层总面积的50%以上为横墙很少。

3）6、7度时，横墙较少的丙类多层砌体房屋，当按规定采取加强措施并满足抗震承载力要求时，其高度和层数应允许仍按表6-1的规定采用。

4）采用蒸压灰砂砖和蒸压粉煤灰砖的砌体的房屋，当砌体的抗剪强度仅达到普通黏土砖砌体的70%时，房屋的层数应比普通砖房减少一层，总高度应减少3m；当砌体的抗剪强度达到普通黏土砖砌体的取值时，房屋层数和总高度的要求同普通砖房屋。

**房屋的层数和总高度限值（m）** 表 6-1

| 房屋类型 | | 最小抗震墙厚度(mm) | 烈度和设计基本地震加速度 | | | | | | | | | |
|---|---|---|---|---|---|---|---|---|---|---|---|---|
| | | | 6 | | 7 | | | | 8 | | | 9 |
| | | | 0.05g | | 0.10g | | 0.15g | | 0.20g | | 0.30g | | 0.40g |
| | | | 高度 | 层数 | 高度 | 层数 | 高度 | 层数 | 高度 | 层数 | 高度 | 层数 | 高度 | 层数 |
| 多层砌体房屋 | 普通砖 | 240 | 21 | 7 | 21 | 7 | 21 | 7 | 18 | 6 | 15 | 5 | 12 | 4 |
| | 多孔砖 | 240 | 21 | 7 | 21 | 7 | 18 | 6 | 18 | 6 | 15 | 5 | 9 | 3 |
| | 多孔砖 | 190 | 21 | 7 | 18 | 6 | 15 | 5 | 15 | 5 | 12 | 4 | — | — |
| | 小砌块 | 190 | 21 | 7 | 21 | 7 | 18 | 6 | 18 | 6 | 15 | 5 | 9 | 3 |
| 底部框架-抗震墙房屋 | 普通砖、多孔砖 | 240 | 22 | 7 | 22 | 7 | 19 | 6 | 16 | 5 | — | — | — | — |
| | 多孔砖 | 190 | 22 | 7 | 19 | 6 | 16 | 5 | 13 | 4 | — | — | — | — |
| | 小砌块 | 190 | 22 | 7 | 22 | 7 | 19 | 6 | 16 | 5 | — | — | — | — |

注：1. 房屋的总高度指室外地面到主要屋面板板顶或檐口的高度，半地下室从地下室室内地面算起，全地下室和嵌固条件好的半地下室应允许从室外地面算起；对带阁楼的坡屋面应算到山尖墙的1/2高度处；
2. 室内外高差大于0.6m时，房屋总高度应允许比表中的数据适当增加，但增加量应少于1.0m；
3. 乙类的多层砌体房屋仍按本地区设防烈度查表，其层数应减少一层且总高度应降低3m；不应采用底部框架-抗震墙砌体房屋；
4. 本表小砌块砌体房屋不包括配筋混凝土小型空心砌块砌体房屋。

### 6.1.3 房屋层高要求

多层砌体承重房屋的层高，不应超过3.6m。

底部框架-抗震墙砌体房屋的底部，层高不应超过4.5m；当底层采用约束砌体抗震墙时，底层的层高不应超过4.2m。当使用功能确有需要时，采用约束砌体等加强措施的普通砖房屋，层高不应超过3.9m。

### 6.1.4 房屋高宽比要求

多层砌体房屋总高度与总宽度的最大比值，设防烈度为6度和7度时，房屋最大高宽比2.5；设防烈度为8度时，房屋最大高宽比2；设防烈度为9度时，房屋最大高宽比1.5。单面走廊房屋的总宽度不包括走廊宽度；建筑平面接近正方形时，其高宽比宜适当减小。

### 6.1.5 房屋抗震横墙的间距

房屋抗震横墙的间距，不应超过表6-2的要求。

### 6.1.6 多层砌体房屋中砌体墙段的局部尺寸限值

多层砌体房屋中砌体墙段的局部尺寸限值，宜符合表6-3的要求。

### 6.1.7 底部框架-抗震墙砌体房屋的结构布置要求

底部框架-抗震墙砌体房屋的结构布置，应符合下列要求：

1）上部的砌体墙体与底部的框架梁或抗震墙，除楼梯间附近的个别墙段外均应对齐。

房屋抗震横墙的间距（m） 表 6-2

| 房屋类型 | | 烈度 | | | |
|---|---|---|---|---|---|
| | | 6 | 7 | 8 | 9 |
| 多层砌体房屋 | 现浇或装配整体式钢筋混凝土楼、屋盖 | 15 | 15 | 11 | 7 |
| | 装配式钢筋混凝土楼、屋盖 | 11 | 11 | 9 | 4 |
| | 木屋盖 | 9 | 9 | 4 | — |
| 底部框架-抗震墙房屋 | 上部各层 | 同多层砌体房屋 | | | |
| | 底层或底部两层 | 18 | 15 | 11 | — |

注：1. 多层砌体房屋的顶层，除木屋盖外的最大横墙间距应允许适当放宽，但应采取相应加强措施；
    2. 多孔砖抗震横墙厚度为 190mm 时，最大横墙间距应比表中数值减少 3m。

房屋的局部尺寸限值（m） 表 6-3

| 部位 | 6 度 | 7 度 | 8 度 | 9 度 |
|---|---|---|---|---|
| 承重窗间墙最小宽度 | 1.0 | 1.0 | 1.2 | 1.5 |
| 承重外墙尽端至门窗洞边的最小距离 | 1.0 | 1.0 | 1.2 | 1.5 |
| 非承重外墙尽端至门窗洞边的最小距离 | 1.0 | 1.0 | 1.0 | 1.0 |
| 内墙阳角至门窗洞边的最小距离 | 1.0 | 1.0 | 1.5 | 2.0 |
| 无锚固女儿墙（非出入口处）的最大高度 | 0.5 | 0.5 | 0.5 | 0.0 |

注：1. 局部尺寸不足时，应采取局部加强措施弥补，且最小宽度不宜小于 1/4 层高和表列数据的 80%；
    2. 出入口处的女儿墙应有锚固。

2）房屋的底部，应沿纵横两方向设置一定数量的抗震墙，并应均匀对称布置。6 度且总层数不超过四层的底层框架-抗震墙砌体房屋，应允许采用嵌砌于框架之间的约束普通砖砌体或小砌块砌体的砌体抗震墙，但应计入砌体墙对框架的附加轴力和附加剪力并进行底层的抗震验算，且同一方向不应同时采用钢筋混凝土抗震墙和约束砌体抗震墙；其余情况，8 度时应采用钢筋混凝土抗震墙，6、7 度时应采用钢筋混凝土抗震墙或配筋小砌块砌体抗震墙。

3）底层框架-抗震墙砌体房屋的纵横两个方向，第二层计入构造柱影响的侧向刚度与底层侧向刚度的比值，6、7 度时不应大于 2.5，8 度时不应大于 2.0，且均不应小于 1.0。

4）底部两层框架-抗震墙砌体房屋纵横两个方向，底层与底部第二层侧向刚度应接近，第三层计入构造柱影响的侧向刚度与底部第二层侧向刚度的比值，6、7 度时不应大于 2.0，8 度时不应大于 1.5，且均不应小于 1.0。

5）底部框架-抗震墙砌体房屋的抗震墙应设置条形基础、筏形基础等整体性好的基础。

6）底部框架-抗震墙砌体房屋的钢筋混凝土结构部分，底部混凝土框架的抗震等级，6、7、8 度应分别按三、二、一级采用；混凝土墙体的抗震等级，6、7、8 度应分别按三、三、二级采用。

## 6.2 多层砌体房屋的抗震验算

对于多层砌体房屋，一般只需验算房屋在横向和纵向水平地震作用下，横墙和纵墙在其自身平面内的抗剪承载力。同时《标准》规定，可只选择从属面积较大或竖向应力较小的不利墙段进行截面抗震承载力的验算。

### 6.2.1 水平地震作用和层间剪力的计算

多层砌体结构房屋，刚度沿高度的分布一般比较均匀，并以剪切变形为主，因此可采用底部剪力法计算水平地震作用。考虑到多层砌体房屋中纵向或横向承重墙体的数量较多，房屋的侧移刚度很大，因而其纵向和横向基本周期短，一般均不超过 0.25s。所以《标准》规定，对于多层砌体房屋，确定水平地震作用时采用 $\alpha_1 = \alpha_{max}$，$\delta_n = 0$。计算结构的总水平地震作用标准值 $F_{Ek}$：

$$F_{Ek} = \alpha_{max} G_{eq} \tag{6-1}$$

作用于第 $i$ 层质点处的水平地震作用标准值 $F_i$：

$$F_i = \frac{G_i H_i}{\sum_{k=1}^{n} G_k H_k} F_{Ek} \tag{6-2}$$

如果 6-5 所示，作用于第 $i$ 层的地震剪力 $V_i$：

$$V_i = \sum_{k=i}^{n} F_k \tag{6-3}$$

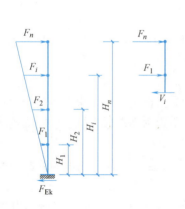

图 6-5 多层砌体结构计算简图

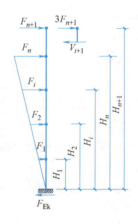

图 6-6 有突出屋顶结构的计算简图

如图 6-6 所示，对于有突出屋面的楼梯间、水箱间等小屋以及女儿墙、烟囱等附属建筑的多层砌体房屋 $F_{Ek}$ 仍按式（6-1）计算，$F_i$ 和 $V_i$ 则分别按下列公式计算：

$$F_i = \frac{G_i H_i}{\sum_{k=1}^{n+1} G_k H_k} F_{Ek} \tag{6-4}$$

$$V_{n+1} = 3 F_{n+1} \tag{6-5}$$

$$V_i = \sum_{k=i}^{n+1} F_k \quad (i = 1, 2, \cdots, n) \tag{6-6}$$

### 6.2.2 楼层水平地震剪力在各抗侧力墙体间的分配

由于多层砌体房屋墙体平面内的抗侧力等效刚度很大，而平面外的刚度很小，所以一个方向的楼层水平地震剪力主要由平行于地震作用方向的墙体来承担，而与地震作用相垂直的墙体，其承担的水平地震剪力很小。因此，横向楼层地震剪力全部由各横向墙体来承担，而纵向楼层地震剪力由各纵向墙体来承担。

1. 横向楼层地震剪力的分配

横向楼层地震剪力在横向各抗侧力墙体之间的分配，不仅取决于每片墙体的层间抗侧力等效刚度，而且取决于楼盖的整体刚度。

1）刚性楼盖

刚性楼盖是指现浇钢筋混凝土楼盖及装配整体式钢筋混凝土楼盖。当横墙间距符合表 6-2 的规定时，则刚性楼盖在其平面内可视作弹性支座（各横墙）上的刚性连续梁，并假定房屋的刚度中心与质量中心重合，而不发生扭转。于是，楼盖发生整体相对平移运动时，各横墙将发生相等的层间位移。结构的楼层水平地震剪力宜按抗侧力构件等效刚度的比例分配。

2）柔性楼盖

对于木结构楼盖等柔性楼盖，由于其水平刚度很小，在横向水平地震作用下，各片横墙产生的位移，主要取决于其邻近从属面积上楼盖重力荷载代表值所引起的地震作用，因而可近似地视整个楼盖为分段简支于各片横墙的多跨简支梁，各片横墙可独立地变形。结构的楼层水平地震剪力宜按抗侧力构件从属面积上重力荷载代表值的比例分配。

3）中等刚度楼盖

装配式钢筋混凝土楼盖属于中等刚度楼盖，在横向水平地震作用下，楼盖的变形状态介于刚性楼盖和柔性楼盖之间。因此，在一般多层砌体房屋设计中，对于中等刚度楼盖的房屋，结构的楼层水平地震剪力可取刚性楼盖和柔性楼盖房屋两种计算结果的平均值。

2. 纵向楼层地震剪力的分配

由于房屋的宽度小而长度大，因此无论何种类型的楼盖，其纵向水平刚度均很大，可视为刚性楼盖。对于柔性楼盖、中等刚度楼盖和刚性楼盖的房屋，其各片纵墙所承担的地震剪力均按抗侧力构件等效刚度的比例分配。

3. 同一片墙各墙段间地震剪力的分配

当求得第 $i$ 层第 $m$ 片墙的地震剪力 $V_{im}$ 后，对于具有开洞的墙片，还要把地震剪力分配给该墙片洞口间和墙端的墙段，以便验算各墙段截面的抗震承载力。

4. 墙体层间等效侧向刚度

在进行楼层地震剪力的分配时，要知道各片墙体及墙段的层间等效侧向刚度，因此，必须讨论墙体的层间等效侧向刚度的计算方法。

1）无洞墙体

在多层砖房的抗震分析中，如各层楼盖仅发生平移而不发生转动，确定墙体的层间等效侧向刚度时，视其为下端固定、上端嵌固的构件，因而其侧移柔度（即单位水平力地震作用下的总变形）一般应包括层间弯曲变形和剪切变形。刚度的计算应计及高宽比的影响。高宽比小于 1 时，可只计算剪切变形；高宽比不大于 4 且不小于 1 时，应同时计算弯曲和剪切变形；高宽比大于 4 时，等效侧向刚度可取 0。墙段的高宽比指层高与墙长之比，对门窗洞边的小墙段指洞净高与洞侧墙宽之比。

2）有洞口的墙体

确定有洞口墙体的层间等效侧向刚度时，不仅应考虑门、窗间墙段变形的影响，还应考虑洞口上、下的水平砖墙带变形的影响。

3）小开口墙体

墙体的开洞率指洞口面积与墙体毛面积之比。当开洞率不大于 0.3，且窗洞高度不大于层高的 50% 时，按小开口墙体对待。对于小开口墙体，对设置构造柱的小开口墙段按毛墙面计算的刚度，《标准》规定按毛墙面计算其层间等效刚度，即按无洞墙体公式计算，但应根据开洞率乘以表 6-4 的洞口影响系数。

墙段洞口影响系数　　　　　　　　　　　　　　　　表 6-4

| 开洞率 | 0.10 | 0.20 | 0.50 |
|---|---|---|---|
| 影响系数 | 0.98 | 0.94 | 0.88 |

注：1. 开洞率为洞口水平截面积与墙段水平毛截面积之比，相邻洞口之间净宽小于 500mm 的墙段视为洞口；
　　2. 洞口中线偏离墙段中线大于墙段长度的 1/4 时，表中影响系数值折减 0.9；门洞的洞顶高度大于层高 80% 时，表中数据不适用；窗洞高度大于 50% 层高时，按门洞对待。

### 6.2.3　墙体截面的抗震受剪承载力验算

**1. 抗震抗剪强度设计值**

各类砌体沿阶梯形截面破坏的抗震抗剪强度设计值，应按下式确定：

$$f_{vE} = \zeta_N f_v \tag{6-7}$$

式中　$f_{vE}$——砌体沿阶梯形截面破坏的抗震抗剪强度设计值；
　　　$f_v$——非抗震设计的砌体抗剪强度设计值；
　　　$\zeta_N$——砌体抗震抗剪强度的正应力影响系数，应按表 6-5 采用。

**2. 砖砌体截面抗震承载力验算**

普通砖、多孔砖墙体的截面抗震受剪承载力，应按下列规定验算，一般情况下，应按式（6-8）验算。

砌体强度的正应力影响系数　　　　　　　　　　　　表 6-5

| 砌体类别 | $\sigma_0/f_V$ | | | | | | | |
|---|---|---|---|---|---|---|---|---|
| | 0.0 | 1.0 | 3.0 | 5.0 | 7.0 | 10.0 | 12.0 | ≥16.0 |
| 普通砖，多孔砖 | 0.80 | 0.99 | 1.25 | 1.47 | 1.65 | 1.90 | 2.05 | — |
| 小砌块 | — | 1.23 | 1.69 | 2.15 | 2.57 | 3.02 | 3.32 | 3.92 |

注：$\sigma_0$ 为对应于重力荷载代表值的砌体截面平均压应力。

$$V \leqslant f_{vE} A / \gamma_{RE} \tag{6-8}$$

式中　$V$——墙体剪力设计值；
　　　$f_{vE}$——砖砌体沿阶梯形截面破坏的抗震抗剪强度设计值；
　　　$A$——墙体横截面积，多孔砖取毛截面面积；
　　　$\gamma_{RE}$——承载力抗震调整系数，对于两端均有构造柱、芯柱的承重墙，$\gamma_{RE}=0.9$，以考虑构造柱、芯柱对抗震承载力的影响；对于其他承重墙，$\gamma_{RE}=1$；对于自承重墙体，$\gamma_{RE}=0.75$，以适当降低抗震安全性的要求。

**3. 配筋砖砌体的截面抗震受剪承载力验算**

为了提高砖砌体的抗剪强度，增强其变形能力，有效措施之一是在砌体的水平灰缝中设置横向配筋。试验表明，配置水平钢筋的砌体，在配筋率为 0.03%～0.167% 范围内时，极限承载力较无筋墙体可提高 5%～25%。若配筋墙体的两端设有构造柱，由于水平钢筋锚固于柱中，使钢筋的效应发挥得更为充分，则可比无构造柱同样配筋率的墙体还可提高 13% 左右，配筋砌体受力后的裂缝分布均匀，变形能力大大增加，配筋墙体的极限变形为无筋墙体的 2~3 倍。由于水平配筋和墙体两端构造柱的共同作用，使配筋墙体具有极好的抗倒塌能力。基于试验结果，经过统计分析，《标准》建议验算水平配筋普通砖、多孔砖墙体的截面抗震受剪承载力按式（6-9）验算。

$$V \leqslant \frac{1}{\gamma_{RE}}(f_{vE}A + \zeta_s f_{yh} A_{sh}) \tag{6-9}$$

式中 $f_{yh}$——水平钢筋抗拉强度设计值；

$A_{sh}$——层间墙体竖向截面的总水平钢筋面积，其配筋率应不小于 0.07% 且不大于 0.17%；

$\zeta_s$——钢筋参与工作系数，可按表 6-6 采用。

**钢筋参与工作系数** 表 6-6

| 墙体高厚比 | 0.4 | 0.6 | 0.8 | 1.0 | 1.2 |
|---|---|---|---|---|---|
| $\zeta_s$ | 0.10 | 0.12 | 0.14 | 0.15 | 0.12 |

当按式（6-8）、式（6-9）验算不满足要求时，可计入基本均匀设置于墙段中部、截面不小于 240mm×240mm（墙厚 190mm 时为 240mm×190mm）且间距不大于 4m 的构造柱对受剪承载力的提高作用，按式（6-10）简化方法验算。

$$V \leqslant \frac{1}{\gamma_{RE}}[\eta_c f_{vE}(A - A_c) + \zeta_c f_t A_c + 0.8 f_{yc} A_{sc} + \zeta_s f_{yh} A_{sh}] \tag{6-10}$$

式中 $A_c$——中部构造柱的横截面总面积（对横墙和内纵墙，$A_c > 0.15A$ 时，取 $0.15A$；对外纵墙，$A_c > 0.25A$ 时，取 $0.25A$）；

$f_t$——中部构造柱的混凝土轴心抗拉强度设计值；

$A_{sc}$——中部构造柱的纵向钢筋截面总面积（配筋率不小于 0.6% 大于 1.4% 时取 1.4%）；

$f_{yh}$、$f_{yc}$——分别为墙体水平钢筋、构造柱钢筋抗拉强度设计值；

$\zeta_c$——中部构造柱参与工作系数；居中设一根时取 0.5，多于一根时取 0.4；

$\eta_c$——墙体约束修正系数；一般情况取 1.0，构造柱间距不大于 3.0m 时取 1.1；

$A_{sh}$——层间墙体竖向截面的总水平钢筋面积，无水平钢筋时取 0.0。

4. 小砌块墙体的截面抗震受剪承载力验算

小砌块墙体的截面抗震受剪承载力应按式（6-11）验算。

$$V \leqslant \frac{1}{\gamma_{RE}}[f_{vE}A + (0.3 f_t A_c + 0.05 f_y A_s)\zeta_c] \tag{6-11}$$

式中 $f_t$——芯柱混凝土轴心抗拉强度设计值；

$A_c$——芯柱截面总面积；

$A_s$——芯柱钢筋截面总面积；

$f_y$——芯柱钢筋抗拉强度设计值；

$\zeta_c$——芯柱参与工作系数，可按表 6-7 采用。

注：当同时设置芯柱和构造柱时，构造柱截面可作为芯柱截面，构造柱钢筋可作为芯柱钢筋。

**芯柱参与工作系数** 表 6-7

| 填孔率 ρ | ρ<0.15 | 0.15≤ρ<0.25 | 0.25≤ρ<0.5 | ρ≥0.5 |
|---|---|---|---|---|
| $\zeta_c$ | 0.0 | 1.0 | 1.10 | 1.15 |

注：填孔率指芯柱根数（含构造柱和填实孔洞数量）与孔洞总数之比。

## 6.3 多层砖砌体房屋抗震构造措施

多层砖房在强烈地震袭击下极易倒塌，因此，防倒塌是多层砖房抗震设计的重要问题。多层砌体房屋的抗倒塌，不是依靠罕遇地震作用下的抗震变形验算来保障，而主要是从前述的总体布置和下面讨论的细部构造措施方面来解决。

### 6.3.1 构造柱设置要求

各类多层砖砌体房屋，应按下列要求设置现浇钢筋混凝土构造柱（以下简称构造柱，可扫描二维码 6-1 学习相关知识）：

1）构造柱设置部位，一般情况下应符合表 6-8 的要求。

2）外廊式和单面走廊式的多层房屋，应根据房屋增加一层的层数，按表 6-8 的要求设置构造柱，且单面走廊两侧的纵墙均应按外墙处理。

3）横墙较少的房屋，应根据房屋增加一层的层数，按表 6-8 的要求设置构造柱。当横墙较少的房屋为外廊式或单面走廊式时，应按本条 2）款要求设置构造柱；但 6 度不超过四层、7 度不超过三层和 8 度不超过二层时，应按增加二层的层数对待。

4）各层横墙很少的房屋，应按增加二层的层数设置构造柱。

5）采用蒸压灰砂砖和蒸压粉煤灰砖的砌体房屋，当砌体的抗剪强度仅达到普通黏土砖砌体的 70% 时，应根据增加一层的层数按本条 1）～4）款要求设置构造柱；但 6 度不超过四层、7 度不超过三层和 8 度不超过二层时，应按增加二层的层数对待。

**多层砖砌体房屋构造柱设置要求** 表 6-8

| 房屋层数 | | | | 设置部位 | |
|---|---|---|---|---|---|
| 6 度 | 7 度 | 8 度 | 9 度 | | |
| 四、五 | 三、四 | 二、三 | — | 楼、电梯间四角、楼梯斜梯段上下端对应的墙体处；<br>外墙四角和对应转角；<br>错层部位横墙与外纵墙交接处；<br>较大洞口两侧 | 隔 12m 或单元横墙与外纵墙交接处；<br>楼梯间对应的另一侧内横墙与外纵墙交接处 |
| 六 | 五 | 四 | 二 | | 隔开间横墙（轴线）与外纵墙交接处；<br>山墙与内纵墙交接处 |
| 七 | ≥六 | ≥五 | ≥三 | | 内墙（轴线）与外纵墙交接处；<br>内横墙的局部较小墙垛处；<br>内纵墙与横墙（轴线）交接处 |

注：较大洞口，内墙指不小于 2.1m 的洞口；外墙在内外墙交接处已设置构造柱时应允许适当放宽，但洞侧墙体应加强。

### 6.3.2 构造柱构造要求

1）构造柱最小截面可采用 180mm×240mm（墙厚 190mm 时为 180mm×190mm），纵向钢筋宜采用 4φ12，箍筋间距不宜大于 250mm，且在柱上下端应适当加密；6、7 度

## 6.3 多层砖砌体房屋抗震构造措施

时超过六层、8度时超过五层和9度时，构造柱纵向钢筋宜采用4Φ14，箍筋间距不应大于200mm；房屋四角的构造柱应适当加大截面及配筋。

2）构造柱与墙连接处应砌成马牙槎，沿墙高每隔500mm设2Φ6水平钢筋和Φ4分布短筋平面内点焊组成的拉结网片或Φ4点焊钢筋网片，每边伸入墙内不宜小于1m。6、7度时底部1/3楼层，8度时底部1/2楼层，9度时全部楼层，上述拉结钢筋网片应沿墙体水平通长设置。

3）构造柱与圈梁连接处，构造柱的纵筋应在圈梁纵筋内侧穿过，保证构造柱纵筋上下贯通。

4）构造柱可不单独设置基础，但应伸入室外地面下500mm，或与埋深小于500mm的基础圈梁相连。

5）房屋高度和层数接近本规范表6-1的限值时，纵、横墙内构造柱间距尚应符合下列要求：

（1）横墙内的构造柱间距不宜大于层高的二倍；下部1/3楼层的构造柱间距适当减小；

（2）当外纵墙开间大于3.9m时，应另设加强措施。内纵墙的构造柱间距不宜大于4.2m。

### 6.3.3 圈梁设置要求

多次震害调查表明，圈梁是多层砖房的一种经济有效的措施，可提高房屋的抗震能力，减轻震害。从抗震观点分析，圈梁的作用包括：圈梁的约束作用使楼盖与纵横墙构成整体的箱形结构，防止预制楼板散开和砖墙出平面的倒塌，充分发挥各片墙体的抗震能力，增强房屋的整体性；作为楼盖的边缘构件，对装配式楼盖在水平面内进行约束，提高楼板的水平刚度，保证楼盖起整体横隔板的作用，以传递并分配层间地震剪力；与构造柱一起对墙体在竖向平面内进行约束，限制墙体斜裂缝的开展，且不延伸超出两道圈梁之间的墙体，并减小裂缝与水平的夹角，保证墙体的整体性与变形能力，提高墙体的抗剪能力；可以减轻地震时地基不均匀沉陷和地表裂缝对房屋的影响，特别是屋盖处和基础地面处的圈梁，具有提高房屋的竖向刚度和抗御不均匀沉陷的能力。

多层砖砌体房屋的现浇钢筋混凝土圈梁设置应符合下列要求（可扫描二维码6-2学习相关知识）：

（1）装配式钢筋混凝土楼、屋盖或木屋盖的砖房，应按表6-9的要求设置圈梁；纵墙承重时，抗震横墙上的圈梁间距应比表内要求适当加密。

二维码 6-2

（2）现浇或装配整体式钢筋混凝土楼、屋盖与墙体有可靠连接的房屋，应允许不另设圈梁，但楼板沿抗震墙体周边均应加强配筋，并应与相应的构造柱钢筋可靠连接。

多层砖砌体房屋现浇钢筋混凝土圈梁设置要求　　表 6-9

| 墙类 | 烈　　度 | | |
| --- | --- | --- | --- |
| | 6、7 | 8 | 9 |
| 外墙和内纵墙 | 屋盖处及每层楼盖处 | 屋盖处及每层楼盖处 | 屋盖处及每层楼盖处 |
| 内横墙 | 同上；<br>屋盖处间距不大于4.5m；<br>楼盖处间距不大于7.2m；<br>构造柱对应部位 | 同上；<br>各层所有横墙，且间距不应大于4.5m；<br>构造柱对应部位 | 同上；<br>各层所有横墙 |

#### 6.3.4 圈梁构造要求

多层砖砌体房屋现浇混凝土圈梁的构造应符合下列要求:

(1) 圈梁应闭合,遇有洞口圈梁应上下搭接。圈梁宜与预制板设在同一标高处或紧靠板底。

(2) 圈梁在《标准》第7.3.3条要求的间距内无横墙时,应利用梁或板缝中配筋替代圈梁。

(3) 圈梁的截面高度不应小于120mm,配筋应符合表6-10的要求;增设的基础圈梁,截面高度不应小于180mm,配筋不应少于4Φ12。

**多层砖砌体房屋圈梁配筋要求**　　　　表 6-10

| 配筋 | 烈度 | | |
|---|---|---|---|
| | 6、7 | 8 | 9 |
| 最小纵筋 | 4Φ10 | 4Φ12 | 4Φ14 |
| 箍筋最大间距(mm) | 250 | 200 | 150 |

#### 6.3.5 多层砖砌体房屋的其他要求

多层砖砌体房屋的楼、屋盖应符合下列要求:

(1) 现浇钢筋混凝土楼板或屋面板伸进纵、横墙内的长度,均不应小于120mm。

(2) 装配式钢筋混凝土楼板或屋面板,当圈梁未设在板的同一标高时,板端伸进外墙长度不应小于120mm,伸进内墙的长度不应小于100mm或采用硬架支模连接,在梁上不应小于80mm或采用硬架支模连接。

(3) 当板的跨度大于4.8m并与外墙平行时,靠外墙的预制板侧边应与墙或圈梁拉结。

(4) 房屋端部大房间的楼盖,6度时房屋的屋盖和7~9度时房屋的楼、屋盖,当圈梁设在板底时,钢筋混凝土预制板应相互拉结,并应与梁、墙或圈梁拉结。

楼、屋盖的钢筋混凝土梁或屋架应与墙、柱(包括构造柱)或圈梁可靠连接;不得采用独立砖柱。跨度不小于6m大梁的支承构件应采用组合砌体等加强措施,并满足承载力要求。

6、7度时长度大于7.2m的大房间,以及8、9度时外墙转角及内外墙交接处,应沿墙高每隔500mm配置2Φ6的通长钢筋和Φ4分布短筋平面内点焊组成的拉结网片或Φ4点焊网片。

楼梯间尚应符合下列要求:

(1) 顶层楼梯间墙体应沿墙高每隔500mm设2Φ6通长钢筋和Φ4分布短钢筋平面内点焊组成的拉结网片或Φ4点焊网片;7~9度时其他各层楼梯间墙体应在休息平台或楼层半高处设置60mm厚、纵向钢筋不应少于2Φ10的钢筋混凝土带或配筋砖带,配筋砖带不少于3皮,每皮的配筋不少于2Φ6,砂浆强度等级不应低于M7.5且不低于同层墙体的砂浆强度等级。

(2) 楼梯间及门厅内墙阳角处的大梁支承长度不应小于500mm,并应与圈梁连接。

(3) 装配式楼梯段应与平台板的梁可靠连接,8、9度时不应采用装配式楼梯段;不应采用墙中悬挑式踏步或踏步竖肋插入墙体的楼梯,不应采用无筋砖砌栏板。

（4）突出屋顶的楼、电梯间，构造柱应伸到顶部，并与顶部圈梁连接，所有墙体应沿墙高每隔500mm设2Φ6通长钢筋和Φ4分布短筋平面内点焊组成的拉结网片或Φ4点焊网片。

坡屋顶房屋的屋架应与顶层圈梁可靠连接，檩条或屋面板应与墙、屋架可靠连接，房屋出入口处的檐口瓦应与屋面构件锚固。采用硬山搁檩时，顶层内纵墙顶宜增砌支承山墙的踏步式墙垛，并设置构造柱。

门窗洞处不应采用砖过梁；过梁支承长度，6～8度时不应小于240mm，9度时不应小于360mm。

预制阳台，6、7度时应与圈梁和楼板的现浇板带可靠连接，8、9度时不应采用预制阳台。

后砌的非承重砌体隔墙、烟道、风道、垃圾道等应符合《标准》第13.3节有关规定。

同一结构单元的基础（或桩承台），宜采用同一类型的基础，底面宜埋置在同一标高上，否则应增设基础圈梁并应按1：2的台阶逐步放坡。

丙类的多层砖砌体房屋，当横墙较少且总高度和层数接近或达到表6-1规定限值时，应采取下列加强措施：

（1）房屋的最大开间尺寸不宜大于6.6m。

（2）同一结构单元内横墙错位数量不宜超过横墙总数的1/3，且连续错位不宜多于两道；错位的墙体交接处均应增设构造柱，且楼、屋面板应采用现浇钢筋混凝土板。

（3）横墙和内纵墙上洞口的宽度不宜大于1.5m；外纵墙上洞口的宽度不宜大于2.1m或开间尺寸的一半；且内外墙上洞口位置不应影响内外纵墙与横墙的整体连接。

（4）所有纵横墙均应在楼、屋盖标高处设置加强的现浇钢筋混凝土圈梁，圈梁的截面高度不宜小于150mm，上下纵筋各不应少于3Φ10，箍筋不小于Φ6，间距不大于300mm。

（5）所有纵横墙交接处及横墙的中部，均应增设满足下列要求的构造柱，在纵、横墙内的柱距不宜大于3.0m，最小截面尺寸不宜小于240mm×240mm（墙厚190mm时为240mm×190mm），配筋宜符合表6-11的要求。

增设构造柱的纵筋和箍筋设置要求　　　　　表6-11

| 位置 | 纵向钢筋 | | | 箍筋 | | |
|---|---|---|---|---|---|---|
| | 最大配筋率（%） | 最小配筋率（%） | 最小直径（mm） | 加密区范围（mm） | 加密区间距（mm） | 最小直径（mm） |
| 角柱 | 1.8 | 0.8 | 14 | 全高 | 100 | 6 |
| 边柱 | | | 14 | 上端700 下端500 | | |
| 中柱 | 1.4 | 0.6 | 12 | | | |

（6）同一结构单元的楼、屋面板应设置在同一标高处。

（7）房屋底层和顶层的窗台标高处，宜设置沿纵横墙通长的水平现浇钢筋混凝土带；其截面高度不小于60mm，宽度不小于墙厚，纵向钢筋不少于2Φ10，横向分布筋的直径不小于Φ6且其间距不大于200mm。

## 6.4 多层砌块房屋抗震构造措施

多层小砌块房屋应按表6-12的要求设置钢筋混凝土芯柱。对外廊式和单面走廊式的多层房屋、横墙较少的房屋、各层横墙很少的房屋，尚应分别按《标准》关于增加层数的对应要求,按表 6-12 的要求设置芯柱。

多层小砌块房屋的芯柱,应符合下列构造要求:

(1) 小砌块房屋芯柱截面不宜小于 120mm×120mm。

(2) 芯柱混凝土强度等级,不应低于 Cb20。

(3) 芯柱的竖向插筋应贯通墙身且与圈梁连接;插筋不应小于 1Φ12,6、7 度时超过五层、8 度时超过四层和 9 度时,插筋不应小于 1Φ14。

(4) 芯柱应伸入室外地面下 500mm 或与埋深小于 500mm 的基础圈梁相连。

(5) 为提高墙体抗震受剪承载力而设置的芯柱,宜在墙体内均匀布置,最大净距不宜大于 2.0m。

**多层小砌块房屋芯柱设置要求**　　　　　　　　　　　表 6-12

| 房屋层数 | | | | 设置部位 | 设置数量 |
| --- | --- | --- | --- | --- | --- |
| 6 度 | 7 度 | 8 度 | 9 度 | | |
| 四、五 | 三、四 | 二、三 | — | 外墙转角,楼、电梯间四角,楼梯斜梯段上下端对应的墙体处;<br>大房间内外墙交接处;<br>错层部位横墙与外纵墙交接处;<br>隔 12m 或单元横墙与外纵墙交接处 | 外墙转角,灌实 3 个孔;<br>内外墙交接处,灌实 4 个孔;<br>楼梯斜梯段上下端对应的墙体处,灌实 2 个孔 |
| 六 | 五 | 四 | | 同上;<br>隔开间横墙(轴线)与外纵墙交接处 | |
| 七 | 六 | 五 | 二 | 同上;<br>各内墙(轴线)与外纵墙交接处;<br>内纵墙与横墙(轴线)交接处和洞口两侧 | 外墙转角,灌实 5 个孔;<br>内外墙交接处,灌实 4 个孔;<br>内墙交接处,灌实 2 个孔;<br>洞口两侧各灌实 1 个孔 |
| — | 七 | ≥六 | ≥三 | 同上;<br>横墙内芯柱间距不大于 2m | 外墙转角,灌实 7 个孔;<br>内外墙交接处,灌实 5 个孔;<br>内墙交接处,灌实 4~5 个孔;<br>洞口两侧各灌实 1 个孔 |

注:外墙转角、内外墙交接处、楼电梯间四角等部位,应允许采用钢筋混凝土构造柱替代部分芯柱。

(6) 多层小砌块房屋墙体交接处或芯柱与墙体连接处应设置拉结钢筋网片,网片可采用直径 4mm 的钢筋点焊而成,沿墙高间距不大于 600mm,并应沿墙体水平通长设置。6、7 度时底部 1/3 楼层,8 度时底部 1/2 楼层,9 度时全部楼层,上述拉结钢筋网片沿墙高间距不大于 400mm。

小砌块房屋中替代芯柱的钢筋混凝土构造柱,应符合下列构造要求:

(1) 构造柱截面不宜小于 190mm×190mm,纵向钢筋宜采用 4Φ12,箍筋间距不宜大于 250mm,且在柱上下端应适当加密;6、7 度时超过五层、8 度时超过四层和 9 度时,构造柱纵向钢筋宜采用 4Φ14,箍筋间距不应大于 200mm;外墙转角的构造柱可适当加大截面及配筋。

(2) 构造柱与砌块墙连接处应砌成马牙槎,与构造柱相邻的砌块孔洞,6 度时宜填实,7 度时应填实,8、9 度时应填实并插筋。构造柱与砌块墙之间沿墙高每隔 600mm 设置Φ4 点焊拉结钢筋网片,并应沿墙体水平通长设置。6、7 度时底部 1/3 楼层,8 度时底部 1/2 楼层，9 度全部楼层，上述拉结钢筋网片沿墙高间距不大于 400mm。

（3）构造柱与圈梁连接处，构造柱的纵筋应在圈梁纵筋内侧穿过，保证构造柱纵筋上下贯通。

（4）构造柱可不单独设置基础，但应伸入室外地面下 500mm，或与埋深小于 500mm 的基础圈梁相连。

多层小砌块房屋的现浇钢筋混凝土圈梁的设置位置应按《标准》多层砖砌体房屋圈梁的要求执行，圈梁宽度不应小于 190mm，配筋不应少于 4Φ12，箍筋间距不应大于 200mm。

多层小砌块房屋的层数，6 度时超过五层、7 度时超过四层、8 度时超过三层和 9 度时，在底层和顶层的窗台标高处，沿纵横墙应设置通长的水平现浇钢筋混凝土带；其截面高度不小于 60mm，纵筋不少于 2Φ10，并应有分布拉结钢筋；其混凝土强度等级不应低于 C20。

水平现浇混凝土带亦可采用槽形砌块替代模板，其纵筋和拉结钢筋不变。

丙类的多层小砌块房屋，当横墙较少且总高度和层数接近或达到《标准》规定限值时；其中，墙体中部的构造柱可采用芯柱替代，芯柱的灌孔数量不应少于 2 孔，每孔插筋的直径不应小于 18mm。

## 思考题与习题

1. 怎样理解多层砖房震害的一般规律？
2. 试列出砌体房屋水平地震作用计算的基本步骤。
3. 试分析砌体房屋的抗震构造措施。
4. 试分析砌体房屋墙体截面的抗震承载力验算公式及其有关影响因素。

# 第 7 章

# 钢结构房屋抗震设计

## 7.1 钢结构房屋的震害

根据震害调查，一些多层及高层钢结构房屋，即使在设计时并未考虑抗震力仍足够，但其侧向刚度一般不足，以致窗户及隔墙受到破坏；钢结构在地震作用下虽极少整体倒塌，但常发生局部破坏，如梁、柱的局部失稳与整体失稳，交叉支撑的破坏，节点的破坏等。

交叉支撑的破坏是钢结构中常见的震害；圆钢拉条的破坏发生在花篮螺栓处、拉条与节点板连接处。型钢支撑受胀时由于失稳而导致屈曲破坏，受拉时在端部连接处拉脱或拉断。此外，还可能发生柱与基础连接的破坏，此时锚栓拔出，或在水平向剪坏。

对于空间钢结构，例如网架结构、网壳结构等，由于其自重轻、刚度好，在经历了唐山地震、乌恰地震、阪神地震这样的强震考验后，调查结果表明，所受的震害要小于其他类型的结构，但有两点经验教训是值得汲取的：

(1) 注意支承部分的设计与施工。许多震害是由于支座螺栓或地基失效而造成的。

(2) 保持屋盖吊顶或悬吊物的抗震性。许多公共建筑的屋盖结构本身无问题，但往往由于吊顶等塌落而影响使用。

## 7.2 高层钢结构房屋抗震设计

### 7.2.1 高层钢结构体系

适用于抗震设防地区的多高层钢结构民用建筑的结构，有框架结构、框架-支撑结构、框架-抗震墙板结构、框筒结构、筒中筒结构、成束筒结构、桁架筒结构以及巨型结构。图 7-1 是上述结构体系的结构剖面示意图，图 7-2 是部分结构的典型平面示意图。在地震区，当设防烈度为 7 度、8 度和 9 度时，纯框架体系的适用高度分别为 110m、90m 和 50m，后两种体系的适用高度较纯框架体系可分别增高 2 倍和 3 倍左右。

1. 纯框架体系的结构特点

纯框架体系由于在柱子之间不设置支撑或墙板之类的构件，故建筑平面布置及窗户开设等有较大的灵活性。这类结构的抗侧力能力有赖于梁柱构件及其节点的承载力与延性，故节点必须做成可靠的刚接，这将导致节点构造的复杂化，增加制作和安装费用。

2. 框架支撑体系的结构特点

纯框架结构抗侧刚度较小、高度较大时，为了满足使用荷载下的刚度要求往往加大截面，使承载能力过大。为了提高结构的侧向刚度，对于高层建筑，比较经济的办法是在框架的一部分开间中设置支撑，支撑与梁、柱组成一竖向的支撑桁架体系，它们通过楼板体系可以与无支撑框架共同抵抗侧力，以减小侧向位移。

支撑体系的布置由建筑要求及结构功能来确定，一般布置在端框架中、电梯井周围等处。支撑桁架腹杆形式如图 7-3 及常用支撑布置形式如图 7-4 所示。图 7-3 中的支撑桁架在水平力作用下，其柱脚受到很大的拔力，即使在中等高度的建筑物中这一作用力亦难以处理。同时由于支撑桁架两边柱受到很大的轴力，因而轴向伸缩较大，使支撑架产生很大

7.2 高层钢结构房屋抗震设计

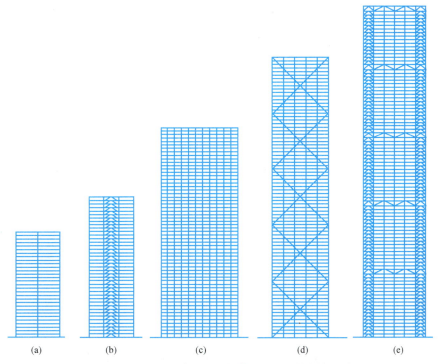

图 7-1 多高层民用建筑钢结构体系——结构剖面示意图
（a）框架结构；（b）框架-支撑结构；（c）筒体结构；（d）桁架筒结构；（e）巨型结构

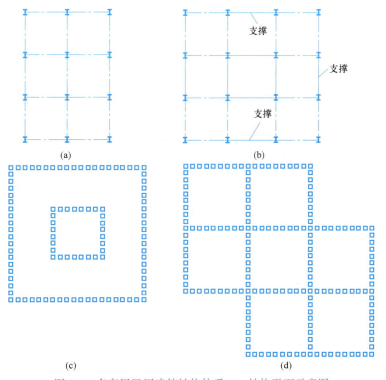

图 7-2 多高层民用建筑结构体系——结构平面示意图
（a）框架；（b）框架-支撑；（c）筒中筒；（d）成束筒

的弯曲变形而在上层发生很大的位移，进而使其周围的横梁也相应产生很大的弯曲变形，如图7-3（a）中虚线所示。为了克服上述缺点，改善结构的工作性能，在实际高层框架中常采用图7-4所示的支撑布置形式。

支撑桁架腹杆的形式主要有交叉式和K式两种（图7-3），也有采用华伦式的（图7-4b）腹杆在桁架节点柱与梁、柱中心交会或偏心交会。

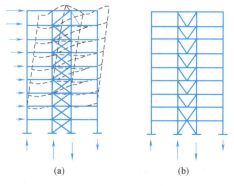

图7-3 支撑桁架腹杆形式

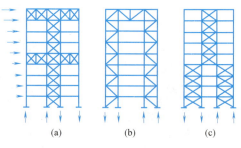

图7-4 常用支撑布置形式

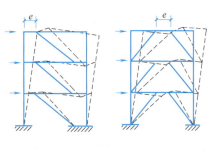

图7-5 偏心支撑

偏心支撑的形式如图7-5所示，这种体系是在梁上设置一较薄弱部位，如梁段$e$，使这部位在支撑失稳之前就进入弹塑性阶段，从而避免支撑的屈曲，因杆件在地震作用下反复屈曲将引起承载力的下降和刚度的退化。偏心支撑体系在弹塑性阶段的变形如图7-5虚线所示。偏心支撑与中心支撑相比具有较大的延性，它是适宜用于高烈度地震区的一种新型支撑体系。

3. 框架剪力墙板体系的结构特点

框架剪力墙板体系是在钢框架中嵌入剪力墙板而成。剪力墙板可采用钢板，也可用钢筋混凝土板，后者较经济，应用更普遍。框架剪力墙板体系也是一种有效的结构形式，墙板对提高框架结构的承载能力和刚度，以及在强震时吸收地震能量方面均有重要作用。

考虑到普通整块钢筋混凝土墙板初期刚度过高，地震时它们将首先斜向开裂，发生脆性破坏而退出工作，造成框架超载而破坏，所以提出了延性剪力墙板，如带竖缝的剪力墙板，它将墙板分割成一系列延性较好的壁柱，这种墙板在强震时能与钢框架一起工作。

4. 筒体体系的结构特点

筒体体系对于超高层建筑是一种经济有效的结构形式，它既能满足结构刚度的要求，又能形成较大的使用空间。筒体体系根据结构布置和组成方式的不同，可以分为框架筒、桁架筒、筒中筒以及束筒等体系。

框架筒：结构外围的框架由密柱深梁组成，形成一个筒体来抵抗侧向荷载，结构内部的柱子只承受重力荷载而不考虑其抗侧力作用。框架筒作为悬臂的筒体结构，在水平荷载作用下，由于横梁的弯曲变形，会产生剪力滞后现象，这样，使得房屋的角柱要承受比中柱更大的轴力。

桁架筒：在框架筒中增设交叉支撑，从而大大提高结构的空间刚度，而且这时剪力主要由支撑斜杆承担，避免横梁受剪变形，基本上消除了剪力滞后现象。

筒中筒：由内外套置的几个筒体组成，筒与筒之间由楼盖系统连接，保证各筒体协同工作。筒中筒结构具有很大的侧向刚度和抗侧力的能力。

束筒：由几个筒体并列组合而成的结构体系。由于结构内部横隔墙的设置，减小了筒体的边长，从而大大减轻了剪力滞后效应。同时，由于横隔墙的作用，大大增加了结构的侧向刚度。为了减少地震和风力的作用，常随房屋高度的增加，逐渐对称地减少单筒个数。

#### 7.2.2 高层建筑钢结构抗震设计

高层建筑钢结构的抗震设计采用两阶段设计法。第一阶段为多遇地震作用下的弹性分析，验算构件的承载力和稳定性以及结构的层间位移；第二阶段为罕遇地震作用下的弹塑性分析，验算结构的层间侧移和层间侧移延性系数。

1. 抗震等级

钢结构房屋应根据设防分类、烈度和房屋高度采用不同的抗震等级，并应符合相应的计算和构造措施要求。丙类建筑的抗震等级应按表 7-1 确定。

钢结构房屋的抗震等级　　　　　　　　　　　　　　表 7-1

| 房屋高度 | 6 度 | 7 度 | 8 度 | 9 度 |
| --- | --- | --- | --- | --- |
| ≤50m | — | 四 | 三 | 二 |
| >50m | 四 | 三 | 二 | 一 |

注：1. 高度接近或等于高度分界时，应允许结合房屋不规则程度和场地、地基条件确定抗震等级；
　　2. 一般情况，构件的抗震等级应与结构相同；当某个部位各构件的承载力均满足 2 倍地震作用组合下的内力要求时，7～9 度的构件抗震等级应允许按降低一度确定。

2. 地震作用计算

1) 结构自振周期

结构自振周期按顶点位移法计算。

$$T_1 = 1.7\varphi_0 \sqrt{\Delta_T} \tag{7-1}$$

考虑非结构构件的影响 $\varphi_0 = 0.9$；$\Delta_T$ 为把集中在各楼面处的重力荷载 $G_i$ 视为假想水平荷载算得的结构顶点位移。

$$\Delta_T = \sum_{i=1}^{n} \delta_i \tag{7-2}$$

$$\delta_i = V_{Gi} / \sum D \tag{7-3}$$

式中　$V_{Gi}$——框架在假想水平荷载 $G_i$ 作用下的 $i$ 层层间剪力；

　　　$\delta_i$——$V_{Gi}$ 作用下的层间位移；

　　　$\sum D$——$i$ 层柱的 $D$ 值总和，$D$ 为框架柱的抗侧移刚度，可按 $D$ 值法计算。

在初步设计时，基本周期可按下列经验公式估算：

$$T_1 = 0.1n \text{(s)} \tag{7-4}$$

式中　$n$——建筑物层数（不包括地下部分及屋顶塔屋）。

2) 设计反应谱

高层钢结构的周期较长，目前《标准》将设计反应谱周期延至 6s，基本满足了国内绝大多数高层钢结构抗震设计的需要。对于周期大于 6s 的结构，抗震设计反应谱应进行专门研究。

钢结构抗震计算的阻尼比宜按下列规定采用：

(1) 多遇地震下的计算，高度不大于 50m 时可取 0.04；高度大于 50m 且小于 200m 时，可取 0.03；高度不小于 200m 时，宜取 0.02。

(2) 当偏心支撑框架部分承担的地震倾覆力矩大于结构总地震倾覆力矩的 50% 时，其阻尼比可比（1）款相应增加 0.005。

(3) 在罕遇地震下的弹塑性分析，阻尼比可取 0.05。

3) 底部剪力

采用底部剪力法计算水平地震作用时，结构的总水平地震作用等效底部剪力标准值为：

$$F_{Ek} = \alpha_1 G_{eq} \tag{7-5}$$

$$G_{eq} = c \sum_{i=1}^{n} G_i \tag{7-6}$$

式中　$c$——等效荷载系数，对于一般结构，取 $c=0.85$，对于 20 层以上的高层钢结构，取 $c=0.80$。

结构各层水平地震作用的标准值为：

$$F_i = \frac{G_i H_i}{\sum_{j=1}^{n} G_j H_j} F_{Ek}(1-\delta_n) \tag{7-7}$$

$$\delta_n = \frac{1}{T_1 + 8} + 0.05 \tag{7-8}$$

式中　$\delta_n$——顶层附加水平集中力系数；当建筑高度在 40m 以下时，可采用《标准》中的方法确定，但对于高层钢结构，$\delta_n$ 应按式（7-8）计算；当 $\delta_n > 0.15$ 时，取 $\delta_n = 0.15$。

高层钢结构在采用底部剪力法计算时，其高度应不超过 60m，且结构的平面及竖向布置应较规则。

4) 双向地震作用

高层钢结构高度较大，对设计要求应较严，对于设防烈度较高的重要建筑，当其平面明显不规则时，应考虑双向水平地震作用下的扭转效应进行抗震计算。根据强震观测记录的统计分析，两个方向水平地震加速度的最大值不相等，两者之比约为 1∶0.85，而且两个方向的最大值不一定发生在同一时刻，因此，《标准》采用平方和开方法计算两个方向地震作用效应的组合。

3. 地震作用下内力与位移计算

1) 多遇地震作用

结构在第一阶段多遇地震作用下的抗震计算中，其地震作用效应采用弹性方法计算，并计入重力二阶效应，根据不同情况，可采用底部剪力法、反应谱振型分解法以及时程分析法等方法。在框架-支撑（剪力墙板）结构中，框架部分按计算得到的任一楼层地震剪力应乘以调整系数，以达到不小于结构底部总地震剪力的 25%。

高层钢结构在进行内力和位移计算时，对于各种体系均可采用矩阵位移法。计算时除应考虑梁、柱弯曲变形和柱的轴向变形外，尚宜考虑梁、柱的剪切变形，此外还应考虑梁柱节点域的剪切变形对侧移的影响。

在预估杆件截面时，内力及位移的分析可采用近似方法。框架结构在水平荷载作用下可采用 $D$ 值法进行简化计算。框架支撑结构在水平荷载作用下可简化为平面抗侧力体系。分析时可将所有框架合并为总框架，所有竖向支撑合并为总支撑，然后进行协同工作分析。

2）罕遇地震作用

高层钢结构第二阶段的抗震计算应采用时程分析法对结构进行弹塑性时程分析。不超过 20 层且层刚度无突变的钢框架结构和支撑钢框架结构可采用《标准》中的简化计算方法进行薄弱层（部位）弹塑性抗震变形验算。在采用杆系模型分析时，梁、柱的恢复力模型可采用双线型，其滞回模型不考虑刚度退化。分析时结构的阻尼比可取 0.05，并应考虑 $P$-$\Delta$ 效应对侧移的影响。

4. 构件设计

框架梁、柱截面按弹性设计。设计时应考虑到在罕遇地震作用下框架将转入塑性工作，必须保证这一阶段的延性性能，使其不致倒塌。特别要注意防止梁、柱发生整体和局部失稳，故梁、柱板件的宽厚比应不超过其在塑性设计时的限值。同时，为使框架具有较大的吸能能力，应将框架设计成强柱弱梁体系。还要考虑到塑性铰出现在柱端的可能性而采取措施，以保证其承载力。这是因为框架在重力荷载和地震作用的共同作用下反应十分复杂，很难保证所有塑性铰出现在梁上，且由于构件的实际尺寸、承载力以及材性常与设计取值有差异，当梁的实际承载力大于柱时，塑性铰将转移至柱上。此外，在设计中一般不考虑竖向地震作用，即忽略由此引起的柱轴向内力，从而过高地估计柱的抗弯能力。

5. 侧移控制

钢框架结构应限制并控制其侧移，使其不超过一定的数值，以免在小震下（弹性阶段）由于层间变形过大而造成非结构构件的破坏，而在大震下（弹塑性阶段）造成结构的倒塌。为了控制框架侧移不致过大，可采取各种措施：一种是减少梁的变形，因为结构侧移一般总与梁的线刚度 $i_b = EI/L$ 成反比，减少梁的变形要比减少柱的变形经济。但必须注意，一旦增加梁的承载力，塑性铰可能由梁上转移至柱上。另一种是减少节点区的变形，这可改用腹板较厚的重型柱或局部加固节点区来达到。此外，也可以采用增加柱子数量的办法。

在多遇地震下，高层钢结构的层间侧移标准值应不超过层高的 1/300。

用时程分析法验算罕遇地震下结构的弹塑性位移时，因考虑为罕遇地震，故不考虑风荷载。将所有标准荷载同时施加于结构进行分析，因结构处于弹塑性阶段时叠加原理已不适用。

在罕遇地震下为了避免倒塌，高层钢结构的层间侧移应不超过层高的 1/50，同时结构层间侧移的延性系数对于纯框架、偏心支撑框架、中心支撑框架分别不小于 3.5、3.0 及 2.5。结构弹塑性层间位移主要取决于楼层屈服强度系数 $\xi_y$ 的大小及其沿房屋高度的分布情况，$\xi_y$ 是层受剪承载力与罕遇地震下层弹性剪力之比。为了控制层间弹塑性位移不致过大，控制 $\xi_y$ 的值不致过小，而且使 $\xi_y$ 沿房屋高度分布较为均匀。

## 7.3 钢构件及其连接的抗震设计

梁、柱、支撑等构件及其节点的合理设计，应主要包括以下方面：

（1）对于会形成塑性铰的截面，应避免其在未达到塑性弯矩时发生局部失稳或破坏，同时塑性铰应具有足够的转动能力，以保证体系能形成塑性倒塌机构。

（2）避免梁、柱构件在塑性铰之间发生局部失稳或整体失稳，或同时发生局部失稳与整体失稳。

（3）构件之间的连接要设计成能传递剪力与弯矩，并能允许框架构件充分发挥塑性性能。

### 7.3.1 钢梁的抗震设计

钢梁的破坏表现为梁的侧向整体失稳和局部失稳。钢梁根据其板件宽厚比、侧向无支承长度及弯矩梯度、节点连接构造等的不同，其承载力及变形性能将有很大差别。

钢梁在反复荷载作用下的极限荷载将比单调荷载时小，但考虑到楼板的约束作用又将使梁的承载能力有明显提高，因此，钢梁承载力计算与一般在静力荷载作用下的钢结构相同。由于在强震作用下钢梁中将产生塑性铰，而在整个结构未形成破坏机构之前要求塑性铰能不断转动，为了使其在转动过程中始终保持极限抗弯能力，不但要避免板件的局部失稳，而且必须避免构件的侧向扭转失稳。

为了避免板件的局部失稳，应限制板件的宽厚比。《标准》对于超过 12 层的框架的梁可能出现塑性铰的区段，规定了板件宽厚比的限值，详见表 7-2。

为了避免构件的侧向扭转失稳，除了按一般要求设置侧向支承外，尚应在塑性铰处设侧向支承。塑性铰处的侧向支承与其相邻支承点的最大距离将与该段内的弯矩梯度、钢材屈服强度以及截面回转半径有关。相邻两支承点间弯矩作用平面外的构件长细比应符合《钢结构设计标准》GB 50017—2017 的有关规定。

框架梁板件宽厚比限值　　　　　　　　表 7-2

| 板　件 | 抗震等级 | | | |
|---|---|---|---|---|
| | 一级 | 二级 | 三级 | 四级 |
| 工字形截面和箱形截面翼缘外伸部分 | 9 | 9 | 10 | 11 |
| 箱形截面翼缘在两腹板之间部分 | 30 | 30 | 32 | 36 |
| 工字形截面和箱形截面腹板 | $72-120N_b/(Af) \leqslant 60$ | $72-100N_b/(Af) \leqslant 65$ | $80-110N_b/(Af) \leqslant 70$ | $85-120N_b/(Af) \leqslant 75$ |

注：1. 表列数值适用于 Q235 钢，采用其他牌号钢材时，应乘以 $\sqrt{235/f_{ay}}$。
　　2. $N_b/(Af)$ 为梁轴压比。

在罕遇地震作用下可能出现塑性铰处，梁上、下翼缘均应有支撑点。在抗震设计中，为了满足抗震要求，钢梁必须具有良好的延性性能，因此必须正确设计截面尺寸，合理布置侧向支撑，注意连接构造。保证其充分发挥变形能力。

### 7.3.2 钢柱的抗震设计

**1. 钢柱的承载力与延性**

钢柱的工作性能取决于下列因素：柱两端约束、柱轴向压力的大小、柱的长细比、截面尺寸和抗扭刚度等。

先考察柱端约束条件对柱工作性能的影响。考虑三种约束情况：柱两端弯矩相等而方向相反，柱变形曲线为单曲率，两端弯矩的比值 $\beta=-1$；柱一端为铰接，一端有弯矩，比值 $\beta=0$；柱两端弯矩相等而方向相同，柱变形曲线呈双曲率，中间有反弯点，比值 $\beta=1$。

根据研究，当框架柱的轴向压力 $N$ 小于其欧拉临界力 $N_E$ 的 25% 时，可避免框架发生弹塑性整体失稳，可以用直线公式（7-9）近似地表达。

对 3 号钢：
$$\lambda \leqslant 120(1-\mu_N) \tag{7-9a}$$

对 16Mn 钢：
$$\lambda \leqslant 100(1-\mu_N) \tag{7-9b}$$

式中 $\mu_N$——轴压比，$\mu_N=N/N_y$；
$\lambda$——长细比。

式（7-9）可以作为偏心受压柱长细比和轴压比的综合限制公式。公式适用于 $\mu_N \geqslant 0.15$；当 $\mu_N<0.15$ 时，由于轴压比对框架的弹塑性失稳影响已较小，所以只需对柱的最大长细比加以限定，使其不超过 150。

**2. 钢柱的抗震设计**

在框架柱的抗震设计中，当计算柱在多遇地震作用组合下的稳定性时，柱的计算长度系数 $\mu$，对于纯框架体系，可按《钢结构设计标准》GB 50017—2017 中有侧移时的 $\mu$ 值取用；对于有支撑或剪力墙体系，如层间位移不超过限值（1/300 层高），可取 $\mu=1$。

为了实现强柱弱梁的设计原则，使塑性铰出现在梁端而不是出现在柱端，柱截面的塑性抵抗矩宜满足式（7-10）关系。

$$\sum W_{pc}(f_{yc}-N/A_c) \geqslant \eta \sum W_{pb} f_{yb} \tag{7-10}$$

式中 $W_{pc}$、$W_{pb}$——分别为交会于节点的柱和梁的塑性抵抗矩；
$f_{yc}$、$f_{yb}$——分别为柱和梁的钢材屈服强度；
$N$——按多遇地震作用的荷载组合计算的柱轴力；
$A_c$——框架柱的毛截面面积；
$\eta$——强柱系数，一级取 1.15，二级取 1.10，三级取 1.05。

钢柱在轴压比较大时，在反复荷载下承载力的折减十分显著，故其轴压比不宜超过 0.4，与钢梁的设计相似，在柱可能出现塑性铰的区域内，板件的宽厚比及侧向支承的间距应加以限制。为了保证塑性铰的转动能力，在塑性铰区域内，应按表 7-3 来确定板件宽厚比的限值。长细比和轴压比均较大的柱，其延性较小，故需满足式（7-9）的要求。规范规定，框架柱的长细比，一级不应大于 $60\sqrt{235/f_{ay}}$，二级不应大于 $80\sqrt{235/f_{ay}}$，三级不应大于 $100\sqrt{235/f_{ay}}$，四级不应大于 $120\sqrt{235/f_{ay}}$。

### 7.3.3 支撑构件的抗震设计

支撑构件在反复荷载作用下的性能与其长细比关系很大。当构件采用圆钢或扁钢时，由于长细比极大，故只能受拉而不能受压；当支撑构件采用型钢时，其长细比一般较小，故能承受一定的压力。在水平荷载反复作用下，当支撑杆件受压失稳后，其承载能力降低，刚度退化，吸能能力随之降低。

**框架柱板件宽厚比限值**　　　　　　　　　　　　　　　　表 7-3

| 板　件 | 抗震等级 | | | |
|---|---|---|---|---|
| | 一级 | 二级 | 三级 | 四级 |
| 工字形柱翼缘外伸部分 | 10 | 11 | 12 | 13 |
| 工字形柱腹板 | 43 | 45 | 48 | 52 |
| 箱形柱壁板 | 33 | 36 | 38 | 40 |

注：表列数值适用于 Q235 钢，采用其他牌号钢材时，应乘以 $\sqrt{235/f_{ay}}$。

### 1. 中心支撑构件设计

在交叉支撑中，当支撑杆件的长细比很大时可认为只有拉杆起作用，但当杆件长细比不很大（小于200）时，则受压失稳的斜杆尚有一部分承载能力，故应考虑拉、压两杆的共同工作。根据试验，交叉支撑中拉杆内力 $N_t$ 可按式（7-11）计算。

$$N_t = \frac{V}{(1+\psi_c\varphi)\cos\alpha} \tag{7-11}$$

式中　$V$——支撑架节间的地震剪力；

　　　$\varphi$——支撑斜杆的轴心受压稳定系数；

　　　$\psi_c$——压杆卸载系数，当 $\lambda=60\sim100$ 时，$\psi_c=0.7\sim0.6$；当 $\lambda=100\sim200$ 时，$\psi_c=0.6\sim0.5$；

　　　$\alpha$——支撑斜杆与水平所成的角度。

在计算人字支撑和 V 形支撑的斜杆内力时，因斜杆受压屈曲后使横梁产生较大变形，同时体系的抗剪能力发生较大退化，为了提高斜撑的承载能力，其地震内力应乘以增大系数 1.5。

支撑斜杆在多遇地震作用效应组合下的抗压验算，可按式（7-12）计算。

$$\frac{N}{\varphi A} \leq \frac{\eta f}{\gamma_{RE}} \tag{7-12}$$

$$\eta = \frac{1}{1+0.35\lambda_n} \tag{7-13}$$

$$\lambda_n = \frac{\lambda}{\pi}\sqrt{f_{ay}/E} \tag{7-14}$$

式中　$N$——支撑斜杆的轴力设计值；

　　　$A$——支撑斜杆的截面面积；

　　　$\varphi$——由支撑长细比确定的轴心受压构件的稳定系数；

　　　$\eta$——循环荷载作用下设计强度降低系数，按式（7-13）计算；

　　　$\gamma_{RE}$——承载力抗震调整系数，取 0.75。

中心支撑宜采用十字交叉体系、单斜杆体系和人字支撑（V 形支撑）体系，不宜采用 K 形斜杆体系。当采用只能受拉的单斜杆体系时，应同时设不同倾斜方向的两组单斜杆，且每组中不同方向单斜杆的截面面积在水平方向的投影面积之差不得大于 10%，以防止支撑屈曲后，使结构水平位移向一侧发展。

支撑构件的长细比，按压杆设计时，不宜大于 $120\sqrt{235/f_{ay}}$；中心支撑杆一、二、三级不得采用拉杆，四级时可采用拉杆，其长细比不宜大于 $180\sqrt{235/f_{ay}}$。人字形和 V 形支撑，因为它们屈曲后，加重所连接梁的负担，对长细比的限制应更严一些。

板件宽厚比是影响局部屈曲的重要因素，直接影响支撑构件的承载能力和耗能能力。中心支撑构件宽厚比限值如表 7-4 所示。

中心支撑板件宽厚比限值　　　　　　表 7-4

| 板件名称 | 抗震等级 | | | |
|---|---|---|---|---|
| | 一级 | 二级 | 三级 | 四级 |
| 翼缘外伸部分 | 8 | 9 | 10 | 13 |
| 工字形截面腹板 | 25 | 26 | 27 | 33 |
| 箱形截面壁板 | 18 | 20 | 25 | 30 |
| 圆管外径与壁厚比 | 38 | 40 | 40 | 42 |

注：表列数值适用于 Q235 钢，采用其他牌号钢材应乘以 $\sqrt{235/f_{ay}}$，圆管应乘以 $235/f_{ay}$。

2. 偏心支撑体系设计

1）耗能梁段设计

如图 7-3 所示，可通过调整耗能段的长度 $e$，使该段梁的屈服先于支撑杆的失稳。为了发挥腹板优良的剪切变形性能，设计中宜使腹板发生剪切屈服时，梁受剪段两端所受的弯矩尚未达到截面的塑性弯矩，这种破坏形式称为剪切屈服型，它特别适宜用于强震区。一般当 $e$ 符合式（7-15）时即为剪切屈服型，否则为弯曲屈服型。

$$e \leqslant 1.6 M_s/V_s \tag{7-15}$$

$$V_s = h_0 t_w f_v \tag{7-16}$$

$$M_s = W_p f_{ay} \tag{7-17}$$

式中　$M_s$、$V_s$——分别为耗能梁段的塑性抗弯和抗剪承载力，假设梁段为理想的塑性状态；

$h_0$、$t_w$——分别为梁段腹板的计算高度与厚度；

$W_p$——梁段截面塑性抵抗矩；

$f_{ay}$、$f_v$——分别为钢材屈服强度与抗剪强度，$f_v = 0.58 f_{ay}$。

一般耗能梁段只需作抗剪承载力验算，即使梁段的一端为柱时，虽然梁端弯矩较大，但由于弹性弯矩向梁段的另一端重分布，在剪力到达抗剪承载力之前，不会有严重的弯曲屈服。

耗能梁段的抗剪承载力可按下列规定验算：

当 $N \leqslant 0.15 A_{lb} f$ 时，忽略轴向力的影响：

$$V \leqslant 0.9 V_l / \gamma_{RE} \tag{7-18}$$

$V_l = 0.58 A_w f_{ay}$ 或 $V_l = 2 M_{lp}/e$，取较小值。

$A_w w = (h - 2 t_f) t_w$，$M_{lp} = f W_p$。

当 $N > 0.15 A f$ 时，由于轴向力的影响，要适当降低梁段的受剪承载力，以保证梁段具有稳定的滞回性能：

$$V \leqslant 0.9V_{lc}/\gamma_{RE} \tag{7-19}$$

$V_{lc} = 0.58A_w f_{ay}/\sqrt{1-[N/(Af)]^2}$ 或 $V_{lc} = 2.4M_{lp}[1-N/(Af)]/e$，取较小值

式中　$N$、$V$——分别为消能梁段的轴力设计值和剪力设计值；

　　　$V_l$、$V_{lc}$——梁段受剪承载力和计入轴力影响的受剪承载力；

　　　$M_{lp}$——消能梁段的全塑性受弯承载力；

　　　$A$、$A_w$——分别为消能梁段的截面面积和腹板截面面积；

　　　$W_p$——消能梁段的塑性截面模量；

　　　$A$、$h$——分别为消能梁段的净长和截面高度；

　　　$t_w$、$t_f$——分别为消能梁段的腹板厚度和翼缘厚度；

　　　$f$、$f_{ay}$——消能梁段钢材的抗压强度设计值和屈服强度；

　　　$\gamma_{RE}$——消能梁段承载力抗震调整系数，取 0.75。

在上述各公式中，$\gamma_{RE}$ 为消能梁段承载力抗震调整系数，均取 0.75。耗能梁段截面宜与同一跨内框架梁相同。耗能梁段的腹板上应设置加劲肋，以防止腹板过早屈曲。对于剪切屈服型梁段，加劲肋的间距不得超过 $30t_w \sim h_0/5$（$t_w$ 为腹板厚度；$h_0$ 为腹板计算高度）。

2）支撑斜杆及框架梁、柱设计

偏心支撑斜杆内力可按两端铰接计算，其强度按式（7-20）计算。

$$\frac{N_{bf}}{\varphi A_{br}} \leqslant \frac{f}{\gamma_{RE}} \tag{7-20}$$

式中　$A_{br}$——支撑截面面积；

　　　$\varphi$——由支撑长细比确定的轴心受压构件稳定系数。

为使偏心支撑框架仅在耗能梁段屈服，支撑斜杆、柱和非耗能梁段的内力设计值应根据耗能梁段屈服时的内力确定。《标准》考虑耗能梁段设置加劲肋会有 1.5 的实际有效超强系数，并根据各构件的抗震调整系数 $\gamma_{RE}$。偏心支撑斜杆、位于耗能梁段同一跨的框架梁以及偏心支撑框架柱的内力设计值，应取耗能梁段达到受剪承载力时各自的内力乘以增大系数。对于偏心支撑斜杆，增大系数 $\eta$ 在 8 度及以下时应大于 1.4，9 度时应大于 1.5；对于位于耗能梁段同一跨的框架梁和偏心支撑框架柱，增大系数 $\eta$ 在 8 度及以下时应大于 1.5，9 度时应大于 1.6。

### 7.3.4　梁与柱的连接抗震设计

1. 梁与柱连接的工作性能

抗震结构中，梁与柱的连接常采用全部焊接或焊接与螺栓连接联合使用。试验证明，不论是全焊节点或翼缘用焊接而腹板用高强螺栓连接的节点，其强度由于应变硬化，均可超出计算值很多。这类节点如果设计与构造合适，可以承受较强烈的反复荷载，它们具有很高的吸能能力。

2. 梁与柱连接的抗震设计

1）设计要求

在框架结构节点的抗震设计中，应考虑在距梁端或柱端 1/10 跨长或两倍截面高度范围内构件进入塑性区，设计时应验算该节点连接的极限承载力、构件塑性区的板件宽厚比

和受弯构件塑性区侧向支承点间的距离。其中有关板件宽厚比及侧向支承点间的距离的要求如前所述，对于连接的计算将包括下列内容：计算连接件（焊缝、高强螺栓等），以便将梁的弯矩、剪力和轴力传递至柱；验算柱在节点处的承载力和刚度。

2) 梁柱连接承载力验算

梁与柱连接时应使梁能充分发挥其承载力与延性。为此，当确定梁的抗弯及抗剪能力时应考虑钢材强度的变异，也应考虑局部荷载的剪力效应，即梁柱节点连接的极限受弯、受剪承载力应满足下式要求：

$$M_u^j \geqslant \eta_j M_p \tag{7-21}$$

$$V_u^j \geqslant 1.2(2M_p/l_n) + V_{Gb} \tag{7-22}$$

式中 $M_u^j$——节点连接的极限抗弯承载力；

$V_u^j$——节点连接的极限抗剪承载力；

$M_p$——梁的全塑性受弯承载力；

$l_n$——梁的净跨；

$V_{Gb}$——梁在重力荷载代表值（9度时高层建筑尚应包括竖向地震作用标准值）作用下，按简支梁分析的梁端截面剪力设计值；

$\eta_j$——连接系数，可按表 7-5 采用。

3. 节点域承载力验算

梁柱节点域如果构造和焊接可靠，而且设置适当的加劲板以免腹板局部失稳和翼缘变形，将具有很大的耗能能力，成为结构中延性极高的部位。梁柱节点域的破坏形式有以下两种：

**钢结构抗震设计的连接系数** 表 7-5

| 母材牌号 | 梁柱连接 | | 支撑连接，构件拼接 | | 柱脚 | |
|---|---|---|---|---|---|---|
| | 焊接 | 螺栓连接 | 焊接 | 螺栓连接 | | |
| Q235 | 1.40 | 1.45 | 1.25 | 1.30 | 埋入式 | 1.2 |
| Q345 | 1.30 | 1.35 | 1.20 | 1.25 | 外包式 | 1.2 |
| Q345GJ | 1.25 | 1.30 | 1.15 | 1.20 | 外露式 | 1.1 |

注：1. 屈服强度高于 Q345 的钢材，按 Q345 的规定采用；
2. 屈服强度高于 Q345GJ 的 GJ 材，按 Q345GJ 的规定采用；
3. 翼缘焊接腹板栓接时，连接系数分别按表中连接形式取用；
4. 外露式柱脚是指刚性柱脚，只适用于房屋高度 50m 以下。

一是柱腹板在梁受压翼缘的推压下发生局部失稳，或柱翼缘在梁受拉翼缘的拉力下发生过大的弯曲变形，导致柱腹板处连接焊缝的破坏，如图 7-6（a）所示。

二是当节点域存在很大的剪力时，该区域将受剪屈服或失稳而破坏，如图 7-6（b）所示。

1) 节点区的拉、压承载力验算

对于梁柱节点，梁弯矩对柱的作用可以近似地用作用于梁翼缘的力偶表示，而不计腹板内力。此作用力 $T = f_{ay}A_f$（其中 $f_{ay}$ 及 $A_f$ 分别为翼缘屈服强度及截面积）。设 $T$ 以 1：2.5 的斜率向柱腹板深处扩散，则在工字钢翼缘填角尽端处腹板应力按式（7-23）计算。

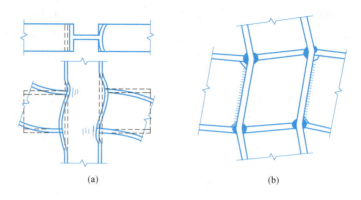

图 7-6 梁柱节点区的破坏
(a) 柱翼缘的变形；(b) 节点核心区的变形

$$\sigma = \frac{T}{t_w(t_b+5k_c)} = \frac{f_{ay}a_f}{t_w(t_b+5k_c)} \tag{7-23}$$

式中 $t_w$——柱腹板厚度；

$t_b$——梁翼缘厚度；

$k_c$——柱翼缘外边至翼缘填角尽端的距离。

为了保证柱腹板的承载力，应使上述应力小于柱腹板的屈服强度，即当梁与柱采用同一钢材时，应满足式（7-24）要求。

$$t_w \geqslant \frac{A_f}{t_b+5k_c} \tag{7-24}$$

为了防止柱与梁受压翼缘相连接处柱腹板的局部失稳，柱腹板厚度尚应满足稳定性按式（7-25）计算。

$$t_w \geqslant (h_b+h_c)/90 \tag{7-25}$$

式中 $h_b$、$h_c$——分别为梁腹板高度和柱腹板高度。

为了防止柱与梁受拉翼缘相接处柱翼缘及连接焊缝的破坏，对于宽翼缘工字钢，柱翼缘的厚度 $t_c$ 应满足式（7-26）要求。

$$t_c \geqslant 0.4\sqrt{A_f} \tag{7-26}$$

若不能满足式（7-24）～式（7-26）的要求，则在节点区须设置加劲板。图 7-7 为加劲板的设置方法。

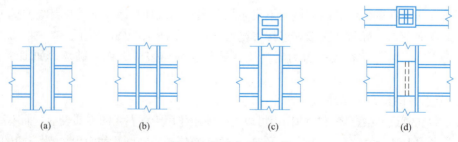

图 7-7 梁柱节点的加强
(a) 无加劲板；(b) 水平加劲板；(c) 竖直加劲板；(d) T形加劲板

《标准》规定，主梁与柱刚接时应采用图 7-7（b）的形式，对于大于 7 度抗震设防的结构，柱的水平加劲肋应与翼缘等厚，6 度时应能传递两侧梁翼缘的集中力，其厚度不得小于梁翼缘的 1/2，并应符合板件宽厚比的限值。

2）节点域剪切变形及承载力验算

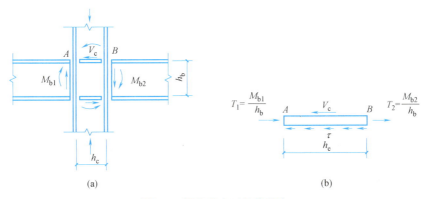

图 7-8 梁柱节点区的作用力

在框架中间节点，当两边的梁端弯矩方向相同，或方向不同但弯矩不等时，节点域的柱腹板将受到剪力的作用，使节点区发生剪切变形，见图 7-8（b）。作用于节点的弯矩及剪力见图 7-8。取上部水平加劲肋处柱腹板为隔离体如图 7-8（a）所示，其上 $V_c$ 为柱的剪力，$T_1$ 及 $T_2$ 为梁翼缘的作用力，可以近似地将梁端设计弯矩 $M_{b1}$ 及 $M_{b2}$ 除以梁高 $h_b$ 得之。设工字形柱腹板厚度为 $t_w$，高度为 $h_c$，得柱腹板中的平均剪应力为：

$$\tau = \left(\frac{M_{b1}+M_{b2}}{h_b} - V_c\right)/(h_c t_w) \tag{7-27}$$

$\tau$ 应小于钢材抗剪强度设计值 $f_v$，即：

$$\tau = f_v/\gamma_{RE} \tag{7-28}$$

《标准》中省去 $V_c$ 引起的剪应力项，以及考虑节点域在周边构件的影响下承载力的提高，将 $f_v$ 乘以 4/3 的增强系数，即：

$$\frac{M_{b1}+M_{b2}}{h_b h_c t_w} \leqslant \frac{4/3 f_v}{\gamma_{RE}} \tag{7-29}$$

式中 $M_{b1}$、$M_{b2}$——分别为节点域两侧梁的弯矩设计值；

$\gamma_{RE}$ 取 0.75。

同时，按 7 度以上抗震设防的结构，为不使节点板域厚度太大，影响地震能量吸收，节点域的屈服承载力尚应按式（7-30）计算。

$$\psi \frac{M_{pb1}+M_{pb2}}{h_b h_c t_w} \leqslant \frac{4/3 f_v}{\gamma_{RE}} \tag{7-30}$$

式中 $M_{pb1}$、$M_{pb2}$——节点域两侧梁的全塑性受弯承载力；

$\psi$——折减系数，三、四级时取 0.6，一、二级时取 0.7；

$\gamma_{RE}$ 取 0.75。

式（7-29）、式（7-30）系对工字形截面而言，对于箱形截面的柱，其腹板受剪面积取 $1.8 h_c t_w$。

当柱的轴压比大于 0.5 时，在设计节点域时应考虑压应力与剪应力的联合作用。此时可将式（7-29）、式（7-30）中的钢材抗剪设计强度乘以折减系数 $\alpha$。

$$\alpha = \sqrt{1-(N/N_y)^2} \tag{7-31}$$

式中　$N$——柱轴压力设计值；

　　　$N_y$——柱的屈服轴压承载力。

如腹板厚度不足，宜将柱腹板在节点域局部加厚，不宜贴焊补厚板。

### 思考题与习题

1. 试分析常见高层钢结构体系的受力特点和各自的适用范围。
2. 试分析钢结构和钢筋混凝土结构阻尼比受其地震影响系数取值的影响。
3. 试分析对比钢结构房屋和钢筋混凝土结构房屋在多遇地震和罕遇地震作用下的侧移限值。
4. 试分析钢梁的受力破坏机理及其抗震设计要点。
5. 试分析钢柱的受力破坏机理及其抗震设计要点。
6. 试分析钢支撑的受力机理及其抗震设计要点。
7. 试分析钢梁与钢柱连接的工作机理及其抗震设计要点。

# 第 8 章

# 结构隔震与消能减震设计的基础知识

# 第8章 结构隔震与消能减震设计的基础知识

## 8.1 概　　述

### 8.1.1 结构隔震

传统的抗震设计是利用材料的强度和结构构件的塑性变形能力来抵抗地震作用，使建筑物免遭不可修复的破坏或不至于倒塌。隔震技术则是采用特殊的措施来隔离地震对上部结构的影响，使建筑物在地震时只产生很小的振动，这种振动不致造成结构和设施的破坏，还能保证结构物上的重要设备、仪器仪表的正常运行。

工程隔震是地震工程学中的一个分支，目前已发展了多种类型的隔震方式，以适应不同的工程要求。在建筑物的隔震中，目前使用较多的和比较成熟的为基础隔震技术。本章主要介绍建筑物的基础隔震技术以及设计原理。

国际上隔震技术的研究开始于20世纪60年代，1965年日本的松下清夫与和泉正哲教授在新西兰举行的第二届世界地震工程会议上提出以摇动球座装置进行隔震，这篇论文是世界上首次以解析方法研究隔震结构的文章。采用隔震技术建造建筑物在国外已有很多实例。1969年瑞典人利用橡胶支座垫在南斯拉夫建造了一所小学；1974年新西兰人采用多种耗能器在新西兰首都惠灵顿开始建造4层办公大楼，该楼于1982年建成；1981年日本利用双重柱为隔震装置建成了东京理科大学一号馆；1985年美国采用隔震技术建成了加州圣伯纳丁诺司法事务中心；1986年日本东京又建成了一座5层隔震楼高技术中心；1986年新西兰又利用隔震装置建成10层联合大楼。

1970年后多层橡胶支座开发成功，南非和法国一些核能电厂采用了多层橡胶支座；1982年在新西长的一栋建筑上首次采用含铅芯的多层橡胶支座。新西兰、美国、日本在桥梁中也广泛采用隔震技术，日本已将隔震设计纳入建筑设计指南中，为在实际工程中应用提供了技术上的认可和依据。美国目前也正在编写基础隔震设计指南等技术标准，有些州已有了自己的隔震设计指南。

中国的隔震研究开始于20世纪70年代，真正用于工程上是20世纪80年代的事，原冶金部建筑研究总院多年研究砂垫层隔震并在北京建成了一座4层隔震楼房。进入20世纪90年代，基础隔震研究在中国蓬勃开展，目前已经在全国各地建成了600多栋的基础隔震房屋，有些已准备安装振动测试仪器来获得地震时的数据。基础隔震在中国的应用虽然较晚，但从目前的发展趋势看，它具有广阔的应用前景，是今后工程结构物抵御地震的发展方向之一。

### 8.1.2 结构消能减震

地震发生时，地面震动引起结构物的振动反应，结构物接收了大量的地震能量，必然要进行能量转换或消耗才能终止振动反应。如容许结构及承重构件（如柱、梁、节点等）在地震中出现损坏，这种损坏的过程就是"消能"的过程。结构及构件的严重破坏或倒塌，就是地震能量转换或消耗的最终完成。这是一种消极被动的抗震方法，不具备自我调节与自我控制的能力。

合理有效的抗震途径是对结构施加控制机构（系统），由其与结构自身共同承受地震作用，以调节和减轻结构的地震反应。结构控制的概念首先由美国学者 J. Y. P. Yao 于1972年提出，其后不断得到丰富与完善。结构减震控制根据是否需要外部能量输入可分为被动控制、主动控制、半主动控制、智能控制和混合控制。

消能减震是工程减震控制技术中的一种被动控制技术，早在 20 世纪 70 年代，Kells 等人就开始进行被动消能减震方面的研究。所谓消能减震技术，是指将结构物中的某些构件（如支撑、剪力墙等）设计成消能部件或在结构物的某些部位（节点或连接处）装设阻尼器。在小震和设计风荷载作用下，这些消能部件或阻尼器处于弹性状态，结构体系具有足够的抗侧刚度以满足正常使用要求；在中震、大震及强震作用下，消能部件或阻尼器率先进入非弹性状态，产生较大的阻尼，耗散地震输入结构的大部分能量，并迅速衰减结构的动力反应，使主体结构不出现明显的弹塑性变形，从而确保主体结构在强震作用下的安全。

消能减震结构体系不仅是一种非常安全可靠的结构减震体系，而且通过"柔性消能"的途径减少结构地震反应，改变了传统抗震结构中采用"硬抗"地震的方法，因而可以减少剪力墙的设置，减小构造断面，减少配筋，节约结构造价。此外，消能减震结构是通过设置消能构件或装置，使结构在出现变形时迅速消耗地震能量，保护主体结构的安全，因而结构越高、越柔，跨度越大，消能减震效果越明显。

正是由于消能减震结构具有上述安全可靠、经济合理、适用范围广等优点，因而被广泛应用于各类工程结构物的减震或抗风中。消能减震技术既适用于新建建筑物，又适用于已有建筑物的抗震加固和维修；既用于普通建筑物，也可用于重要的生命线工程。已有的研究和震后经验说明消能减震可以很大程度减轻地震对结构的作用，全面提高结构的抗震性能，包括改善已有建筑的抗震能力，是一种完全不同于传统抗震设计的结构保护体系。

## 8.2 建筑结构的基础隔震

建筑物在地震、强风、机械振动等外力作用下产生振动，采用隔震技术的目的就是将外界激振源的影响隔离或降低，从而减小作用在建筑物上的地震作用和其他振动水平力。就基础隔震（地震）而言，可以将建筑物与地基用隔震装置隔开，使地震地面运动的能量直接由基础的隔震支座和耗能装置吸收，建筑物所受的影响相对减少，从而达到抗御地震的目的。基础隔震装置一般划分为滑动方式和弹性支承方式两种，见图 8-1。由图 8-1 可见，滑动隔震方式比较简单，但强烈地震时建筑物会产生大位移，适用性较差，因此，目前的隔震装置多以弹性支承方式为主。为了防止建筑物过大的垂直振动，隔震装置应以上下方向刚度极大而水平方向相对较柔软的材料最适合。目前各国采用的材料中，以钢板与

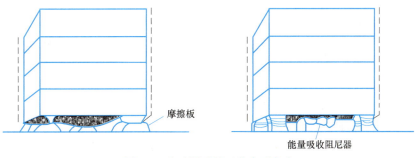

图 8-1　基础隔震的两种支承方式

橡胶交互夹层相接的多层橡胶支座最为普遍。

由于在地震过程中常含有长周期成分，所以单靠橡胶控制振动有时效果不佳。为此，隔震结构中常常将橡胶支座和阻尼器并用来控制振幅。多层橡胶支座与各种形式的阻尼器相组合，一方面能使结构物的周期变长从而降低了地震作用，另一方面又通过阻尼器吸收地震能量，减少基底可能产生的位移。

由于采用隔震装置使建筑物的地震作用大大降低，结构的层间变形变小，故隔震结构的设计重点不再是增加上部结构材料强度和改善变形能力，而是通过隔震装置的设计从整体上控制结构的变形大小和结构所承受的总地震作用。在进行隔震装置的设计时把上部结构作为一个刚体，这就要求上部结构在振动时具备足够的刚度而保持良好的整体性。在进行上部结构的设计时，由于地震作用大大降低，对结构的强度和变形要求也就相对降低，一般可以按常规的方法进行设计。对于体型复杂和重要的建筑物，也可以将隔震装置和上部结构作为一个系统，按多自由度体系进行动力反应分析和抗震设计。

试验研究和实际地震均证明，有隔震装置的建筑物与无隔震装置的建筑物相比，地震作用和层间变形都有明显地减小，这样就给非结构构件、室内外装饰、设备管道的设计带来了很大的方便，这也是隔震建筑物的又一明显优点。

### 8.2.1 隔震装置

目前常用的隔震装置可以分为两大类，即多层橡胶支座系列和各种阻尼器系列。

1. 多层橡胶支座系列

多层橡胶支座隔震装置安装在建筑物与基础之间，它支持着建筑物的全部重量，故要求垂直方向的刚度很大，即压缩量很小。为了使建筑物的周期变长，就必须使多层橡胶垫的水平刚度变小，这样，建筑物的加速度反应随之减小，而隔震装置以上部分的整体变形随之变大。因此，多层橡胶垫必须有足够的变形能力，即在大变形的情况下也能支承上部建筑物的重量。由于橡胶在卸荷后具有恢复原状的性质，故在经历变形后，仍可借自身的恢复力使建筑物恢复到原来的位置。

多层橡胶支座由橡胶与钢板逐层叠合而成。由于加入钢板，它可有效地束缚垂直方向的体积变化而不影响剪切变形，也就是增加垂直方向的刚度而对水平刚度没有影响。多层橡胶垫一般为圆柱形，直径300～1000mm，每个可支承荷重500～5000kN，大直径可支承7000kN以上。多层橡胶支座的变形原理如图8-2所示。

目前在日本开发应用并在技术上比较成熟的橡胶支座有三种：

（1）标准叠层橡胶支座。它由薄橡胶片与薄钢板隔层重叠、加热加压而成。与单体橡胶相比，多层橡胶具有很强的垂直支承力，而在水平方向又保持了橡胶的柔性，在支承上部建筑物重量的同时能起到良好的减震与缓冲作用。

（2）高阻尼叠层橡胶支座。即把具有高阻尼性能的橡胶使用在多层橡胶中，这样制成的橡胶支座，既可以保持垂直方向刚度大、变形小的特点，又具有吸收地震能量、减小结构整体变形的作用。

（3）加铅芯的叠层橡胶支座。即把铅芯注入多层橡胶中心，形成组合装置，如图8-3所示。它除了具有标准多层橡胶支座的优点之外，铅芯在地震时既可以吸收地震能量，又可以约束建筑物的变形，使建筑物返回原来位置。对这种支座的试验研究比较多，在工程上的应用也比较多。

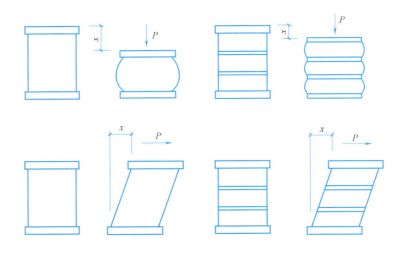

图 8-2 多层橡胶的变形示意

**2. 阻尼器系列**

阻尼器的主要作用是吸收地震能量和限制结构的整体变形，一般不要求用来承受垂直荷载。目前国际上广泛应用于工程上的阻尼器有钢棒阻尼器、黏性阻尼器、摩擦阻尼器和铅阻尼器。这几种阻尼器的主要特点如下：

（1）钢棒阻尼器：利用钢材的弹塑性来吸收地震能量，特殊的钢棒与特殊的轴承组合可开发出400mm 变形能力的高性能阻尼器。

（2）黏性阻尼器：利用黏性液体来吸收地震能量。这种阻尼器对于小震和中震是很有效。

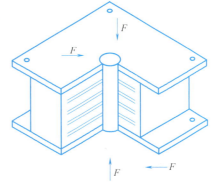

图 8-3 加铅芯的叠层橡胶支座

（3）摩擦阻尼器：又叫摩擦缓冲器，主要由三层钢板组成。中间板固定在建筑物一侧，两边板固定在基础一侧。地震时由于结构和基础之间的相对变形而使这些钢板发生回转运动，由于摩擦力的作用可以抑制这种运动并吸收部分地震能量。它既可以安装在建筑物的基底，也可以安装在建筑物的某一层。

（4）铅阻尼器：用铅制成的阻尼器可用来抑制结构的较大变形，并吸收地震能量。

### 8.2.2 隔震房屋的设计原理和设计要求

尽管隔震房屋在世界各国已有少量建造，但是形成较完整设计标准的，只有美国、日本和中国等国家。下面介绍反映在隔震设计规范中的设计原理和设计方法。

**1. 建筑隔震设计的基本要求**

（1）基础隔震房屋的设计地震，应与传统的基础固定房屋的设计地震相同，亦即对于建造在同一地区的基础隔震房屋和基础固定房屋，采用相同的设计地震动参数，例如相同的设计反应谱等。

（2）要求分析基础隔震房屋在相应于最大地震反应时的最大侧向位移性能，并进行相应的试验以取得可靠的数据。《标准》要求对基础隔震房屋进行竖向承载力的验算和罕遇地震下水平位移的验算。

（3）要求在设计地震作用下，基础隔震装置以上的房屋基本上保持弹性状态。

（4）对隔震器（或隔震支座）本身的要求：①要求在设计位移时，隔震器保持力学上的稳定；②要求隔震器能提供随着位移增长而增大的抗力，即抗力的增长与位移增长成正比；③要求在反复的周期荷载作用下，隔震器的性能不至于严重退化；④要求使用的隔震器有数量化的工程参数，例如力和位移的关系、阻尼等便于在设计中应用的参数。

（5）隔震设计应根据预期的竖向承载力、水平向减震系数和位移控制要求，选择适当的隔震装置及抗风装置组成结构的隔震层。

2. 建筑隔震设计计算要点

建筑结构隔震设计的计算分析，应符合下列规定：当上部结构的体型比较复杂或刚度、强度分布不均匀时，就必须将上部结构看作多自由度系统，连同隔震器一起进行整个系统的动力反应分析。在进行动力分析，系统的计算模型与一般的多层房屋基本相同，所不同的是与隔震支座相连接的上部结构的底板也应简化为一个或多个质点（与上部各层的简化相同），该质点所对应的层间刚度和阻尼应取隔震支座的刚度和阻尼。当隔震层以上结构的质心与隔震层刚度中心不重合时，应计入扭转效应的影响。系统的计算模型确定之后，就可以按一般的多自由度体系计算隔震房屋系统的自振特性和动力反应，具体计算可参见第4章。

一般情况下，宜采用时程分析法进行计算；输入地震波的反应谱特性和数量，应符合《标准》规定，计算结果宜取其包络值；当处于发震断层10km以内时，输入地震波应考虑近场影响系数，5km以内宜取1.5，5.5km以外可取不小于1.25。

1）隔震层布置及要求

隔震层宜设置在结构的底部或下部，其橡胶隔震支座应设置在受力较大的位置，间距不宜过大，其规格、数量和分布应根据竖向承载力、侧向刚度和阻尼的要求通过计算确定。隔震层在罕遇地震下应保持稳定，不宜出现不可恢复的变形；其橡胶支座在罕遇地震的水平和竖向地震同时作用下，拉应力不应大于1MPa。

隔震层的水平等效刚度和等效黏滞阻尼比可按下列公式计算：

$$K_h = \sum K_j \tag{8-1}$$

$$\zeta_{eq} = \sum K_j \zeta_j / K_h \tag{8-2}$$

式中 $\zeta_{eq}$——隔震层等效黏滞阻尼比；

$K_h$——隔震层水平等效刚度；

$\zeta_j$——j 隔震支座由试验确定的等效黏滞阻尼比，设置阻尼装置时，应包相应阻尼比；

$K_j$——j 隔震支座（含消能器）由试验确定的水平等效刚度。

2）隔震层以上结构地震作用计算

对多层结构，水平地震作用沿高度可按重力荷载代表值分布。隔震后水平地震作用计算的水平地震影响系数可根据烈度、场地类别、设计地震分组和结构自振周期以及阻尼比按《标准》确定。其中，水平地震影响系数最大值可按下式计算：

$$\alpha_{maxl} = \beta \alpha_{max} / \psi \tag{8-3}$$

式中 $\alpha_{maxl}$——隔震后的水平地震影响系数最大值；

$\alpha_{max}$——非隔震的水平地震影响系数最大值；

$\beta$——水平向减震系数；对于多层建筑，为按弹性计算所得的隔震与非隔震各层层间剪力的最大比值；对高层建筑结构，尚应计算隔震与非隔震各层倾覆力矩的最大比值，并与层间剪力的最大比值相比较，取两者的较大值；

$\psi$——调整系数；一般橡胶支座，取 0.80；支座剪切性能偏差为 S-A 类，取 0.85；隔震装置带有阻尼器时，相应减少 0.05。

注：1. 弹性计算时，简化计算和反应谱分析时宜按隔震支座水平剪切应变为 100% 时的性能参数进行计算；当采用时程分析法时按设计基本地震加速度输入进行计算；

2. 支座剪切性能偏差按现行国家产品标准《橡胶支座 第 3 部分：建筑隔震橡胶支座》GB 20688.3—2006 确定。

隔震层以上结构的总水平地震作用不得低于非隔震结构在 6 度设防时的总水平地震作用，并应进行抗震验算；各楼层的水平地震剪力尚应符合《标准》中对本地区设防烈度的最小地震剪力系数的规定。

9 度和 8 度且水平向减震系数不大于 0.3 时，隔震层以上的结构应进行竖向地震作用的计算。隔震层以上结构竖向地震作用标准值计算时，各楼层可视为质点，并按《标准》中的公式计算竖向地震作用标准值沿高度的分布。

计算隔震系统以上结构的设计地震作用，当不需要对上部结构进行动力分析（反应谱分析和时程分析）时，上部结构的设计抗侧力水平，可以根据上部结构的抗侧力形式，减小 2~4 倍。并假定设计抗侧力水平，不小于下述每一条：

（1）与基础隔震结构周期相同的基础固定结构的设计地震作用。这个基础固定结构的周期可以用经验公式计算，设计地震作用应按设计规范或适当的设计文件来确定。

（2）相应于设计风荷载的底部剪力。

（3）使隔震系统开始全部发挥作用所需要的设计地震作用，例如软化系统的屈服水平，风力约束系统的极限能力，滑动系统的静摩擦水平力等。

另外，设计抗侧力，对于偏心结构，不能小于静力分析所需要的最小抗侧力；对于规则结构，不能小于 80% 的静力分析所需要的最小抗侧力。

3）基础隔震系统的设计位移

建筑隔震设计计算的主要内容是计算在设计地震作用下的位移，并使这个位移满足一定的要求。

4）隔震层隔震支座要求

隔震支座在表 8-1 所列的压应力下的极限水平变位，应大于其有效直径的 0.55 倍和支座内部橡胶总厚度 3 倍两者中的较大值。

在经历相应设计基准期的耐久试验后，隔震支座刚度、阻尼特性变化不超过初期值的 ±20%；徐变量不超过支座内部橡胶总厚度的 5%。

橡胶隔震支座在重力荷载代表值的竖向压应力不应超过表 8-1 的规定。

## 橡胶隔震支座压应力限值　　　　　　　表 8-1

| 建筑类别 | 甲类建筑 | 乙类建筑 | 丙类建筑 |
|---|---|---|---|
| 压应力限值(MPa) | 10 | 12 | 15 |

注：1. 压应力设计值应按永久荷载和可变荷载的组合计算；其中，楼面活载应按现行国家标准《建筑结构荷载规范》GB 50009—2012 的规定乘以折减系数；
2. 结构倾覆验算时应包括水平地震作用效应组合；对需进行竖向地震作用计算的结构，尚应包括竖向地震作用效应组合；
3. 当橡胶支座的第二形状系数（有效直径与橡胶层总厚度之比）小于 5.0 时应降低压应力限值；小于 5 不小于 4 时降低 20%，小于 4 不小于 3 时降低 40%；
4. 外径小于 300mm 的橡胶支座，丙类建筑的压应力限值为 10MPa。

隔震支座由试验确定设计参数时，竖向荷载应保持表 8-1 的压应力限值，对水平减震系数计算，应取剪切变形 100% 的等效刚度和等效黏滞阻尼比；对罕遇地震验算，宜采用剪切变形 25% 时的等效刚度和等效黏滞阻尼比，当隔震支座直径较大时，可采用剪切变形 100% 时的等效刚度和等效黏滞阻尼比。当采用时程分析时，应以实验所得滞回曲线作为计算依据。

隔震支座的水平剪力应根据隔震层在罕遇地震下的水平剪力按各隔震支座的水平等效刚度分配；当按扭转耦联计算时，尚应计及隔震层的抗扭刚度。

隔震支座对应于罕遇地震水平剪力的水平位移，应符合下列要求：

$$u_i \leqslant [u_i] \tag{8-4}$$

$$u_i = \eta_i / u_c \tag{8-5}$$

式中　$u_i$——罕遇地震作用下，第 $i$ 个隔震支座考虑扭转的水平位移；

　　　$[u_i]$——第 $i$ 个隔震支座的水平位移限值；对橡胶隔震支座，不应超过该支座有效直径的 0.55 倍和支座内部橡胶总厚度 3.0 倍两者的较小值；

　　　$u_c$——罕遇地震下隔震层质心处或不考虑扭转的水平位移；

　　　$\eta_i$——第 $i$ 个隔震支座的扭转影响系数，应取考虑扭转和不考虑扭转时主支座计算位移的比值；当隔震层以上结构的质心与隔震层刚度中心在两个主轴方向均无偏心时，边支座的扭转影响系数不应小于 1.15。

5) 隔震层以下的结构和基础应符合下列要求

隔震层支墩、支柱及相连构件，应采用隔震结构罕遇地震下隔震支座底部的竖向力、水平力和力矩进行承载力验算。

隔震层以下的结构（包括地下室和隔震塔楼下的底盘）中直接支承隔震层以上结构的相关构件，应满足嵌固的刚度比和隔震后设防地震的抗震承载力要求，并按罕遇地震进行抗剪承载力验算。隔震层以下地面以上的结构在罕遇地震下的层间位移角限值应满足表 8-2 要求。

隔震建筑地基基础的抗震验算和地基处理仍应按本地区抗震设防烈度进行，甲、乙类建筑的抗液化措施应按提高一个液化等级确定，直至全部消除液化沉陷。

## 隔震层以下地面以上结构罕遇地震作用下层间弹塑性位移角限值　　　表 8-2

| 下部结构类型 | 钢筋混凝土框架结构 | 钢筋混凝土框架-抗震 | 钢筋混凝土抗震墙 |
|---|---|---|---|
| $[\theta_p]$ | 1/100 | 1/200 | 1/250 |

3. 隔震结构的隔震措施

1）罕遇地震下不阻碍隔震层在发生大变形的措施

上部结构的周边应设置竖向隔离缝，缝宽不宜小于各隔震支座在罕遇地震下的最大水平位移值的 1.2 倍且不小于 200mm。对两相邻隔震结构，其缝宽取最大水平位移值之和，且不小于 400mm。

上部结构与下部结构之间，应设置完全贯通的水平隔离缝，缝高可取 20mm，并用柔性材料填充；当设置水平隔离缝确有困难时，应设置可靠的水平滑移垫层。

穿越隔震层的门廊、楼梯、电梯、车道等部位，应防止可能的碰撞。

2）隔震层以上结构的抗震措施

当水平向减震系数大于 0.40 时（设置阻尼器时为 0.38），不应降低非隔震时的有关要求；当水平向减震系数不大于 0.40 时（设置阻尼器时为 0.38），可适当降低《标准》有关章节对非隔震建筑的要求，但烈度降低不得超过 1 度，与抵抗竖向地震作用有关的抗震构造措施不应降低。与抵抗竖向地震作用有关的抗震措施，对钢筋混凝土结构，指墙、柱的轴压比规定；对砌体结构，指外墙尽端墙体的最小尺寸和圈梁的有关规定。

3）隔震层与上部结构的连接

为了保证隔震层能够整体协调工作，隔震层顶部应设置平面内刚度足够大的梁板体系。当隔震层顶部应设置梁板式楼盖、隔震支座的相关部位应采用现浇混凝土梁板结构时，现浇板厚度不应小于 160mm；隔震层顶部梁、板的刚度和承载力，宜大于一般楼盖梁板的刚度和承载力；隔震支座附近的梁、柱应计算冲切和局部承压，加密箍筋并根据需要配置网状钢筋。

隔震支座和阻尼装置应安装在便于维护人员接近的部位；隔震支座与上部结构、下部结构之间的连接件，应能传递罕遇地震下支座的最大水平剪力和弯矩；外露的预埋件应有可靠的防锈措施。预埋件的锚固钢筋应与钢板牢固连接，锚固钢筋的锚固长度宜大于 20 倍锚固钢筋直径，且不应小于 250mm。

## 8.3 建筑结构的消能减震

### 8.3.1 消能减震技术的特点

1. 消能减震原理

消能减震原理可以从能量角度来描述，结构在地震中任意时刻的能量方程为：

传统抗震结构：

$$E_{in}=E_R+E_D+E_S \tag{8-6}$$

消能减震结构：

$$E_{in}=E_R+E_D+E_S+E_A \tag{8-7}$$

式中　$E_{in}$——地震时输入结构物的地震能量；

　　　$E_R$——结构物地震反应的能量，即结构物振动的动能和势能；

　　　$E_D$——结构阻尼消耗的能量（一般不超过 5%）；

　　　$E_S$——主体结构及承重构件非弹性变形（或损坏）消耗的能量；

　　　$E_A$——消能构件或消能装置消耗的能量。

对于传统抗震结构，$E_D$ 忽略不计（只占 5%），通过主体结构和承重构件的损坏或倒塌消耗地震能量（$E_s \to E_{in}$），最终终止结构的地震反应（$E_R \to 0$）。

对消能减震结构，$E_D$ 忽略不计（只占 5%），地震发生时，消能构件（或装置）率先发挥作用，大量消耗输入结构的地震能量（$E_A \to E_{in}$），从而迅速衰减结构的地震反应（$E_R \to 0$）。

2. 消能减震技术的优越性及适用范围

消能减震结构体系与传统抗震结构体系相比，有以下优越性：

（1）安全性。消能构件（或装置）具有较大的消能能力，在强震中能率先消耗地震能量，迅速衰减结构的地震反应，保护主体结构和构件免遭损坏。研究表明，与传统抗震结构相比，消能减震结构的地震反应能减少 40%～60%。

（2）经济性。消能减震结构通过"柔性消能"以减少结构的地震反应，区别于传统结构通过加大截面、增加配筋等途径来提高抗震性能，因而节约了造价。

（3）技术合理性。传统抗震结构通过加强结构以满足抗震要求，然而结构越强，刚度越大，所受的地震作用也越大，导致恶性循环，制约了超高层建筑及大跨度结构的发展。而消能减震结构体系则是通过增设消能构件或装置，在结构出现较大变形时消耗地震能量，保证主体结构的安全，所以结构越高、越柔、跨度越大，消能效果越好。

目前，消能减震技术多应用于下述结构：①高层建筑，超高层建筑；②高柔结构，高耸塔架；③大跨度桥梁；④柔性管道、管线；⑤既有建筑物的抗震（或抗风）加固改造。

### 8.3.2　消能减震装置

结构消能减震体系由主体结构和消能构件（或装置）组成，可按消能构件的构造形式或消能形式分类。

1. 按消能构件的构造形式分类

消能构件按照其构造形式可分为以下五种。

1）消能支撑

消能支撑可以代替一般的结构支撑，在抗震抗风中发挥支撑的水平刚度和消能减震作用。常见的有方框支撑、圆框支撑、交叉支撑、斜杆支撑、K形偏心支撑等，如图 8-4 所示。一般支撑杆件采用软钢制作，取材容易，屈服点适当，延性好。构件大多采用非弹性"弯曲"变形的消能形式或摩擦消能形式，具有较高的耗能能力。

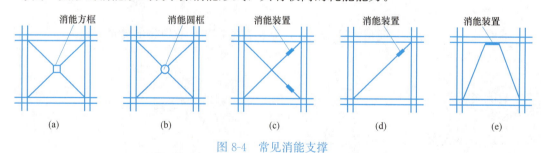

图 8-4　常见消能支撑

(a) 方框支撑；(b) 圆框支撑；(c) 交叉支撑；(d) 斜杆支撑；(e) K形支撑

2）消能剪力墙

消能剪力墙可以代替一般结构的剪力墙，在抗震抗风中发挥剪力墙的水平刚度和消能减震作用。通过在墙体或墙与结构间开消能缝、使用消能材料等手段形成各种消能墙体，如竖缝剪力墙、横缝剪力墙、斜缝剪力墙、周边缝剪力墙、黏弹性和黏滞阻尼墙等，详见图 8-5。

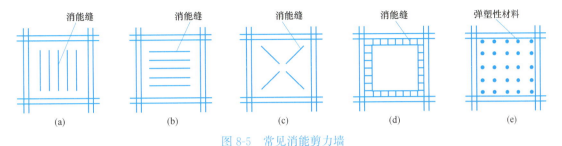

图 8-5　常见消能剪力墙

（a）竖缝剪力墙；（b）横缝剪力墙；（c）斜缝剪力墙；（d）周边缝剪力墙；（e）整体剪力墙

3）消能节点

在结构的梁柱节点或梁节点处装设消能装置（图 8-6）。当节点处产生角度变化、转动式错动时，消能装置即发挥减震作用。

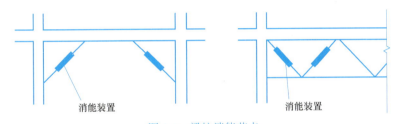

图 8-6　梁柱消能节点

4）消能连接

在结构的缝隙处或结构构件之间的连接处设置消能装置，当结构在缝隙或连接处产生相对变形时，消能装置即发挥减震作用。

5）消能支撑或悬吊构件

对于管道、线路等线结构，可设置各种支撑或悬吊消能装置。

2. 按消能装置的消能形式分类

按消能形式，可分为摩擦消能、钢件非弹性消能、材料塑性变形消能、材料黏弹性消能、液体阻尼消能和混合式消能等几类。

目前，根据不同的消能形式所研制开发的消能装置种类很多，大体上可分为位移相关型、速度相关型和复合型三类。

位移相关型阻尼器如摩擦阻尼器、金属屈服阻尼器，主要是通过附加消能构件的滞回耗能来消耗地震输入能量，减轻地震作用。速度相关型阻尼器如黏弹性阻尼器、黏滞阻尼器，消能构件作用于结构上的阻尼力总是与结构速度方向相反，从而使结构在运动过程中消耗能量，达到消能减震的目的。下面对上述四类阻尼器加以详细介绍。

1）金属屈服阻尼器

金属屈服阻尼器是用软钢或其他软金属材料做成的各种形式的阻尼耗能器。这种阻尼器利用软钢良好的塑性变形能力，将结构振动的部分能量通过金属的屈服滞回耗能耗散掉，从而达到消耗地震输入能量，减小结构地震反应的目的。

20世纪70年代初，Kelly等美国学者开始研究利用金属屈服后良好的滞回性能来控制结构的动力反应，并提出了金属屈服阻尼器的几种基本形式，包括扭转梁、弯曲梁、U形条耗能器等。目前已研制出的软钢阻尼器主要有X形（图8-7）、三角形钢板阻尼器、软钢耗能支撑等，铅阻尼器主要分为挤压型和剪切型。

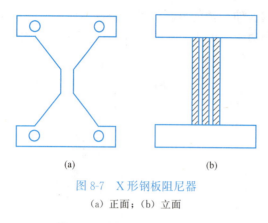

图 8-7　X形钢板阻尼器
(a) 正面；(b) 立面

这类阻尼器具有滞回特性稳定、耗能能力大、长期性能可靠、对环境和温度的适应性强等特点，具有良好的发展前景。

2) 摩擦阻尼器

摩擦阻尼器由受有预紧力的金属或其他固体元件构成，这些元件之间能够相互滑动并产生摩擦力，从而耗散结构的振动能量。对这类阻尼器的研究始于20世纪70年代末，目前已开发的阻尼器主要有Pall摩擦阻尼器（图8-8）、Sunitome摩擦阻尼器、摩擦剪切铰阻尼器、滑移型长孔螺栓节点阻尼器等。

这类阻尼器可提供较大的附加阻尼，耗能明显，且构造简单、造价低廉，但在长期使用后的可靠性和维修方面还存在一些问题。

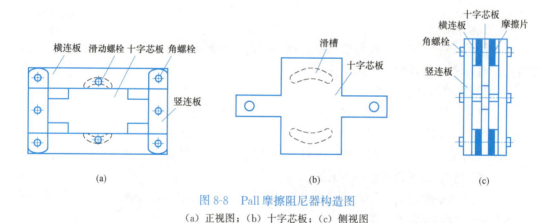

图 8-8　Pall摩擦阻尼器构造图
(a) 正视图；(b) 十字芯板；(c) 侧视图

3) 黏弹性阻尼器

黏弹性阻尼器以夹层的方式将黏弹性材料和约束钢板组合在一起，通过黏弹性阻尼材料的剪切滞回变形耗散地震能量。这种阻尼器在结构振动控制方面的研究和应用已有30余年历史，最早由美国的3M公司生产。除了这种基本的平板式黏弹性阻尼器（图8-9）外，黏弹性阻尼墙、圆筒式黏弹性阻尼器等各类黏弹性阻尼器也已成功应用于实际工程中。

影响黏弹性阻尼器性能的主要因素是温度、频率和应变幅值,尤其是温度和频率的影响相对显著,对于该类阻尼器存在最优使用温度和最优使用频率。工程实践结果表明,黏弹性阻尼器能有效地抑制结构的地震反应,增大结构的阻尼和刚度,从而改善结构的抗震性能。

4)黏滞阻尼器

黏滞阻尼器按结构形式的不同可分为液缸式黏滞阻尼器、黏滞阻尼墙、三向黏滞阻尼器和组合式阻尼器四类。

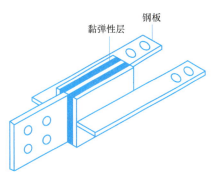

图 8-9 常用黏弹性阻尼器

最基本的液缸式黏滞阻尼器由缸体、活塞和黏性液体组成,通过活塞的往复运动来吸压油腔内的诸如硅胶等高浓度、高黏性的流体,流体高速通过活塞上的小孔产生阻尼并耗散能量,其构造示意图见图 8-10。

这种阻尼器在军事和宇航领域已成功应用了几十年,由于其优点众多,近年来逐渐应用到房屋结构和桥梁的消能减震和抗震加固中,它的特点是精确性好、稳定性高,但价格较高。

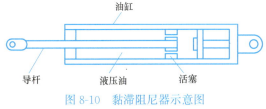

图 8-10 黏滞阻尼器示意图

在选择阻尼器时,要根据各类阻尼器的优缺点综合考虑。对侧移和舒适度要求较高的建筑,选择黏弹性和黏滞阻尼器更合适,因为它们在很小位移下就能发挥作用并耗散能量;如果结构增加阻尼的同时还需要增加侧向刚度,可以选用金属消能、摩擦消能或黏弹性阻尼器,因为黏滞阻尼器的刚度几乎为零;若不期望增加结构刚度,黏滞阻尼器是最好的选择;如果建筑物所处环境温度变化较大,可以选择金属消能和摩擦消能阻尼器,因为黏弹性和黏滞阻尼器的耗能能力受温度影响较大。

### 8.3.3 消能减震建筑工程的设计要点

1. 消能减震结构设计计算的基本内容和步骤

(1)预估结构的位移,并与未采用消能减震结构的位移相比;
(2)求出所需的附加阻尼;
(3)选择消能部件的数量、布置和所能提供的阻尼大小;
(4)设计相应的消能部件;
(5)对消能减震体系进行整体分析,确认其是否满足位移控制要求。

2. 消能减震装置的布置

消能部件可根据需要沿结构的两个主轴方向分别设置。消能部件宜设置在变形较大的位置,其数量和分布应通过综合分析合理确定,并有利于提高整个结构的消能减震能力,形成均匀合理的受力体系。

3. 消能减震结构设计计算

1)消能减震设计的计算分析应符合的主要规定

当主体结构基本处于弹性工作阶段时,可采用线性分析方法作简化估算,并根据结构的变形特征和高度等,按《标准》分别采用底部剪力法、振型分解反应谱法和时程分析法。消能减震结构的地震影响系数可根据消能减震结构的总阻尼比按《标准》采用。

消能减震结构的自振周期应根据消能减震结构的总刚度确定，总刚度应为结构刚度和消能部件有效刚度的总和。

消能减震结构的总阻尼比应为结构阻尼比和消能部件附加给结构的有效阻尼比的总和；多遇地震和罕遇地震下的总阻尼比应分别计算。

对主体结构进入弹塑性阶段的情况，应根据主体结构体系特征，采用静力非线性分析方法或非线性时程分析方法。

在非线性分析中，消能减震结构的恢复力模型应包括结构恢复力模型和消能部件的恢复力模型。

消能减震结构的层间弹塑性位移角限值，应符合预期的变形控制要求，宜比非消能减震结构适当减小。

2) 消能部件附加给结构的有效阻尼比和有效刚度计算方法

(1) 位移相关型消能部件和非线性速度相关型消能部件附加给结构的有效刚度应采用等效线性化方法确定。

(2) 消能部件附加给结构的有效阻尼比可按下式估算：

$$\xi_a = \sum_j W_{cj} / (4\pi W_s) \tag{8-8}$$

式中 $\xi_a$——消能减震结构的附加有效阻尼比；

$W_{cj}$——第 $j$ 个消能部件在结构预期层间位移 $\Delta u_j$ 下往复循环一周所消耗的能量；

$W_s$——设置消能部件的结构在预期位移下的总应变能。

注：当消能部件在结构上分布较均匀，且附加给结构的有效阻尼比小于20%时，消能部件附加给结构的有效阻尼比也可采用强行解耦方法确定。

(3) 不计及扭转影响时，消能减震结构在水平地震作用下的总应变能，可按下式估算：

$$W_s = (1/2) \sum F_i U_i \tag{8-9}$$

式中 $F_i$——质点 $i$ 的水平地震作用标准值；

$U_i$——质点 $i$ 对应于水平地震作用标准值的位移。

(4) 速度线性相关型消能器在水平地震作用下往复循环一周所消耗的能量，可按式估算：

$$W_{cj} = (2\pi^2 / T_l) C_j \cos^2 \theta_j \Delta u_j^2 \tag{8-10}$$

式中 $T_l$——消能减震结构的基本自振周期；

$C_j$——第 $j$ 个消能器的线性阻尼系数；

$\theta_j$——第 $j$ 个消能器的消能方向与水平面的夹角；

$\Delta u_j$——第 $j$ 个消能器两端的相对水平位移。

当消能器的阻尼系数和有效刚度与结构振动周期有关时，可取相应于消能减震结构基本自振周期的值。

(5) 位移相关型和速度非线性相关型消能器在水平地震作用下往复循环一周所消耗的能量，可按下式估算：

$$W_{cj} = A_j \tag{8-11}$$

式中 $A_j$——第 $j$ 个消能器的恢复力滞回环在相对水平位移 $\Delta u_j$ 时的面积。

消能器的有效刚度可取消能器的恢复力滞回环在相对水平位移 $\Delta u_j$ 时的割线刚度。

(6) 消能部件附加给结构的有效阻尼比超过25%时，宜按25%计算。

3) 消能部件的设计参数

(1) 速度线性相关型消能器与斜撑、墙体或梁等支承构件组成消能部件时，支承构件沿消能器消能方向的刚度应满足下式：

$$K_b \geqslant (6\pi/T_l)C_D \tag{8-12}$$

式中 $K_b$——支承构件沿消能器方向的刚度；

$C_D$——消能器的线性阻尼系数；

$T_l$——消能减震结构的基本自振周期。

(2) 黏弹性消能器的黏弹性材料总厚度应满足下式：

$$t \geqslant \Delta u/[\gamma] \tag{8-13}$$

式中 $t$——黏弹性消能器的黏弹性材料的总厚度；

$\Delta u$——沿消能器方向的最大可能的位移；

$[\gamma]$——黏弹性材料允许的最大剪切应变。

(3) 位移相关型消能器与斜撑、墙体或梁等支承构件组成消能部件时，消能部件的恢复力模型参数宜符合下列要求：

$$\Delta u_{py}/\Delta u_{sy} \leqslant 2/3 \tag{8-14}$$

式中 $\Delta u_{py}$——消能部件在水平方向的屈服位移或起滑位移；

$\Delta u_{sy}$——设置消能部件的结构层间屈服位移。

(4) 消能器的极限位移应不小于罕遇地震下消能器最大位移的1.2倍；对速度相关型消能器，消能器的极限速度应不小于地震作用下消能器最大速度的1.2倍，且消能器应满足在此极限速度下的承载力要求。

4) 消能器的性能检验

(1) 对黏滞流体消能器，由第三方进行抽样检验，其数量为同一工程同一类型同一规格数量的20%，但不少于2个，检测合格率为100%，检测后的消能器可用于主体结构；对其他类型消能器，抽检数量为同一类型同一规格数量的3%，当同一类型同一规格的消能器数量较少时，可以在同一类型消能器中抽检总数量的3%，但不应少于2个，检测合格率为100%，检测后的消能器不能用于主体结构。

(2) 对速度相关型消能器，在消能器设计位移和设计速度幅值下，以结构基本频率往复循环30圈后，消能器的主要设计指标误差和衰减量不应超过15%；对位移相关型消能器，在消能器设计位移幅值下往复循环30圈后，消能器的主要设计指标误差和衰减量不应超过15%，且不应有明显的低周疲劳现象。

5) 结构采用消能减震设计时，消能部件的相关部位要求

消能器与支承构件的连接，符合《标准》和有关规程对相关构件连接的构造要求。在消能器施加给主结构最大阻尼力作用下，消能器与主结构之间的连接部件应在弹性范围内工作。与消能部件相连的结构构件设计时，应计入消能部件传递的附加内力。

## 8.4 抗震例题

【例 8-1】 中国汕头基础隔震演示建筑。该建筑为 8 层钢筋混凝土框架结构，立面及平面简图如图 8-11 所示，建筑物总高度为 24.6m，底层层高为 3.6m，用作商业建筑，二层以上各层层高为 3m，用作居住建筑。基础形式为钢筋混凝土条型基础，其上安装了两种形式的叠层橡胶支座，这两种支座的力学性能如表 8-3 所示。叠层橡胶隔震支座的直径为 600mm，厚度为 190mm。支座连同上部结构系统的自振频率为 0.5Hz，支座的设计位移为 120mm，最大位移可达 240mm。汕头市的设计地震动参数 PGA 为 $0.2g$，在 50 年内的超越概率为 10%。建筑物所在的场地土类型为《标准》中的Ⅳ类场地土，相当于美国规范（UBC1991）场地类型 S4。土的平均剪切波速为 117m/s（15m 深）～140m/s（30m 深）。

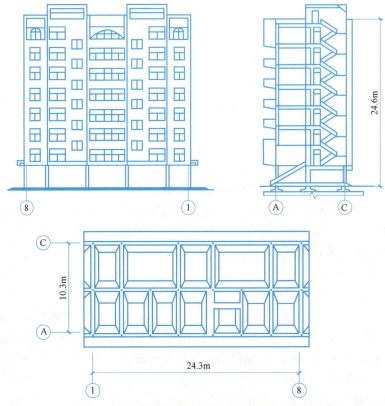

图 8-11 汕头隔震建筑立面、剖面、平面简图

叠层橡胶支座的力学性能  表 8-3

| 形式 | 抗剪模量 $G$(MPa) | 竖向承载能力 $V$(kN) | $K_s$(kN·mm$^{-1}$) | $f$(Hz) |
|---|---|---|---|---|
| Ⅰ | 0.6 | 1424 | 1.11 | 0.49 |
| Ⅱ | 0.96 | 2225 | 1.79 | 0.5 |

隔震系统的设计主要根据美国规范（UBC1991）的要求进行。隔震系统的最小侧向

位移按相应公式设计计算，并按反应谱方法进行了结构的抗震设计。由于该建筑高度超过了四层（超过了 65ft）而且位于软土场地（场地类型 S4），因此，按照 UBC1991 的要求，必须进行时程分析，在进行时程分析时，分别采用了将上部结构简化为刚体的单自由度（SDOF）模型和三维框架空间分析模型，计算中还考虑上部结构中设有剪力墙和不设剪力墙的情况，主要计算结果如表 8-4 所示，由表中数据可以明显看出下列 3 点：①采用隔震支座后，系统的频率大大降低，这样就为降低结构的地震作用提供了可能；②对有隔震支座的系统来讲，剪力墙的存在对系统的频率和楼面最大位移影响不大；③隔震结构的层间位移明显小于基础固定结构的层间位移，这样就为减少结构的开裂、保护建筑物内部的设备和装修提供了可能。

计算得到的基本频率和最大位移　　　　　　　　　　表 8-4

| 计算模型 | 频率(Hz) | 底层楼面最大位移(mm) | 最大层间位移(mm) |
| --- | --- | --- | --- |
| 三维模型(有剪力墙) | 0.53 | 118 | 1.67 |
| 三维模型(无剪力墙) | 0.5 | 114 | 2.42 |
| 单自由度模型 | 0.54 | — | — |
| 基础固定(有剪力墙) | 4.60 | — | — |
| 基础固定(无剪力墙) | 1.41 | — | 5.25 |

通过计算分析和比较，汕头基础隔震演示建筑在 $0.2g$ PGA 的设计地震作用下，可以将屋顶的加速度从基础固定时的 $0.43g$ 减小到 $0.1g$（有剪力墙的结构）；或者将屋顶的加速度从基础固定时的 $0.27g$ 减小到 $0.14g$（无剪力墙的结构）。隔震支座顶部的最大位移为 114mm（有剪力墙）和 118mm（无剪力墙），这些位移均接近于支座的设计位移（120mm），说明隔震设计是成功的。另外，通过比较还发现，剪力墙的设置对基础隔震建筑没有明显的好处。

【例 8-2】 宿迁市教委综合办公楼，主楼高 10 层，局部 1 层，裙房 2 层，另有 1 层半地下室，总高度 46.8m。主楼平面长 37.8m，宽 15.2m。按照《标准》的规定，宿迁市抗震设防烈度为 8 度，设计基本地震加速度值为 $0.3g$。

原设计拟采用传统的框架剪力墙体系，经过计算发现，由于地处高烈度地区，水平地震作用较大，按常规设计方法选用的梁、柱、墙截面尺寸不能满足要求，且结构在多遇地震作用下的层间位移角大于规范限值。若盲目增加抗震墙的数量和截面尺寸，则会导致工程造价提高，建筑使用功能受到限制。因此，工程采用了黏滞阻尼器消能支撑的设计方案。

根据多次优化计算。取消原设计中所用的横、纵各 8 道抗震墙，部分原剪力墙用黏滞阻尼器消能支撑代替，并相应减小了梁柱的截面尺寸。消能支撑布置情况如下：半地下室和 1~6 层每层布置 A 型黏滞阻尼器消能支撑 8 个（$x$ 向、$y$ 向各 4 个），7~8 层每层 $y$ 向（横向）布置 B 型黏滞阻尼器消能支撑 4 个，$x$ 向（纵向）不设；9~12 层不设消能支撑，总计设置 64 个黏滞阻尼器消能支撑，如图 8-12 所示。阻尼器选用两种型号：A 型 BND 160-350-120，缸径 160mm，最大输出阻尼力 350kN，阻尼器设计容许位移 $\pm 120$mm，阻尼系数 $2\times 10^6$ N·s/m；B 型 BND140-250-120，缸径 140mm，最大输出阻尼力 250kN，阻尼器设计容许位移 $\pm 120$mm，阻尼系数 $2\times 10^6$ N·s/m。

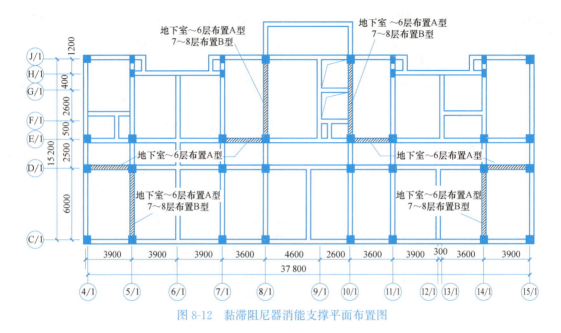

图 8-12　黏滞阻尼器消能支撑平面布置图

计算结果表明，采用消能减震体系后，结构的地震反应明显降低。消能减震结构在 8 度多遇地震（$\alpha_{max}=110$gal）作用下的层间位移角均小于 1/650，满足《标准》中 1/550 的限值要求；在 8 度设计基本地震加速度（$\alpha_{max}=300$gal）作用下的层间位移角均小于 1/240，可认为结构基本处于弹性状态；在 8 度罕遇地震（$\alpha_{max}=510$gal）作用下的层间位移角均小于 1/140，满足《标准》中 1/80 的限值要求。工程应用结果表明消能减震支撑体系具有较大的安全储备，同时还使结构的综合造价降低约 7%。

## 思考题与习题

1. 分析对比基础隔震结构和抗震结构体系的异同点。
2. 分析对比叠层橡胶支座和弹性滑移支座的力学性能。
3. 简述基础隔震结构的分析模型和力学特性。
4. 简述基础隔震结构的设计要求和设计要点。
5. 分析消能减震结构和常规抗震结构的异同点。
6. 简述消能减震装置的类型和各自的适用范围。
7. 分析消能减震装置的设置原则和设计中涉及的主要问题。
8. 分析消能减震设计中计算分析参数的确定。
9. 简述消能减震结构的设计步骤和设计要点。

# 第 9 章

# 非结构构件抗震设计

## 9.1 概　　述

在建筑工程抗震设计中所指的非结构构件一般包括两大类。第一类是指建筑物中除承重骨架体系以外的固定构件和部件，主要包括非承重墙体，附属于楼面和屋面上的构件、装饰构件和部件，固定于楼面上的大型储物架等，通常把这类非结构构件称为建筑非结构构件。第二类是指与建筑使用功能有关的附属机械、电气构件、部件和系统，主要包括电梯、照明和应急电源、通信设备、管道系统、空气调节系统、烟火监测和消防系统、公共天线等，通常把这类非结构构件称为建筑附属机电设备非结构构件。

非结构构件抗震设计所涉及的专业领域较多，一般由建筑设计、室内装修设计、建筑设备专业等有关工种的设计人员分别完成。例如，建筑幕墙和电梯等有专门的设计规程，建筑物内的机电设备本身也有相应的产品标准和设计要求，有些重要的设备还需要进行专门的抗震试验来评估它们的抗震性能，以达到在各种使用状态下的抗震安全性和可靠性。因此，在建筑抗震设计中，对于建筑附属机电设备这类非结构构件，主要是保证这些设备的支架系统及其与主体结构的连接要安全可靠，满足一定的使用要求。对于建筑非结构构件，除要满足它们与主体结构的连接可靠和安全外，还要保证这些非结构构件本身的抗震安全性。

建筑非结构构件的抗震设计问题一直受到工程界的重视，在历次抗震规范中都有一些抗震设计要求，并反映在砌体房屋、多层和高层钢筋混凝土房屋、单层钢筋混凝土柱厂房、单层砖柱厂房及单层钢结构厂房等不同类型结构的抗震设计内容中。《建筑与市政工程抗震通用规范》GB 55002—2021 中将上述规定合并整理，形成建筑非结构构件在材料、选型、布置和锚固方面的基本要求。在建筑附属机电设备支架的基本抗震措施方面，主要是参照了美国 UBC 规范中的基本要求。对有些非结构构件（如外挂墙板、幕墙、广告牌、机电设备等）本身的抗震，是以其不受损伤为前提的，《建筑与市政工程抗震通用规范》GB 55002—2021 中不涉及这方面的内容。另外，在建筑附属设备中，也不包括工业建筑中的生产设备和相关设施，这部分内容应进行专门设计。

非结构构件的抗震设防目标，应与主体结构体系的二水准设防目标相协调，容许非结构构件的损坏程度略大于主体结构，但不得危及生命安全。其抗震设防分类，各国的抗震规范、标准有不同的规定，我国《建筑与市政工程抗震通用规范》GB 55002—2021，把非结构构件的抗震设防要求，大致分为高、中、低三个层次：

高要求时，外观可能损坏而不影响使用功能和防火能力，安全玻璃可能出现裂缝。使用、应急系统可照常运行，可经受相连结构构件出现 1.4 倍的建筑构件、设备支架设计挠度的变形，即这类非结构构件应有较高的变形适应能力。

中等要求时，使用功能基本正常或可很快恢复，耐火时间减少 1/4，强化玻璃可能破碎。其他玻璃无下落，使用系统检修后运行，应急系统可照常运行，可经受相连接构件出现 1.0 倍的建筑构件、设备支架设计挠度的变形。

一般要求时，耐火时间明显降低，玻璃掉落，出口受碎片阻碍；使用系统明显损坏，需修理才能恢复功能，应急系统受损仍可基本运行，只能经受相连结构构件出现 0.6 倍的建筑构件、设备支架设计挠度的变形。

上述不同的设防要求，一般情况下应根据所属建筑的抗震设防类别、非结构构件地震破坏后果及其对整个建筑结构影响的范围，通过采用不同的抗震措施、采用不同的功能系数和类别系数等进行抗震计算来达到相应的性能化设计目标，也就是通过抗震措施和抗震计算两种途径来保证。当根据建筑物的使用和功能要求，两个非结构构件连接在一起时，应按较高的要求进行抗震设计。两个非结构构件的连接损坏时，应保证不致引起与之相连接的有较高要求的非结构构件失效。

## 9.2 抗震计算要点

非结构构件的震害实例屡见不鲜，它们的抗震设计也越来越引起学术界和工程界的重视。在世界主要国家的抗震规范、规定中，有60%规定了要对非结构构件的地震作用进行计算，而仅有28%对非结构构件的抗震构造做出了规定。我国《建筑抗震设计规范》GBJ 11—1989 主要对出屋面女儿墙、长悬臂附属构件（雨篷等）的抗震计算做了规定。《标准》明确在结构体系计算时，应计入非结构构件的影响，并给出了非结构构件地震作用的基本计算方法。

1. 非结构构件对结构整体计算的影响

在建筑结构抗震计算时，应按下列规定计入非结构构件的影响：

（1）地震作用计算时，应计入支承于主体结构上的建筑构件和建筑附属机电设备的重力。

（2）对与主体结构采用柔性连接的建筑构件，可不计入其刚度；对嵌入抗侧力构件平面内的刚度较大的建筑非结构构件，可采用调整结构体系周期等简化方法计入其刚度影响；一般情况下不应计入这类非结构构件的抗震承载力，当有专门的构造措施时，尚可按有关规范计入其抗震承载力。例如对于框架结构中的砌体填充墙，当与框架柱、梁有可靠连接，以及砌体填充墙本身的抗震构造措施符合抗侧力砌体墙的要求时，可以在抗震验算中部分考虑填充墙的有利影响。

（3）对需要采用楼面谱计算的建筑附属机电设备，宜采用合适的简化计算模型计入设备与结构的相互作用；计算楼面谱时，一般情况，非结构构件可采用单质点模型；对支座间有相对位移的非结构构件，宜采用多质点体系计算。

（4）支承非结构构件的主体结构构件，应将非结构构件的地震作用效应作为附加在该主体结构构件上的作用力，其连接件应满足锚固要求。

上述规定明确了非结构构件与主体结构的受力关系，这种非结构构件对主体结构的作用力应根据实际情况组合到主体结构中去，并据此进行构件截面设计或校核。

2. 非结构构件自身的抗震计算要求

（1）非结构构件自身的地震作用应施加于其重心，水平地震作用应沿任一水平方向作用。

（2）一般情况下，非结构构件自身重力产生的地震作用可采用等效侧力法计算；对支承于不同楼层或防震缝两侧的非结构构件，除自身重力产生的地震作用外，尚应同时计及地震时支承点之间相对位移产生的作用效应，可按该构件在位移方向的抗侧刚度乘以支承点相对水平位移来计算。非结构构件在位移方向的刚度，应根据其端部的实际连接状态，分别采用刚接、铰接、弹性连接或滑动连接等简化的力学模型。相邻楼层的相对水平位移，可按《标准》中规定的限值采用；防震缝两侧的相对水平位移，可根据使用要求确定。例如，对连接上、下两个楼层上设备的管道及支架，除考虑管道及支架自身重力所产生的惯性力之外，还要考虑由于上、下两个楼层的相对位移而使管道及支架所承受的作用力，并按最不利的情况进行组合。又例如，当管道或支架横跨防震缝两侧时，还要考虑防震缝两侧的位移差在管道或支架中产生的作用力。

(3) 建筑附属设备（含支架）体系的自振周期大于 0.1s，且其重力超过所在楼层重力的 1%，或建筑附属设备的重力超过所在楼层重力的 10% 时，宜进入整体结构模型的抗震设计，也可采用楼面反应谱法计算这些设备的地震作用。其中，与楼盖非弹性连接的设备，可直接将设备与楼盖归总为一个质点计入整个结构的分析中，设备所受的地震作用可按其在该质点中所占的质量进行分配。例如巨大的高位水箱、出屋面的大型塔架、屋面上的大型风机和冷却塔及其支架，都可采用楼面反应谱法或时程反应分析法计算地震作用。

3. 等效侧力法计算要求

采用等效侧力法时，水平地震作用标准值按下列公式计算：

$$F = \gamma \eta \zeta_1 \zeta_2 \alpha_{max} G \tag{9-1}$$

式中 $F$——沿最不利方向施加于非结构构件重心处的水平地震作用标准值；

$\gamma$——非结构构件功能系数，取决于建筑抗震设防类别和使用要求，一般分为 1.4、1.0、0.6 三档，具体数值由相关标准确定，如表 9-1 和表 9-2 所示。

$\eta$——非结构构件类别系数，取决于构件材料性能等因素，一般在 0.5～1.2 范围内取值，如表 9-1 和表 9-2 所示。

$\zeta_1$——状态系数；对预制建筑构件、悬臂类构件、支承点低于质心的任何设备和柔性体系宜取 2.0，其余情况可取 1.0；

$\zeta_2$——位置系数，建筑的顶点宜取 2.0，底部宜取 1.0，沿高度线性分布；对规范要求采用时程分析法补充计算的结构，应按其计算结果调整；

$\alpha_{max}$——地震影响系数最大值；可按多遇地震的规定采用；

$G$——非结构构件的重力，应包括运行时有关的人员、容器和管道中的介质及储物柜中物品的重力。

**建筑非结构构件的功能系数和类别系数** 表 9-1

| 构件、部件名称 | 功能系数 $\gamma$ | | 类别系数 $\eta$ |
|---|---|---|---|
| | 乙类建筑 | 丙类建筑 | |
| 非承重外墙： | | | |
| 　维护墙 | 1.4 | 1 | 0.9 |
| 　玻璃幕墙等 | 1.4 | 1.4 | 0.9 |
| 连接： | | | |
| 　墙体连接件 | 1.4 | 1 | 1 |
| 　饰面连接件 | 1 | 0.6 | 1 |
| 　防火顶棚连接件 | 1 | 1 | 0.9 |
| 　非防火顶棚连接件 | 1 | 0.6 | 0.6 |
| 附属构件： | | | |
| 　标志或广告牌等 | 1 | 1 | 1.2 |
| 高于 2.4m 储物柜支架： | | | |
| 　货架(柜)文件柜 | 1 | 0.6 | 0.6 |
| 　文物柜 | 1.4 | 1 | 1 |

建筑附属设备构件的功能系数和类别系数　　　　表 9-2

| 构件、部件所属系统 | 功能系数 γ | | 类别系数 η |
|---|---|---|---|
| | 乙类建筑 | 丙类建筑 | |
| 应急电源的主控系统、发电机、冷冻机等 | 1.4 | 1.4 | 1 |
| 电梯的支承结构、导轨、支架、轿箱导向构件等 | 1 | 1 | 1 |
| 悬挂式或摇摆式灯具 | 1 | 0.6 | 0.9 |
| 其他灯具 | 1 | 0.6 | 0.6 |
| 柜式设备支座 | 1 | 0.6 | 0.6 |
| 水箱、冷却塔支座 | 1 | 1 | 1.2 |
| 锅炉、压力容器支座 | 1 | 1 | 1 |
| 公用天线支座 | 1 | 1 | 1.2 |

4. 楼面反应谱方法的计算要求

需要进行楼面谱计算的非结构构件，主要是建筑附属机电设备。采用楼面谱计算可反映非结构构件对所在建筑结构的反作用，这种反作用不仅导致结构本身地震反应的变化，固定在其上的非结构构件的地震反应也明显不同。

计算楼面谱的基本方法有时程分析法和随机振动法。当非结构构件的材料与主体结构体系相同时，可直接利用一般的时程反应分析软件，输入多组地震波计算楼面反应谱。当非结构构件的质量较大，或材料阻尼特性明显不同，或在不同楼层上有支点时，须采用第二代楼面谱的方法进行验算。此时，可考虑非结构构件与主体结构的相互作用，包括"吸振效应"，计算结果将更加可靠。采用时程分析法和随机振动法计算楼面谱需有专门的计算软件。《标准》采用了简化的表述方法，其水平地震作用标准值按式（9-2）计算。

$$F = \gamma \eta \beta_s G \tag{9-2}$$

式中　$\beta_s$——非结构构件的楼面反应谱值，取决于设防烈度、场地条件、非结构构件与主体结构体系之间的周期比、质量比和阻尼，以及非结构构件在结构中的支承位置、数量和连接性质。

通常将非结构构件简化为支于主体结构的单质点体系，对支座间有相对位移的非结构构件则采用多支点体系，用专门的程序计算。

"楼面反应谱"对应于结构设计所用的"地面反应谱"，它反映了支承非结构构件的主体结构的自身动力特性、非结构构件所在楼层位置，主体结构对地震地面运动的滤波或放大作用，以及主体结构和非结构构件的阻尼特性对地震地面运动的衰减作用。楼面反应谱的谱值需要用专门的程序计算，谱值计算出来后才可以用式（9-2）进行非结构构件的抗震计算。

5. 非结构构件的地震作用效应组合

非结构构件的地震作用效应（包括自身重力产生的效应和支座相对位移产生的效应）和其他荷载效应的基本组合，应按与主体结构构件地震效应和其他荷载效应组合相同的规定计算。幕墙需计算地震作用效应与风荷载效应的组合，容器类尚应计及设备运转时的温度、工作压力等产生的作用效应。

非结构构件抗震验算时，摩擦力不得作为抵抗地震作用的抗力；承载力抗震调整系数,连接件可采用 1。

建筑装修的非结构构件,其变形能力相差较大。砌体材料组成的非结构构件,由于变形能力较差而限制其在要求高的场所使用,国外的规范也只有构造要求而没有抗震计算方面的要求;金属幕墙和部分高级装修材料具有较大的变形能力,国外通常由生产厂家按主体结构体系的变形设计要求提供相应的材料,而不是非结构构件的材料决定主体结构体系的变形要求;对于玻璃幕墙,现行《建筑幕墙》GB/T 21086—2007 标准中已规定其平面内变形分为五个等级,最大为 1/100,最小为 1/400。

## 9.3 建筑非结构构件的基本抗震措施

我国 1989 年的规范中各相关章节中都有建筑非结构构件的抗震措施,并对建筑非结构构件的布置和选型作了基本规定,《标准》将这些措施和规定汇总在一起,供设计非结构构件时采用,具体包括下列内容。

1. 对连接件及其连接部位的要求

在建筑结构中,设置连接幕墙、围护墙、隔墙、女儿墙、雨篷、商标牌、广告牌、顶棚支架、大型储物架等建筑非结构构件的预埋件、锚固部件的部位,应采取加强措施,以承受建筑非结构构件传给主体结构的地震作用。例如,对于钢筋混凝土构件上有这类预埋件的部位,一般都应加强箍筋,预埋件的锚筋应深入构件中足够的长度或与主筋可靠连接,预埋件周围的混凝土应浇捣密实,避免预埋件下有孔洞等。

2. 对非承重墙体的材料、选型和布置的要求

非承重墙体的材料、选型和布置,应根据烈度、房屋高度、建筑体型、结构层间变形、墙体自身抗侧力性能的利用等因素,经综合分析后确定。

(1) 墙体材料的选用应符合下列要求:非承重墙体宜优先采用轻质墙体材料;采用砌体墙时,应采取措施减少对主体结构的不利影响,并应设置拉结筋、水平系梁、圈梁、构造柱等与主体结构可靠拉结。

(2) 刚性非承重墙体的布置,应避免使结构形成刚度和强度分布上的突变。单层钢筋混凝土柱厂房的刚性围护墙沿纵向宜均匀对称布置,不宜一侧为外贴式,另一侧为嵌砌式或开敞式;不宜一侧采用砌体墙,一侧采用轻质墙板。当围护墙非对称均匀布置时,应考虑质量和刚度的差异对主体结构抗震不利的影响。

(3) 墙体与主体结构应有可靠的拉结,应能适应主体结构不同方向的层间位移;8 度和 9 度时应具有满足层间变位的变形能力,与悬挑构件相连接时,尚应具有满足节点转动引起的竖向变形的能力。

(4) 外墙板的连接件应具有足够的延性和适当的转动能力,宜满足在设防烈度下主体结构层间变形的要求。例如,当主体结构产生允许的最大弹性层间位移时,外墙板的连接件应具有足够的弹性变形能力;当主体结构发生允许的最大弹塑性变形时,外墙板的连接件不能发生失效性的破坏,并能保证外墙板不大面积脱落而危及生命财产的安全。

(5) 砌体女儿墙在人流出入口应与主体结构锚固;非出入口无锚固的女儿墙高度,6~8 度时不宜超过 0.5m,9 度时应有锚固。防震缝处女儿墙应留有足够的宽度,缝两侧的自由端应予以加强。

3. 对非承重砌体墙的要求

非承重砌体墙应采取措施减少对主体结构的不利影响,并应设置拉结筋、水平系梁、圈梁、构造柱等与主体结构可靠拉结。

(1) 多层砌体结构中,非承重墙体等建筑非结构构件应符合下列要求:①后砌的非承重隔墙应沿墙高每隔500~600mm配置2Φ6拉结钢筋与承重墙或柱拉结,每边伸入墙内不应少于500mm;8度和9度时,长度大于5m的后砌隔墙,墙顶尚应与楼板或梁拉结,独立墙肢端部及大门洞宜设钢筋混凝土构造柱。②烟道、风道、垃圾道等不应削弱墙体;当墙体被削弱时,应对墙体采取加强措施;不宜采用无竖向配筋的附墙烟囱或出屋面的烟囱。③不应采用无锚固的钢筋混凝土预制挑檐。

(2) 钢筋混凝土结构中的砌体填充墙,宜与柱脱开或采用柔性连接。尚应符合下列要求:①填充墙在平面和竖向的布置,宜均匀对称,宜避免形成薄弱层或短柱。②砌体的砂浆强度等级不应低于M5;实心块体的强度等级不宜低于MU2.5,空心块体的强度等级不宜低于MU3.5;墙顶应与框架梁密切结合。③填充墙应沿框架柱全高每隔500~600mm设2Φ6拉筋,拉筋伸入墙内的长度,6、7度时宜沿墙全长贯通,8、9度时应全长贯通。④墙长大于5m时,墙顶与梁宜有拉结;墙长超过8m或层高2倍时,宜设置钢筋混凝土构造柱;墙高超过4m时,墙体半高宜设置与柱连接且沿墙全长贯通的钢筋混凝土水平系梁。⑤楼梯间和人流通道的填充墙,尚应采用钢丝网砂浆面层加强。

(3) 单层钢筋混凝土柱厂房的砌体隔墙和围护墙应符合下列要求:①砌体隔墙与柱宜脱开或柔性连接,并应采取措施使墙体稳定,隔墙顶部应设现浇钢筋混凝土压顶梁。②厂房的围护墙宜采用轻质墙板或钢筋混凝土大型墙板,砌体围护墙应采用外贴式并与柱可靠拉结;外侧柱距为12m时应采用轻质墙板或钢筋混凝土大型墙板;不等高厂房的高跨封墙和纵横向厂房交接处的悬墙宜采用轻质墙板,6、7度采用砌体时不应直接砌在低跨屋面上。③砌体围护墙在下列部位应设置现浇钢筋混凝土圈梁:梯形屋架端部上弦和柱顶的标高处各设一道,但屋架端部高度不大于900mm时可合并设置;应按上密下稀的原则每隔4m左右在窗顶增设一道圈梁,不等高厂房的高低跨封墙和纵墙跨交接处的悬墙,圈梁的竖向间距不应大于3m;山墙沿屋面应设钢筋混凝土卧梁,并应与屋架端部上弦标高处的圈梁连接。④圈梁的构造应符合下列规定:圈梁宜闭合,圈梁截面宽度宜与墙厚相同,截面高度不应小于180mm;圈梁的纵筋,6~8度时不应少于4Φ12,9度时不应少于4Φ14;厂房转角处柱顶圈梁在端开间范围内的纵筋,6~8度时不宜少于4Φ14,9度时不宜少于4Φ16,转角两侧各1m范围内的箍筋直径不宜小于Φ8,间距不宜大于100mm;圈梁转角处应增设不少于3根且直径与纵筋相同的水平斜筋;圈梁应与柱或屋架牢固连接,山墙卧梁应与屋面板拉结;顶部圈梁与柱或屋架连接的锚拉钢筋不宜少于4Φ12,且锚固长度不宜少于35倍钢筋直径,防震缝处圈梁与柱或屋架的拉结宜加强。⑤砖墙的基础,8度Ⅲ、Ⅳ类场地和9度时,预制基础梁应采用现浇接头;当另设条形基础时,在柱基础顶面标高处应设置连续的现浇钢筋混凝土圈梁,其配筋不应少于4Φ12。⑥墙梁宜采用现浇,当采用预制墙梁时,梁底应与砖墙顶面牢固拉结并应与柱锚拉;厂房转角处相邻的墙梁,应相互可靠连接。⑦刚性围护墙沿纵向宜均匀对称布置,不宜一侧为外贴式,另一侧为嵌砌式或开敞式;不宜一侧采用砌体墙一侧采用轻质墙板。

(4) 钢结构厂房的围护墙,应符合下列要求:①厂房的围护墙,应优先采用轻型板材，预制钢筋混凝土墙板宜与柱柔性连接；9度时宜采用轻型板材。②单层厂房的砌体围护墙应贴砌并与柱拉结，尚应采取措施使墙体不妨碍厂房柱列沿纵向的水平位移；8、9度时不应采用嵌砌式。

(5) 砌体女儿墙高度不宜大于1m，且应采取措施防止地震时倾倒。

4. 各类顶棚构件与楼板连接件的要求

应能承受顶棚、悬挂重物和有关机电设施的自重和地震附加作用；其锚固的承载力应大于连接件的承载力。

5. 悬挑雨篷或一端由柱支承的雨篷的布置要求

应与主体结构可靠连接。

6. 玻璃幕墙、预制墙板、附属于楼屋面的悬臂构件和大型储物架的抗震构造应符合相关的专门标准的规定

应该指出，上述基本抗震措施是对建筑非结构构件抗震措施方面的最低要求，设计人员还可根据业主的要求或建筑主体结构和非结构构件的具体情况采取更强更有效的措施，使非结构构件的抗震能力得到进一步提高。

## 9.4 建筑附属机电设备支架的基本抗震措施

附属于建筑主体结构上的机电设备和设施与结构体系的连接构件和部件，在地震时造成破坏的原因主要是：①电梯配重脱离导轨；②支架之间相对位移导致管道接头损坏；③后浇设备基础与主体结构连接不牢或固定螺栓强度不足造成设备移位或从支架上脱落；④悬挂构件强度不足导致电气灯具坠落；⑤不必要的隔振装置，由于设计时未考虑地震作用，加大了设备的振动或发生共振，反而降低了整个设备支架系统的抗震性能等。

上述附属于建筑的电梯、照明和应急电源系统、烟火监测和消防系统、供暖和空气调节系统、通信系统、公用天线等与建筑主体结构的连接构件和部件的抗震措施，应根据设防烈度、建筑使用功能、房屋高度、结构类型和变形特征、附属设备所处的位置和运转要求等，按相关专门标准的要求经综合分析后确定。在建筑工程的抗震设计中，上述机电设备支架的基本抗震要求有以下6个方面。

(1) 下列附属机电设备的支架可不考虑抗震设防要求：①重力不超过1.8kN的设备；②内径小于25mm的燃气管道和内径小于60mm的电气配管；③矩形截面面积小于$0.38m^2$和圆形直径小于0.70m的风管；④吊杆计算长度不超过300mm的吊杆悬挂管道。

(2) 建筑附属机电设备不应设置在可能导致其使用功能发生障碍等二次灾害的部位；对于有隔震装置的设备，应注意其强烈振动对连接件的影响，并防止设备和建筑结构发生谐振现象。

建筑附属机电设备的支架应具有足够的刚度和强度；其与建筑结构应有可靠的连接和锚固，应使设备在遭遇设防烈度地震影响后能迅速恢复运转。

(3) 地震时各种管道的破坏，主要是其支架之间或支架与设备相对位移造成接头破坏。管道、电缆、通风管和设备的洞口设置，应减少对主要承重结构构件的削弱；洞口边缘应有补强措施。

为了合理设计各种支架、支座及其连接，一方面可采取增加管道接头变形能力的措施（例如柔性接头等），另一方面也可以采取能允许管道和设备与结构体系之间有一定的相对变位的措施（例如浮放支座或可滑移支座等）。

（4）建筑附属机电设备的基座或连接件应能将设备承受的地震作用全部传递到建筑结构上。在建筑结构中，用以固定建筑附属机电设备预埋件、锚固件的部位，应采取加强措施，以承受机电设备传给主体结构的地震作用。

（5）建筑内的高位水箱应与所在的主体结构构件可靠连接，且应计及水箱及所含水重对建筑结构产生的地震作用效应。

（6）在设防烈度地震下需要连续工作的附属设备，包括烟火检测和消防系统，其支架应能保证在设防烈度地震时正常工作，其重量较大的设备宜设置在建筑结构地震反应较小的部位；相关部位的结构构件应采取相应的加强措施。

上述 6 条是对设备支架的基本抗震要求，当设备支架采用不同的结构材料和构件时（例如钢构件、混凝土构件和砌体构件），尚应满足这些结构材料和构件的抗震构造措施和抗震验算要求，在设计时可参考相关的章节。

## 9.5 考虑附属设备与结构共同工作的简化抗震分析方法

在对建筑附属设备进行抗震计算中，当设备（含支架）体系的自振周期大于 0.1s 且其重力超过所在楼层重力的 1%，或建筑附属设备的重力超过所在楼层重力的 10% 时，宜采用楼面反应谱法。楼面反应谱方法要用专门的计算软件，而目前国内外可应用于工程设计的这种程序还很少。因此，本节介绍一种简化分析方法，这种简化方法可以利用目前通用的结构分析程序或结构设计软件进行，对工程设计很方便。

### 9.5.1 计算设备地震反应的时程分析法

对于一个多层建筑结构，当某层上安装有建筑附属设备时，在地震动作用下，楼层与设备互相影响，它们的地震反应可以用图 9-1 所示的计算模型来进行计算分析。设有一个四层框架结构，在一层楼面与三层楼面上安装有设备，如图 9-1（a）所示。当进行地震反应分析时，可按图 9-1（b）所示的模型进行计算。这是一个简化为 6 自由度的结构，根据质量和刚度分布，可以建立起体系的运动方程进行地震反应分析，从而得到作用在设备上的地震作用、设备的位移反应、加速度反应等。进行这样的计算可以利用目前比较成熟的结构分析程序和结构设计程序，输入的地震地面运动加速度可以按《标准》对

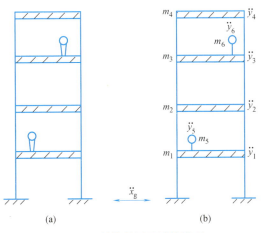

图 9-1 结构简图及计算模型
（a）结构简图；（b）计算模型
$m_1 \sim m_4$ 为楼层质量；$m_5$，$m_6$ 为设备质量；
$\ddot{y}_1 \sim \ddot{y}_6$ 为绝对加速度反应；$\ddot{x}_g$ 为地面运动加速度

一般建筑结构的要求选择，不需要进行大量的楼面反应谱的计算，对于设计人员来说，还是可以实现的。当楼面上的单体设备较多、位置变化较大时（例如多层工业厂房中的工艺设备），进行这样的计算可能工作量会较大，因此，下节还将介绍更实用的抗震计算方法。

### 9.5.2 楼面设备地震反应的实用计算方法

为了使楼面设备的抗震计算方法便于应用，本章提出了将楼面的反应加速度作为对该层楼面上设备体系的等效加速度输入的概念，即对于图 9-2（a）所示的体系，先简化为图 9-2（b）所示的计算模型，将各层设备的质量加到相应楼层进行计算分析，然后将计算分析得到的 $\ddot{y}'_1$ 作为对一层楼面设备 $m_5$ 的等效输入、将 $\ddot{y}'_3$ 作为对三层楼面设备 $m_6$ 的等效输入，见图 9-2（c），并根据这些等效加速度输入的大小，按《标准》的反应谱曲线和方法确定楼面设备的地震作用。提出这种简化计算方法主要是基于以下的分析：①楼面设备的重力与整个楼面的重力相比非常小，一般为 1/500～1/10，因此，设备对楼面的反馈作用很小；②楼面设备及支架体系的自振频率一般都比较高，与建筑物的自振频率相差较大，因此，与建筑物及楼面发生共振的可能性很小；③在按反应谱曲线确定地震作用力时，在同一种场地的情况下，最大绝对加速度是最主要的控制参数，取楼面最大绝对加速度反应来计算楼面设备的地震作用力可以直接套用《标准》的反应谱，从而与建筑结构的抗震计算方法相协调。

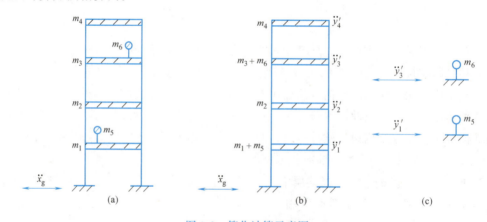

图 9-2 简化计算示意图
（a）结构简图；（b）计算模型；（c）等效输入

## 9.6 抗震设计例题

【例 9-1】某高层建筑，为钢筋混凝土框架-剪力墙结构。由于建筑立面造型的需要，在顶部一个立面部位有一个附属的两层高的装饰框架，装饰框架与主体结构整浇，但附属装饰框架的构件尺寸、刚度和质量与主体结构相比非常小，且装饰框架只承受自身重力及由此产生的地震作用，因此，可以按建筑非结构进行抗震设计。该高层建筑为丙类建筑，位于 8 度区（0.2g），Ⅲ类场地土。附属装饰框架重力为 120kN，自振频率为 15Hz，主体结构的自振频率为 0.5Hz，装饰框架与主体结构产生共振的可能性较小。

【解】根据本章介绍的抗震计算要点，可按公式（9-1）计算出作用在此装饰框架重心处的水平地震作用标准值 $F$。按表 9-1，本装饰框架可按非承重围护墙对待，功能系数 $\gamma=1$，类别系数 $\eta=0.9$，状态系数 $\zeta_1=2$，位置系数 $\zeta_2=2$。Ⅲ类场地土，8 度区（0.2g），查表得 $\alpha_{\max}=0.215$。因此：

$$F=\gamma\eta\zeta_1\zeta_2\alpha_{\max}G=1\times0.9\times2\times2\times0.215\times120=92.88\text{kN}$$

求出水平地震作用标准值 92.88kN 后，作用在此两层装饰框架的重心处，按一般的水平力作用验算框架的内力与变形，以及进行框架各构件的截面设计，设计时尚要考虑与其他荷载效应的组合以及构件承载力抗震调整系数。

另外，根据《标准》中关于"支承非结构构件的结构构件，应将非结构构件的地震作用效应作为附加作用对待，并满足连接件的锚固要求"这一规定，此装饰框架的地震作用标准值 $F=92.88$kN 应作用在主体结构的顶部，与其他荷载作用（含地震作用）一起，进行主体结构的抗震分析和设计。关于连接件的锚固要求，由于此装饰框架与主体结构整浇，当装饰框架柱的强度和变形满足要求时，可以认为其与主体结构的连接也满足要求。

**【例 9-2】** 某五层钢筋混凝土框架结构房屋，屋顶上安装有一台冷却塔，冷却塔本体与主体结构用钢支腿连接。该五层房屋为丙类建筑，位于 7 度区（0.1g）Ⅳ类场地土。塔及支腿总重力为 210kN，支腿长度为 200mm，刚度较大，冷却塔与支腿组成的体系的自振频率为 20Hz，主体结构的自振频率为 2Hz，屋面层的重力荷载为 14 400kN，其余各层的重力荷载为 15 000kN。

**【解】** 根据本章介绍的抗震计算要点，本建筑附属设备（冷却塔及支腿）体系的自振周期为 0.05s，小于 0.1s，以及设备及支架的重力为设备所在楼层重力的 1.46%，未超过 10%，因此可以按等效侧力法计算水平地震作用标准值 $F$。按表 9-2，功能系数 $\gamma=1$，类别系数 $\eta=1.2$，状态系数 $\zeta_1=2$，位置系数 $\zeta_2=2$。Ⅳ类场地土，7 度区（0.1g），查表得 $\alpha_{\max}=0.1025$。因此：

$$F=\gamma\eta\zeta_1\zeta_2\alpha_{\max}G=1\times1.2\times2\times2\times0.1025\times210=103.32\text{kN}$$

求出水平地震作用标准值 $F=103.32$kN 后，作用在由冷却塔与支腿组成的体系的重心处，按一般的水平力作用验算冷却塔支腿的内力和变形，这项工作一般应由设备工程师完成，但结构工程师也可以按普通钢构件进行支腿设计，设计时要考虑与其他荷载效应的组合以及支腿构件承载力抗震调整系数。

另外，根据《标准》中的有关规定，此冷却塔及支腿体系的地震作用标准值 $F=103.32$kN 应作用在主体结构的顶部（冷却塔所在的楼面），与其他荷载作用一起，进行主体结构的抗震分析和设计。

冷却塔支腿与冷却塔本体的连接、冷却塔支腿与建筑主体结构的连接件的设计可按普通钢结构构件进行设计，在主体混凝土结构上预埋件的锚固，可按普通混凝土结构构件中锚固件的要求进行设计。

**【例 9-3】** 下面所列构件，除（　　）外均为非结构构件。
（A）女儿墙、雨篷　　　　　　　　（B）贴面、装饰柱、顶棚
（C）围护墙、隔墙　　　　　　　　（D）砌体结构中的承重墙、构造柱

**【解】** 根据《标准》可知，女儿墙、雨篷、围护墙、隔墙、贴面、装饰柱、顶棚等为非结构构件。承重墙和构造柱属于结构构件。答案为（D）。

**【例 9-4】** 下列（　　）不属于建筑非结构构件。

（A）女儿墙、雨篷等附属结构构件　　（B）贴面、吊顶等装饰构件
（C）建筑附属机电设备支架　　　　　（D）维护墙和隔墙

【解】 根据《标准》，非结构构件包括建筑非结构构件和建筑附属机电设备。答案为（A）。

【例9-5】 某地区抗震设防烈度为7度，下列（　　）非结构构件可不需要进行抗震验算。

（A）玻璃幕墙及幕墙的连接

（B）悬挂重物的支座及其连接

（C）电梯提升设备的锚固件

（D）建筑附属设备自重超过1.8kN或其体系自振周期大于0.1s的设备支架、基座及其锚固

【解】 根据《标准》，(A)、(C)、(D)三项应进行抗震设计。答案为（B）。

## 思考题与习题

1. 非结构构件包括哪两大类？
2. 非结构构件抗震设防目标包括哪些？
3. 简述等效侧力法计算的条件及方法。
4. 非承重砌体墙抗震构造要求有哪些？
5. 附属于建筑主体结构上的机电设备和设施与结构体系的连接构件和部件，在地震时造成破坏的主要原因有哪些？
6. 建筑附属机电设备支架的基本抗震措施包括哪些？
7. 附属机电设备的支架可不考虑抗震设防要求有哪些？

# 附录A

# 建筑结构抗震设计——小设计

## A.1 设计任务

根据框架结构的已知条件，按地震作用下变形验算要求确定柱尺寸。

## A.2 设计要求

1）完成横向框架侧移刚度的计算。
2）完成横向水平作用下框架结构侧移计算。
（1）完成横向框架自振周期计算；
（2）完成横向地震作用计算及楼层地震剪力计算；
（3）完成水平地震作用下框架位移计算。
3）完成横向水平作用下框架结构侧移验算。
4）结构体系如采用装配整体式混凝土框架结构，抗震设计时，其内力如何考虑？简述装配式混凝土结构优缺点和特点。请扫描二维码 A-1 观看。

二维码 A-1

## A.3 设计条件

江苏盐城某实验楼为现浇钢筋混凝土框架。抗震设防烈度为 7 度，设计基本加速度为 0.1g，设计地震分组为第二组，建筑场地类别Ⅲ类。混凝土强度等级梁柱均为 C30。主筋和箍筋采用 HRB400。框架平面尺寸如图 A-1，剖面尺寸如图 A-2，各层重力荷载代表值如图 A-3 所示。按地震作用下变形验算要求确定柱尺寸（考虑非结构墙体影响，周期折减系数取 $\psi_T = 0.70$）。

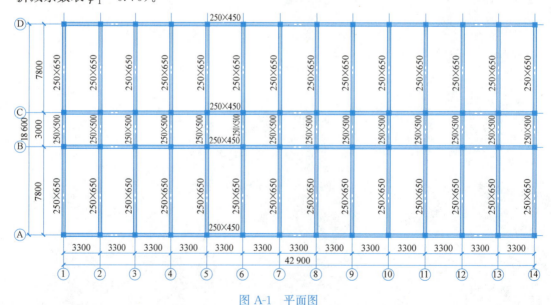

图 A-1 平面图
一楼柱：450×450；二楼柱：400×450

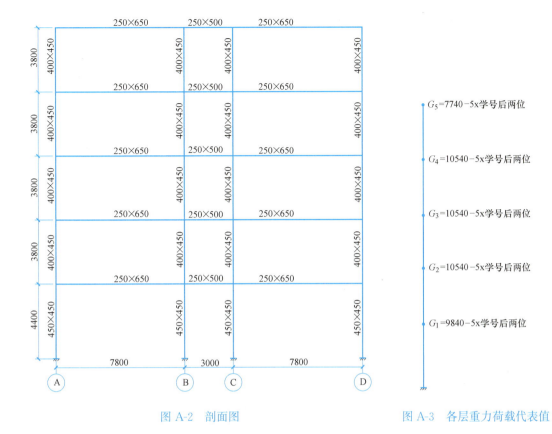

图 A-2 剖面图　　　　图 A-3 各层重力荷载代表值

## A.4 设计内容

### A.4.1 横向框架侧移刚度的计算 $D=\alpha_c \dfrac{12i_c}{h_c^2}$

框架结构内力计算中,由于楼板作为框架梁的翼缘参与工作,使得梁的刚度有所提高,通常采用简化方法进行处理。根据翼缘参与工作的程度,现计算矩形截面梁的惯性矩再乘以不同的增大系数,中间框架梁乘以系数 2,而边框架梁乘以系数 1.5。梁截面惯性矩取值见表 A-1,表中 $I_0$ 为梁矩形部分的截面惯性矩。梁线刚度计算详见表 A-1。柱线刚度计算详见表 A-2。采用 D 值法计算框架柱的侧移刚度。

梁线刚度 $i_b$ 计算表　　　　表 A-1

| 层次 | 类别 | $E_c$ (N/mm²) | $b \times h$ (mm×mm) | $I_0 = bh^3/12$ (mm⁴) | $l$ (mm) | $E_c I_0/l$ (N·mm) | $1.5 E_c I_0/l$ (N·mm) | $2 E_c I_0/l$ (N·mm) |
|---|---|---|---|---|---|---|---|---|
| 1~5 | AB | $3\times10^4$ | 250×650 | $5.721\times10^9$ | 7800 | $2.201\times10^{10}$ | $3.301\times10^{10}$ | $4.402\times10^{10}$ |
|  | BC | $3\times10^4$ | 250×500 | $2.604\times10^9$ | 3000 | $2.604\times10^{10}$ | $3.906\times10^{10}$ | $5.208\times10^{10}$ |
|  | 纵梁 | $3\times10^4$ | 250×450 | $1.898\times10^9$ | 3300 | $1.726\times10^{10}$ | $2.589\times10^{10}$ | $3.452\times10^{10}$ |

柱线刚度 $i_c$ 计算表    表 A-2

| 层次 | $h_c$ (mm) | $E_c$ (N/mm²) | $b \times h$ (mm×mm) | $I_c = bh^3/12$ (mm⁴) | $i_c = E_c I_c / h_c$ (N·mm) |
|---|---|---|---|---|---|
| 2～5 | 3800 | $3 \times 10^4$ | 400×450 | $3.038 \times 10^9$ | $2.398 \times 10^{10}$ |
| 1 | 4400 | $3 \times 10^4$ | 450×450 | $3.417 \times 10^9$ | $2.330 \times 10^{10}$ |

1. 边框架 $\alpha_c$（一般层）

边柱，详见图 A-4。

$$k = \frac{i_1 + i_2 + i_3 + i_4}{2i_c} = \frac{2 \times 3.301}{2 \times 2.398} = 1.38$$

$$\alpha_c = \frac{k}{2+k} = \frac{1.38}{2+1.38} = 0.41$$

中柱，详见图 A-5。

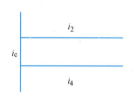
图 A-4 一般层边柱框架 $\alpha_c$ 示意图

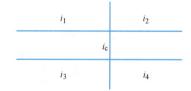
图 A-5 一般层中柱框架 $\alpha_c$ 示意图

$$k = \frac{i_1 + i_2 + i_3 + i_4}{2i_c} = \frac{2 \times (3.301 + 3.906)}{2 \times 2.398} = 3$$

$$\alpha_c = \frac{k}{2+k} = \frac{3}{2+3} = 0.6$$

2. 边框架 $\alpha_c$（底层）

边柱，详见图 A-6。

$$k = \frac{i_1 + i_2}{i_c} = \frac{3.301}{2.33} = 1.42$$

$$\alpha_c = \frac{0.5+k}{2+k} = \frac{0.5+1.42}{2+1.42} = 0.56$$

中柱，详见图 A-7。

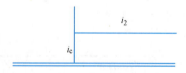
图 A-6 底层边柱框架 $\alpha_c$ 示意图

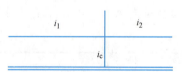
图 A-7 底层中柱框架 $\alpha_c$ 示意图

$$k = \frac{i_1 + i_2}{i_c} = \frac{3.301 + 3.906}{2.33} = 3.09$$

$$\alpha_c = \frac{0.5+k}{2+k} = \frac{0.5+3.09}{2+3.09} = 0.71$$

3. 中框架 $\alpha_c$（一般层）

边柱详见图 A-4，$k=\dfrac{i_1+i_2+i_3+i_4}{2i_c}=\dfrac{2\times 4.402}{2\times 2.398}=1.84$，$\alpha_c=\dfrac{k}{2+k}=\dfrac{1.84}{2+1.84}=0.48$。

中柱详见图 A-5，$k=\dfrac{i_1+i_2+i_3+i_4}{2i_c}=\dfrac{2\times(4.402+5.208)}{2\times 2.398}=4$，$\alpha_c=\dfrac{k}{2+k}=\dfrac{4}{2+4}=0.67$。

4. 中框架 $\alpha_c$（底层）

边柱详见图 A-6，$k=\dfrac{i_1+i_2}{i_c}=\dfrac{i_2}{2.33}=\dfrac{4.402}{2.33}=1.89$，$\alpha_c=\dfrac{0.5+k}{2+k}=\dfrac{0.5+1.89}{2+1.89}=0.61$。

中柱详见图 A-7，$k=\dfrac{i_1+i_2}{i_c}=\dfrac{4.402+5.208}{2.33}=4.12$，$\alpha_c=\dfrac{0.5+k}{2+k}=\dfrac{0.5+4.12}{2+4.12}=0.75$。

柱侧移刚度，柱抗侧移刚度计算详见表 A-3。

$$D=\alpha_c\dfrac{12i_c}{h_c^2}。$$

$$D_{2\sim 5}=\alpha_c\cdot\dfrac{12\times 2.398\times 10^{10}}{3800^2}=\alpha_c\cdot 1.9928\times 10^4\,\text{N/mm}。$$

$$D_1=\alpha_c\cdot\dfrac{12\times 2.33\times 10^{10}}{4400^2}=\alpha_c\cdot 1.4442\times 10^4\,\text{N/mm}。$$

**柱抗侧移刚度计算表** 表 A-3

| 层次 | 柱别<br>柱 $Z_A$、$Z_D$、$Z_C$、$Z_B$ | 边框架（1 轴和 14 轴） | | 中框架（2 轴～13 轴） | | 所有框架 |
|---|---|---|---|---|---|---|
| | | $A$ 轴及 $D$ 轴 | $B$ 轴及 $C$ 轴 | $A$ 轴及 $D$ 轴 | $B$ 轴及 $C$ 轴 | $A$ 轴及 $D$ 轴<br>$B$ 轴及 $C$ 轴 |
| 刚度 | 单柱线刚度<br>$i_c$<br>(N·mm) | 柱侧移刚度<br>$\dfrac{12\alpha_c i_c}{h^2}$<br>(N/mm) | 柱侧移刚度<br>$\dfrac{12\alpha_c i_c}{h^2}$<br>(N/mm) | 柱侧移刚度<br>$\dfrac{12\alpha_c i_c}{h^2}$<br>(N/mm) | 柱侧移刚度<br>$\dfrac{12\alpha_c i_c}{h^2}$<br>(N/mm) | 每层总侧移刚度<br>$\Sigma D_i$<br>(N/mm) |
| 5 | $2.398\times 10^{10}$ | $0.41\times 1.9928\times 10^4=8170$ | $0.6\times 1.9928\times 10^4=11\,957$ | $0.48\times 1.9928\times 10^4=9565$ | $0.67\times 1.9928\times 10^4=13\,352$ | $8170\times 4+11\,957\times 4+9565\times 24+13\,352\times 24=630\,516$ |
| 4 | $2.398\times 10^{10}$ | 8170 | 11 957 | 9565 | 13 352 | 630 516 |
| 3 | $2.398\times 10^{10}$ | 8170 | 11 957 | 9565 | 13 352 | 630 516 |
| 2 | $2.398\times 10^{10}$ | 8170 | 11 957 | 9565 | 13 352 | 630 516 |
| 1 | $2.33\times 10^{10}$ | $0.56\times 1.4442\times 10^4=8087$ | $0.71\times 1.4442\times 10^4=10\,254$ | $0.61\times 1.4442\times 10^4=8810$ | $0.75\times 1.4442\times 10^4=10\,832$ | $8087\times 4+10\,254\times 4+8810\times 24+10\,832\times 24=544\,772$ |

#### A.4.2 横向水平作用下框架结构侧移计算

1. 横向框架自振周期计算

按顶点位移法计算框架的自振周期，顶点位移法是求结构基频的一种近似方法，将结构按质量分布情况简化为无限质量悬臂杆件，导出以直杆顶点位移便是基频公式。按式 $T_1=1.7\psi_T\sqrt{u_T}$ 计算框架自振周期 $T_1$，考虑非结构填充墙影响，周期折减系数取 $\psi_T=0.70$。此时横向框架顶点位移 $u_T$ 详见表 A-4。

层间弹性位移根据公式 $\Delta u_T = \dfrac{V_{Ti}}{\sum\limits_{j=1}^{n} D_j}$ 求得。

$$T_1 = 1.7\psi_T\sqrt{u_T} = 1.7 \times 0.7 \times \sqrt{0.238} = 0.58\text{s}$$

**横向框架顶点位移 $u_T$**　　　　　　　　　　　　　　　　　　　　　　　表 A-4

| 层次 | $G_i$ (kN) | $V_T = \sum\limits_{j=k}^{n} G_k$ (kN) | $\sum D_i$ (N/mm) | 层间弹性位移 $\Delta u_T$ (mm) | 顶点位移值 $u_T$ (m) |
|---|---|---|---|---|---|
| 5 | 7740 | 7740 | 630 516 | 7 740 000/630 516=12 | 0.238 |
| 4 | 10 540 | 18 280 | 630 516 | 29 | 0.226 |
| 3 | 10 540 | 28 820 | 630 516 | 46 | 0.197 |
| 2 | 10 540 | 38 360 | 630 516 | 61 | 0.151 |
| 1 | 9840 | 49 200 | 544 772 | 90 | 0.09 |

2. 横向地震作用计算及楼层地震剪力计算

建筑场地类别Ⅲ类，地震分组第二组，结构的特征周期 $T_g = 0.55\text{s}$。设防烈度 7 度，多遇地震时，查表 4-3 得到水平地震影响系数最大值 $\alpha_{\max} = 0.1075$。

本工程建筑物高度不超过 40m，质量和刚度沿高度变化均匀，变形以剪切变形为主，故采用底部剪力法计算水平地震作用，结构总水平地震作用标准值按公式 $F_{Ek} = \alpha_1 G_{eq}$，$G_{eq} = 0.85\sum\limits_{i=1}^{n} G_i = 0.85 \times 49\,200\text{kN} = 41\,820\text{kN}$。

因为 $T_g < T_1 = 0.58 < 5T_g$，$\alpha_1 = \left(\dfrac{T_g}{T}\right)^\gamma \eta_2 \alpha_{\max} = \left(\dfrac{0.55}{0.58}\right)^{0.9} \times 1 \times 0.1075 = 0.102$。

$$F_{Ek} = \alpha_1 G_{eq} = 0.102 \times 0.85 \times 49\,200 = 4266\text{kN}$$

因为 $1.4T_g = 1.4 \times 0.55\text{s} = 0.77\text{s} > T_1 = 0.58\text{s}$，所以不考虑顶部附加地震作用，$\delta_n = 0$。楼层横向地震作用 $F_i$ 及楼层地震剪力 $V_i$ 详见表 A-5。

**各层横向地震作用及楼层地震剪力**　　　　　　　　　　　　　　　表 A-5

| 层数 | $h_i$ (m) | $H_i$ (m) | $G_i$ (kN) | $G_i H_i$ (kN·m) | $\dfrac{G_i H_i}{\sum\limits_{k=1}^{n} G_k H_k}$ | $F_i$ (kN) | $V_i$ (kN) |
|---|---|---|---|---|---|---|---|
| 5 | 3.8 | 19.6 | 7740 | 151 704 | 0.264 | 1127 | 1127 |
| 4 | 3.8 | 15.8 | 10 540 | 166 532 | 0.290 | 1237 | 2364 |
| 3 | 3.8 | 12 | 10 540 | 126 480 | 0.220 | 939 | 3303 |
| 2 | 3.8 | 8.2 | 10 540 | 86 428 | 0.150 | 642 | 3945 |
| 1 | 4.4 | 4.4 | 9840 | 43 296 | 0.075 | 322 | 4266 |
| $\sum\limits_{j=1}^{n}$ | 19.6 | — | 49200 | 574 440 | 1 | 4266 | — |

根据 $F_i = \dfrac{G_i H_i}{\sum\limits_{k=1}^{n} G_k H_k} F_{Ek}(1-\delta_n)$，求 $F_i$。

基本周期小于3.5s，结构设防烈度为7度时，楼层最小地震剪力系数0.016。各层剪力验算详见表A-6。很明显，从表A-6知，各层地震剪力均大于楼层最小地震剪力。

**各层剪力验算表**　　　　　　　　　　　　　　　　　　　　　表 A-6

| 层次 | $G_i$ (kN) | $\sum\limits_{j=k}^{n} G_k$ (kN) | $\lambda \sum\limits_{j=k}^{n} G_k$ (kN) | $V_i$ (kN) | 比较 |
|---|---|---|---|---|---|
| 5 | 7740 | 7740 | 0.016×7740=124 | 1127 | 1127＞124 |
| 4 | 10 540 | 18 280 | 292 | 2364 | 2364＞292 |
| 3 | 10 540 | 28 820 | 461 | 3303 | 3303＞461 |
| 2 | 10 540 | 38 360 | 614 | 3945 | 3945＞614 |
| 1 | 9 840 | 49 200 | 787 | 4266 | 4266＞787 |

各质点水平地震作用及楼层地震剪力沿屋高分布图见图 A-8。地震剪力沿房屋高度分布图见图 A-9。

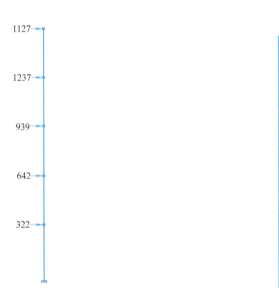

图 A-8　各质点地震作用
　　　分布图（单位：kN）

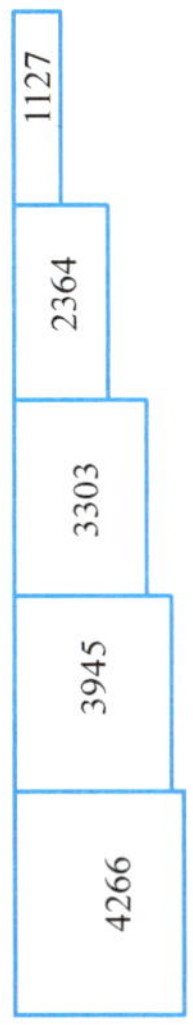

图 A-9　地震剪力沿高度
　　　分布图（单位：kN）

3. 水平地震作用下框架位移计算

水平地震作用下框架结构的层间位移 $\Delta u_{ei}$ 和顶点位移 $u_{ei}$ 分别按公式 $\Delta u_{ei} = V_i / \sum\limits_{j=1}^{n} D_j$ 和 $u_{ei} = \sum\limits_{j=1}^{i} \Delta u_j$ 计算，计算过程如表 A-7 所示，表中 $\theta_e$ 为各层的层间弹性位移角 $\theta_e = \dfrac{\Delta u_{ei}}{h_i}$。

横向水平地震作用下的位移计算  表 A-7

| 层次 | $V_i$ (N) | $\sum_{j=1}^{n} D_j$ (N/mm) | $\Delta u_{ei}=V_i/\sum_{j=1}^{n}D_j$ (mm) | $u_{ei}=\sum_{j=1}^{i}\Delta u_j$ (mm) | $h_i$ (mm) | $\dfrac{\Delta u_{ei}}{h_i}$ |
|---|---|---|---|---|---|---|
| 5 | 1 127 000 | 630 516 | 1 127 000/630 516＝1.79 | 24.87 | 3800 | 1/2126 |
| 4 | 2 364 000 | 630 516 | 3.75 | 23.08 | 3800 | 1/1014 |
| 3 | 3 303 000 | 630 516 | 5.24 | 19.33 | 3800 | 1/725 |
| 2 | 3 945 000 | 630 516 | 6.26 | 14.09 | 3800 | 1/607 |
| 1 | 4 266 000 | 544 772 | 7.83 | 7.83 | 4400 | 1/562 |

### A.4.3 横向水平作用下框架结构侧移验算

由 A-7 表中可知最大层间位移角发生在第一层，其值为 $\dfrac{1}{562} \leqslant \dfrac{1}{550}$，满足式中 $\dfrac{\Delta u_{ei}}{h_i} \leqslant \dfrac{1}{550}$，顶点最大位移角 $\dfrac{24.87}{19\ 600}=\dfrac{1}{788} \leqslant \dfrac{1}{550}$。说明小震作用下弹性位移满足要求，达到小震不坏抗震设计目标。采用底层柱尺寸 450mm×450mm，二～五层柱 400mm×450mm 满足抗震作用下位移要求。

# 附录B

## 部分思考题与习题答案

## 第1章 思考题与习题答案

7. C；8. A；9. A；10. C；11. D；12. D；13. A。

## 第2章 思考题与习题答案

4. C；5. C；6. B、C；7. B；8. B；9. B；10. B；11. C；12. B；13. B；14. A；15. C；16. B；17. A、C；18. D；19. A、B、C；20. D；21. C；22. A；23. A；24. A；25. C。

9. 解：根据《标准》的规定解答。

(1) 覆盖层厚度为8m，$d_{0v}=8$m。

(2) 计算深度取20m与8m的较小值，即$d_0=8$m。

(3) 等效剪切波速$v_{se}$：

$$v_{se}=\frac{d_0}{t}=\frac{d_0}{\sum_{i=1}^{n}\frac{d_i}{v_{si}}}=\frac{8}{\frac{6}{130}+\frac{2}{150}}\text{m/s}=134\text{m/s}$$

(4) 场地类别为Ⅱ类。

10. 解：根据《标准》的规定解答。

(1) 覆盖层厚度$d_{0v}$为22m（$v_s>500$m/s土层顶面）。

(2) 计算深度取20m与覆盖层厚度的较小值，$d_0=20$m。

(3) 等效剪切波速$v_{se}$：

$$v_{se}=\frac{d_0}{t}=\frac{d_0}{\sum_{i=1}^{n}\frac{d_i}{v_{si}}}=\frac{20}{\frac{12}{130}+\frac{8}{260}}\text{m/s}=162.5\text{m/s}$$

(4) 场地类别为Ⅱ类。

12. 解：根据《标准》规定解答。

(1) 场地覆盖层厚度

①层与②层波速比为400/120=3.33>2.5，但界面埋深为2m且④层$v_s=350$m/s<400m/s，2m不能定为覆盖层厚度；应以强风化粉砂质泥岩顶面为覆盖层界面，但应扣除玄武岩层厚度，因此，覆盖层厚度应取为40−1=39m。

(2) 场地等效剪切波速

因覆盖层厚度为39m，大于20m，取计算深度$d_0=20$m。计算深度范围内各土层厚度：$d_1=2$m，$d_2=18$m。计算等效剪切波$v_{se}$：

$$v_{se}=\frac{d_0}{t}=\frac{d_0}{\sum_{i=1}^{n}\frac{d_i}{v_{si}}}=\frac{20}{\frac{2}{120}+\frac{18}{400}}\text{m/s}=324.3\text{m/s}$$

(3) 场地类别

查表2-3，应划分为Ⅱ类，选（B）。

13. 解：根据《标准》规定解答。

(1) 场地覆盖层厚度$d_0$

$v_s>500$m/s的土层顶面埋深为32m；

$$v_{se} = \frac{v_{s5}}{v_{s4}} = \frac{420}{160} = 2.625 > 2.5$$ 且 $v_{s3} = 600\text{m/s} > 400\text{m/s}$，到第五层顶面厚度为 27m；

$v_{s3} = 600\text{m/s} > 500\text{m/s}$，该层玄武岩应从覆盖层厚度中扣除；

取 $d_{0v} = 27\text{m} - 2\text{m} = 25\text{m}$。

(2) 等效剪切波速 $v_{se}$

计算深度 $d_0 = 20\text{m}$，但玄武岩硬夹层不应计入，所以：

$$v_{se} = \frac{d_0}{t} = \frac{d_0}{\sum_{i=1}^{n}\frac{d_i}{v_{si}}} = \frac{20-2}{\frac{3}{150}+\frac{15}{350}}\text{m/s} = 286.4\text{m/s}$$

(3) 场地类别

$v_{se} = 286.4\text{m/s}$，$d_{0v} = 25\text{m}$；查表 2-3，场地类别为 II 类场地，选 (B)。

27. 解：场地覆盖层厚度为 20.7m > 20m，故取场地计算深度 $d_0 = 20\text{m}$。本例在计算深度范围内有 4 层土，根据杂填土静承载力特征值 $f_{ak} = 130\text{kN/m}^2$，由表 2-2 取其剪切波速值 $v_s = 150\text{m/s}$；根据粉质黏土、黏土静承载力特征值分别为 $140\text{kN/m}^2$ 和 $160\text{kN/m}^2$，以及中密的细砂，由表 2-2 查得，其剪切波速值范围均在 150~250m/s 之间，现取其平均值 $v_s = 200\text{m/s}$。

将上列数值代入《标准》公式得：

$$v_{se} = \frac{d_0}{t} = \frac{d_0}{\sum_{i=1}^{n}\frac{d_i}{v_{si}}} = \frac{20}{\frac{2.2}{150}+\frac{5.8}{200}+\frac{4.5}{200}+\frac{7.5}{200}}\text{m/s} = 193\text{m/s}$$

根据表层土的等效剪切波速 $v_{se} = 193\text{m/s}$ 和覆盖层厚度 20.7m（在 3~50m 范围内）两个条件，查表 2-3 可知，该建筑场地为 II 类场地。

28. 解：

(1) 基础底面的压力值

基础自重和基础上土重标准值 $G_k = \gamma_G A d = 20 \times (3 \times 3.2) \times 2.2 = 422.4\text{kN}$。

作用于基础底部的轴向力 $F_k + G_k = 820 + 422.4 = 1242.4\text{kN}$。

作用于基础底部的弯矩值 $M_{k底} = 600 + 90 \times 2.2 = 798\text{kN·m}$。

偏心距 $e = M_k/N_k = 798/1242.4 = 0.642 > b/6 = 3\text{m}/6 = 0.5\text{m}$。

$a = 0.5b - e = 0.5 \times 3 - 0.642 = 0.858\text{m}$。

基底平均压力标准值：$p_k = \dfrac{N_{k基底}}{A} = \dfrac{1242.4}{3.0 \times 3.2} = 129.4\text{kPa}$。

基底边缘最大压力标准值：$p_{kmax} = \dfrac{2N_{k基底}}{3la} = \dfrac{1242.4}{3 \times 3.2 \times 0.858}\text{kPa} = 302\text{kPa}$。

(2) 修正后地基承载力特征值

由《建筑地基基础设计规范》GB 5007—2011 查得含水比 $\alpha_w > 0.8$ 的红黏土的取 $\eta_b = 0$，$\eta_d = 1.2$。

$$f_a = f_{ak} + \eta_d \gamma_m (d - 0.5) = 160 + 1.2 \times 18 \times (2.2 - 0.5) = 196.7\text{kPa}$$

由《标准》查出，$f_{ak} = 160\text{kPa}$ 的黏性土，地基抗震承载力调整系数 $\zeta_a = 1.3$，得到：

$$f_{aE} = \zeta_a \cdot f_a = 1.3 \times 196.7 = 255.7\text{kPa}$$

(3) 地基土抗震承载力验算

$p_k = 129.4 \text{kPa} \leqslant f_{aE} = 255.7 \text{kPa}$，满足要求。

$p_{k\max} = 302 \text{kPa} \leqslant 1.2 \times 255.7 \text{kPa} = 306.8 \text{kPa}$，满足要求。

基础底面与地基土之间零应力区的长度为：

$$b - 3a = 3 - 3 \times 0.858 = 0.426 \text{m} < 0.15b = 0.45 \text{m}$$

满足《标准》"基础底面与地基土之间零应力区面积不应超过基础底面面积的15%"的要求。

29. 解：根据《标准》的规定解答。

地震作用按水平地震影响系数最大值的10%采用，桩的竖向抗震承载力特征值比非抗震设计时提高25%，但应扣除液化土层的全部摩阻力及桩承台下2m深度范围内非液化土的桩周摩阻力。

单桩竖向极限承载力特征值为：

$$R_a = 4 \times 0.35 \times (2 \times 0 + 1 \times 20 + 10 \times 0 + 3 \times 50) + 0.35^2 \times 3500$$
$$= 1.4 \times (20 + 150) + 428.75 = 666.75 \text{kN}$$

$$R_{aE} = 1.25 \times 666.75 \text{kN} = 833.44 \text{kN}$$

30. 解：地表下-10.0m处实际标准贯入锤击数为7击，临界标准贯入锤击数10击时，根据式（2-9）知该场地为液化土层。桩承台底面上、下分别有厚度不小于1.5m、1.0m的非液化土层或非软弱土层。

桩承受全部地震作用，液化土的桩周摩阻力应乘以表2-10的折减系数$\psi$，实际标准贯入锤击数/临界标准贯入锤击数$\lambda_N = 7/10 = 0.7$。

地表下5~10m为粉土，折减系数$\psi = 1/3$；

地表下10~15m为粉土，折减系数$\psi = 2/3$。

单桩竖向极限承载力特征值为：

$$R_a = 4 \times 0.35 \times (3 \times 30 + 1/3 \times 5 \times 20 + 2/3 \times 5 \times 20 + 3 \times 50) + 0.35^2 \times 3500$$
$$= 904.75 \text{kN}$$

桩的竖向抗震承载力特征值，可比非抗震设计时提高25%，其值为：

$$R_{aE} = 1.25 \times 904.75 \text{kN} = 1131 \text{kN}$$

## 第3章 思考题与习题答案

1. B；2. B；3. C；4. B；5. A；6. C；7. D；8. A；9. C；10. D；11. A；12. C；13. A；14. B；15. C；16. D；17. A；18. D；19. B；20. B；21. A；22. C；23. A；24. B；25. D。

## 第4章 思考题与习题答案

1. C；2. C；3. B；4. A；5. A；6. A；7. A；8. C；9. D；10. A；11. C；12. B；13. C；14. B；15. A；16. C；17. C；18. B；19. B；20. C；21. A；22. C；23. B；24. A；25. B；26. A；27. C、D；28. D；29. C。

4. 解：设防烈度8度（0.3g）多遇地震动，场地类别为Ⅱ类时，地震影响系数最大值$\alpha_{\max} = 0.25$；场地类别为Ⅱ类，设计地震分组为第一组，$T_g(s) = 0.35s$；$\xi = 0.05$时，$\eta_2 = 1$，$\gamma = 0.9$。$T_g = 0.35s \leqslant T_1 = 1.2s \leqslant 5T_g = 1.75s$；地震影响系数为：

$$\alpha = \left(\frac{T_g}{T}\right)^\gamma \eta_2 \alpha_{\max} = \left(\frac{0.35}{1.2}\right)^{0.9} \times 1 \times 0.25 = 0.0825，选 A。$$

6. $M_{EK} = \sqrt{\sum_{j=1}^{3} M_{Yj}^2} = \sqrt{80^2 + 30^2 + (-20)^2}\,\text{kN}\cdot\text{m} = 87.75\,\text{kN}\cdot\text{m}$，选 A。

7. 解：设计地震分组为第一组，Ⅲ类场地，$T_g = 0.45\text{s}$。$T_g \leqslant T_1 = 1.1\text{s} \leqslant 5T_g$，建筑场地类别为Ⅲ类，抗震烈度为 8 度，多遇地震时，水平地震影响系数最大值 $\alpha_{\max} = 0.215$，其水平地震影响系数：

$$\alpha_1 = \left(\frac{T_g}{T_1}\right)^{0.9} \eta_2 \alpha_{\max} = \left(\frac{0.45}{1.1}\right)^{0.9} \times 1 \times 0.215 = 0.096;$$

$0.1\text{s} \leqslant T_2 = 0.35\text{s} \leqslant T_g$，$\alpha_2 = \alpha_{\max} = 0.215$，选 A。

8. $V_{EK} = \sqrt{\sum_{j=1}^{2} V_j^2} = \sqrt{50^2 + 8^2} = 50.6\,\text{kN}$，选 C。

9. 解：顶层柱剪力标准值 $V_{EK} = \sqrt{\sum_{j=1}^{2} V_j^2} = \sqrt{35^2 + (-8)^2}\,\text{kN} = 37\,\text{kN}$。

因为框架梁的线刚度为 $\infty$，则顶层柱反弯点在柱中央。

顶层柱顶弯矩标准值为：$V \cdot \dfrac{h}{2} = 37 \times \dfrac{4.5}{2} = 83.3\,\text{kN}\cdot\text{m}$，选 D。

10. 解：抗震设计分组为二组，Ⅲ类场地 $T_g = 0.55\text{s}$。$T_g \leqslant T_1 = 0.8\text{s} \leqslant 5T_g$，$T_g = 0.55\text{s}$。$\eta_2 = 1$，$\gamma = 0.9$。抗震设防烈度为 8 度，$0.20g$，建筑的场地类别为Ⅲ类，多遇地震时，水平地震影响系数最大值 $\alpha_{\max} = 0.215$，其水平地震影响系数：

$$\alpha_1 = \left(\frac{T_g}{T_1}\right)^{0.9} \eta_2 \alpha_{\max} = \left(\frac{0.55}{0.8}\right)^{0.9} \times 1 \times 0.215 = 0.153，选 A。$$

11. $\gamma_3 = \dfrac{\sum_{j=1}^{4} X_{3i} G_i}{\sum_{j=1}^{4} X_{3i}^2 G_i} = \dfrac{1.221 \times 1086 - 0.558 \times 1086 - 0.966 \times 1086 + 1 \times 864}{1.221^2 \times 1086 + 0.558^2 \times 1086 + 0.966^2 \times 1086 + 1^2 \times 864} = 0.14$。

12. 解：

第二振型的各层地震作用：$F_{2i} = \alpha_2 \gamma_2 X_{2i} G_i$。

第二振型的基底剪力标准值：

$V_{21} = F_{21} + F_{22} + F_{23} + F_{24}$
$= \alpha_2 \gamma_2 (X_{21} G_1 + X_{22} G_2 + X_{23} G_3 + X_{24} G_4)$
$= 0.215 \times (-0.355) \times (-0.944 \times 1086 - 0.872 \times 1086 + 0.139 \times 1086 + 1 \times 864)$
$= 73\,\text{kN}$

第二振型的基底剪力设计值：$V_{21}^{设} = \gamma_{Eh} V_{21}^k = 1.4 \times 73\,\text{kN} = 102.28\,\text{kN}$，选 B。

15. 解：$T = 1.3\text{s} > 1.4 T_g = 0.42\text{s}$，考虑顶部附加地震作用。

$T_g \leqslant 0.35$ 时，$\delta_n = 0.08 T_1 + 0.07 = 0.08 \times 1.3 + 0.07 = 0.174$，选 A。

16. 解：$I_1$ 类场地，设防烈度为 8 度，设计基本地震加速度为 $0.3g$，多遇地震时，水平地震影响系数最大值 $\alpha_{max}=0.205$。设计地震分组为第二组，$I_1$ 类场地，$T_g=0.30s$。$\xi=0.05$，$\eta_2=1$，$\gamma=0.9$。$T_g=0.30s$，$T_g \leqslant T=1.0s \leqslant 5T_g$，水平地震影响系数：

$$\alpha = \left(\frac{T_g}{T_1}\right)^{0.9} \eta_2 \alpha_{max} = \left(\frac{0.3}{1}\right)^{0.9} \times 1 \times 0.205 = 0.069$$

总水平地震作用标准值 $F_{EK}$：

$F_{Ek} = \alpha_1 G_{eq} = 0.069 \times (0.85 \times 40\,000) = 2346 kN$，选 C。

17. 解：III 类场地，设防烈度为 8 度，设计基本地震加速度为 $0.2g$，多遇地震时，水平地震影响系数最大值 $\alpha_{max}=0.215$。设计地震分组为第二组，III 类场地，$T_g=0.55s$。$\xi=0.05$，$\eta_2=1$，$\gamma=0.9$。$T_g=0.30s$，$T_g \leqslant T=0.65s \leqslant 5T_g$，水平地震影响系数：

$$\alpha = \left(\frac{T_g}{T_1}\right)^{0.9} \eta_2 \alpha_{max} = \left(\frac{0.55}{0.65}\right)^{0.9} \times 1 \times 0.215 = 0.185$$

总水平地震作用标准值 $F_{EK}$：

$F_{EK} = \alpha_1 G_{eq} = 0.185 \times 0.85 \times (7000 + 4 \times 6050 + 4750) = 5653 kN$，选 C。

18. 解：$T_1 = 0.85s > 1.4T_g = 1.4 \times 0.55s = 0.77s$，考虑顶部附加地震作用。

顶部附加地震作用系数 $\delta_n$：

$T_g$ 介于 0.35～0.55 时，$\delta_n = 0.08T_1 + 0.01 = 0.08 \times 0.85 + 0.01 = 0.078$

顶部附加地震作用：

$\Delta F_6 = \delta_n \cdot F_{Ek} = 0.078 \times 3304 = 258 kN$，选 B。

19. 解：$F_5 = \dfrac{G_5 H_5}{\sum\limits_{j=1}^{n} G_j H_j}(F_{EK} - \Delta F_n)$

$= \dfrac{6050 \times 19.4 \times (3126 - 256)}{7000 \times 5 + 6050 \times (8.6 + 12.2 + 15.8 + 19.4) + 4750 \times 23} kN$

$= 697 kN$，选 B。

20. 解：$T_1 = 1.8s < 3.5s$，7 度地震区，设计基本地震加速度为 $0.15g$，场地为 II 类时，楼层最小地震剪力系数 $\lambda = 0.024$。

计算水平地震作用下相应的底层楼层地震剪力标准值 $V_{EKl} = 500 kN$。

底层楼层最小地震剪力标准值应不小于 $V_{EKl\min} = 0.024 \times 30\,000 = 720 kN$。

$V_{EKl} < V_{EKl\min}$，所以应取 720 kN。

底层为结构薄弱层，剪力应乘以增大系数 1.15，底层楼层水平地震剪力标准值应为 $720 \times 1.15 = 828 kN$，选 C。

21. 解：8 度地震设防区，$I_1$ 类场地，设计基本地震加速度为 $0.30g$，多遇地震时，水平地震作用系数最大值按新规范得 $\alpha_{max} = 0.205$；$I_1$ 类场地，设计地震分组为第一组，场地特征周期 $T_g = 0.25s$。$\xi = 0.05$，$\eta_2 = 1$，$\gamma = 0.9$。$T_g \leqslant T = 1.24s \leqslant 5T_g$，多遇地震时，水平地震影响系数：

$$\alpha = \left(\frac{T_g}{T_1}\right)^{0.9} \eta_2 \alpha_{max} = \left(\frac{0.25}{1.24}\right)^{0.9} \times 1 \times 0.205 = 0.0485$$

$F_{Ek} = \alpha_1 G_{eq} = 0.0485 \times 0.85 \times 400\,000 = 16\,490 kN$

8 度地震设防区，$I_1$ 类场地，设计基本地震加速度为 $0.30g$，$T = 1.24s < 3.5s$，按

《标准》得楼层最小地震剪力系数值 $\lambda=0.048$。

底层最小地震剪力标准值 $V_{EK0min}=0.048\times400\ 000=19\ 200kN$，$F_{EK}=16\ 490kN<V_{EK0min}$。

结构底部总水平地震剪力标准值应取 19 200kN，选 A。

22. 解：$\lambda=V_{EK0}/\Sigma G_j=12\ 000/400\ 000=0.03$。

8 度地震设防区，$I_1$ 类场地，设计基本地震加速度为 $0.30g$，$T=1.24s<3.5s$，按《标准》得楼层最小地震剪力系数值 $\lambda=0.048$。前者 $0.03<0.048$，所以 $\lambda$ 应取 0.048，选 C。

23. 解：

顶部突出小屋第 11 楼层水平地震剪力标准值：$3\times85.3=256kN$。

第 10 楼层地震剪力标准值：

$V_{Ek10}=F_{11}+F_{10}+\Delta F_{10}=85.3+682.3+910.7=1678.3kN$，选 B。

32. 解：7 度区不考虑竖向地震作用。

(1) 计算各质点的水平地震作用

设防烈度为 7 度（$0.10g$），Ⅳ 类场地多遇地震动时 $\alpha_{max}=0.1025$。Ⅳ 类场地，地震分组第一组，多遇地震动时其特征周期值 $T_g=0.65s$。$0.1s\leq T_1=0.381s\leq T_g$，$0.1s\leq T_2=0.154s\leq T_g$，$\xi=0.05$，$\eta_2=1$，$\gamma=0.9$，根据 $\alpha$-$T$ 曲线，第一振型自振周期 $T_1$ 的地震影响系数、第二振型自振周期 $T_2$ 的地震影响系数均为 $\alpha_1=\alpha_2=\alpha_{max}$。

(2) 各振型参与系数

$$\gamma_j=\frac{\sum_{i=1}^{4}X_{ji}G_i}{\sum_{i=1}^{4}X_{ji}^2 G_i}$$

$$\gamma_1=\frac{0.232\times434+0.503\times440+0.781\times429+1\times380}{0.232^2\times434+0.503^2\times440+0.781^2\times429+1^2\times380}=1.336$$

$$\gamma_2=\frac{(-0.604)\times434+(-0.894)\times440+(-0.35)\times429+1\times380}{(-0.604)^2\times434+(-0.894)^2\times440+(-0.35)^2\times429+1^2\times380}=-0.452$$

(3) 各质点的水平地震作用 $F_{ji}$ 及其层间地震剪力

第一振型作用下：

$$F_{11}=\alpha_1 G_1\gamma_1 X_{11}=0.1025\times434\times1.336\times0.232=13.8kN$$

$$F_{12}=\alpha_1 G_2\gamma_1 X_{12}=0.1025\times440\times1.336\times0.503=30.3kN$$

$$F_{13}=\alpha_1 G_3\gamma_1 X_{13}=0.1025\times429\times1.336\times0.781=45.9kN$$

$$F_{14}=\alpha_1 G_4\gamma_1 X_{14}=0.1025\times380\times1.336\times1=52kN$$

对应层间地震剪力：

$$V_{11}=F_{11}+F_{12}+F_{13}+F_{14}=13.8+30.3+45.9+52=142kN$$

$$V_{12}=F_{12}+F_{13}+F_{14}=30.3+45.9+52=128.2kN$$

$$V_{13}=F_{13}+F_{14}=45.9+52=97.9kN$$

$$V_{14}=F_{14}=52kN$$

第二振型作用下：

$$F_{21} = \alpha_2 G_1 \gamma_2 X_{21} = 0.1025 \times 434 \times (-0.452) \times (-0.604) = 12.1 \text{kN}$$

$$F_{22} = \alpha_2 G_2 \gamma_2 X_{22} = 0.1025 \times 440 \times (-0.452) \times (-0.894) = 18.2 \text{kN}$$

$$F_{23} = \alpha_2 G_3 \gamma_2 X_{23} = 0.1025 \times 429 \times (-0.452) \times (-0.35) = 7 \text{kN}$$

$$F_{24} = \alpha_2 G_4 \gamma_2 X_{24} = 0.1025 \times 380 \times (-0.452) \times 1 = -17.6 \text{kN}$$

对应层间地震剪力：

$$V_{21} = F_{21} + F_{22} + F_{23} + F_{24} = 12.1 + 18.2 + 7 - 17.6 = 19.7 \text{kN}$$

$$V_{22} = F_{22} + F_{23} + F_{24} = 18.2 + 7 - 17.6 = 7.6 \text{kN}$$

$$V_{23} = F_{23} + F_{24} = 7 - 17.6 = -10.6 \text{kN}$$

$$V_{24} = F_{24} = -17.6 \text{kN}$$

第一振型的地震作用及地震剪力如图 B-1（a）、(b) 所示；第二振型的地震作用及地震剪力如图 B-1（c）、(d) 所示。

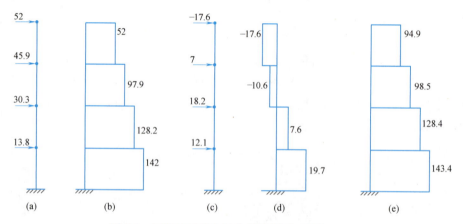

图 B-1　层间地震剪力标准值计算图（单位：kN）

（4）计算各层层间地震剪力标准值 $V_i$

第四层：$V_4 = \sqrt{\sum_{j=1}^{2} V_{j4}^2} = \sqrt{52^2 + (-17.6)^2} = 54.9 \text{kN}$。

第三层：$V_3 = \sqrt{\sum_{j=1}^{2} V_{j3}^2} = \sqrt{97.9^2 + (-10.6)^2} = 98.5 \text{kN}$。

第二层：$V_2 = \sqrt{\sum_{j=1}^{2} V_{j2}^2} = \sqrt{128.2^2 + 7.6^2} = 128.4 \text{kN}$。

第一层：$V_1 = \sqrt{\sum_{j=1}^{2} V_{j1}^2} = \sqrt{142^2 + 19.7^2} = 143.4 \text{kN}$。

各层的层间剪力标准值计算结果如图 B-1 (e) 所示。

33. 解：（1）设防烈度为 8 度（0.3g），按《标准》得最小剪力系数 0.048。

（2）按最小剪力系数求结构底部总剪力：

$$V_{\text{Ekmin}} = \lambda \sum G_j = 0.048 \times 392\,000 = 18\,816 \text{kN}$$

$V_{Ek0}=11\,760\text{kN} \leqslant V_{Ekmin}$,底部剪力按底部最小地震剪力取值,即 18 816kN。

34. 解:(1) 楼层重力荷载代表值

顶层 $G_8=5700\text{kN}$;

2~7 层 $G_{2\sim 7}=5000+0.5\times 1000=5500\text{kN}$;

底层 $G_1=6000+0.5\times 1000=6500\text{kN}$;

总重力荷载代表值 $G_E=\Sigma G_i=6500+5500\times 6+5700=45\,200\text{kN}$

(2) 计算水平地震影响系数

Ⅱ类场地,设防烈度为 7 度,设计基本地震加速度为 0.1g,多遇地震时,水平地震影响系数最大值 $\alpha_{max}=0.0825$。地基为Ⅱ类场地土,设计地震分组为第二组,$T_g=0.40\text{s}$。$\xi=0.05$,$\eta_2=1$,$\gamma=0.9$。$T_g=0.40\text{s}$,$T_g \leqslant T=0.56\text{s} \leqslant 5T_g$,多遇地震时,水平地震影响系数:

$$\alpha=\left(\frac{T_g}{T_1}\right)^{0.9}\eta_2\alpha_{max}=\left(\frac{0.4}{0.56}\right)^{0.9}\times 1\times 0.0825=0.061$$

(3) 计算结构总地震作用标准值

结构等效总重力荷载代表值为:

$$G_{eq}=0.85G_E=0.85\times 45\,200=38\,420\text{kN}$$

总地震作用标准值为:

$$F_{Ek}=\alpha_1 G_{eq}=0.061\times 38\,420=2343.6\text{kN}$$

(4) 计算各楼层的地震作用标准值

$T=0.56\text{s}=1.4T_g$,不考虑结构顶部附加地震作用,故 $\delta_n=0$。

各楼层水平地震作用,计算结果详见表 B-1。

**各楼层水平地震作用**  表 B-1

| 层数 | $H_i$ (m) | $G_i$ (kN) | $G_i H_i$ (kN·m) | $\Sigma G_i H_i$ (kN·m) | $F_i$ (kN) | $V_i$ (kN) |
|---|---|---|---|---|---|---|
| 8 | 25 | 5700 | 142 500 | 647 000 | 516.2 | 516.2 |
| 7 | 22 | 5500 | 121 000 | 647 000 | 438.3 | 954.5 |
| 6 | 19 | 5500 | 104 500 | 647 000 | 378.5 | 1333 |
| 5 | 16 | 5500 | 88 000 | 647 000 | 318.8 | 1651.8 |
| 4 | 13 | 5500 | 71 500 | 647 000 | 259.0 | 1910.8 |
| 3 | 10 | 5500 | 55 000 | 647 000 | 199.2 | 2110 |
| 2 | 7 | 5500 | 38 500 | 647 000 | 139.5 | 2249.5 |
| 1 | 4 | 6500 | 26 000 | 647 000 | 94.2 | 2343.7 |

$$F_i=\frac{G_i H_i}{\sum_{j=1}^{n} G_j H_j}F_{Ek}(1-\delta_n)$$

(5) 计算各层层间地震剪力标准值并验算层间最小地震剪力

将该楼层以上楼层地震作用累加,即得楼层地震剪力,结果列于表 B-1 及图 B-2。

自振周期 $T_1=0.56\text{s}<3.5\text{s}$,设防烈度 7 度(0.1g),按《标准》得楼层最小地震剪力系数值 $\lambda=0.016$。

$$V_8 = \sum_{i=8}^{8} F_i = 516.2 \text{kN} \geqslant \lambda \sum_{j=8}^{8} G_i = 0.016 \times 5700 = 91.2 \text{kN}$$

$$V_7 = \sum_{j=7}^{8} F_i = 516.2 + 438.3 = 954.5 \text{kN}$$

$$\geqslant \lambda \sum_{i=7}^{8} G_i = 0.016 \times (5700 + 5500) = 179.2 \text{kN}$$

$$V_6 = 1333 \text{kN} \geqslant 0.016 \times (5700 + 5500 + 5500) = 267.2 \text{kN}$$

$$V_5 = 1651.8 \text{kN} \geqslant 0.016 \times (5700 + 5500 \times 3) = 355.2 \text{kN}$$

$$V_4 = 1910.8 \text{kN} \geqslant 0.016 \times (5700 + 5500 \times 4) = 443.2 \text{kN}$$

$$V_3 = 2110 \text{kN} \geqslant 0.016 \times (5700 + 5500 \times 5) = 531.2 \text{kN}$$

$$V_2 = 2249.5 \text{kN} \geqslant 0.016 \times (5700 + 5500 \times 6) = 619.2 \text{kN}$$

$$V_1 = 2343.7 \text{kN} \geqslant 0.016 \times (5700 + 5500 \times 6 + 6500) = 723.2 \text{kN}$$

结构层间水平地震剪力均大于楼层最小地震剪力,即 $V_i = \sum_{j=i}^{n} F_j \geqslant \lambda \sum_{j=i}^{n} G_j$,满足要求。

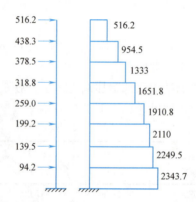

图 B-2 水平地震作用与地震剪力图（单位：kN）

35. 解：《标准》规定楼面活荷载的组合值系数取用 0.5。水平地震作用分项系数 $\gamma_{Ek} = 1.4$,柱脚 B 的基本组合弯矩设计值 $M_B = 1.3 \times (40 + 0.5 \times 30) + 1.4 \times 60 = 155.5 \text{kN} \cdot \text{m}$。

### 第 5 章 思考题与习题答案

13. B; 14. C; 15. B; 16. C; 17. C; 18. A; 19. A。

13. 解：$V_b = \eta_{vb}(M_b^l + M_b^r)/l_n + V_{Gb}$。

顺时针方向 $M_b^l + M_b^r = 210 + 360 = 570 \text{kN} \cdot \text{m}$。

逆时针方向 $M_b^l + M_b^r = 420 + 175 = 595 \text{kN} \cdot \text{m}$。

以逆时针方向的 $M_b^l + M_b^r$ 绝对值较大,$\eta_{vb} = 1.2$,$V_{Gb} = 135.2 \text{kN}$,故有：

$$V_b = \eta_{vb}(M_b^l + M_b^r)/l_n + V_{Gb} = 1.2 \times 595 \times 10^3/7 + 135.2 \times 10^3 = 237.2 \text{kN}$$

15. 解：该梁支座负筋配 8 $\Phi$ 25,其纵向钢筋的配筋率：

$$\rho = \frac{A_s}{bh_0} = \frac{8 \times 490}{300 \times (700 - 65)} \times 100\% = 2.06\% > 2\%$$

箍筋最小直径应增大 2mm，即箍筋直径不能采用Φ8，而需采用Φ10，所以，违反一条强制性条文。

18. 解：根据《标准》，一、二、三、四级框架结构的底层，柱下端截面组合的弯矩设计值，应分别乘以增大系数 1.7、1.5、1.3 和 1.2。底层柱纵向钢筋宜按上下端的不利情况配置。

19. 解：(1) 柱上、下端箍筋加密区的范围为：

$$\max(\text{截面长边}; H_n/6; 500\text{mm}) = \max\left(800; \frac{3600-600}{6}; 500\right)\text{mm} = 800\text{mm}$$

(2) $H_n/h = 3000/800 = 3.75 < 4$，为短柱，取全高加密。

20. 解：二级底层柱底截面 $\eta_{c1} = 1.5$，角柱 $\eta_{c2} = 1.1$。

$$M_c = \eta M = \eta_{c1}\eta_{c2} M = 1.5 \times 1.1 \times 280 \text{kN} \cdot \text{m} = 462 \text{kN} \cdot \text{m}$$

21. 解：一级抗震等级：

$$V_c = \max\left\{1.2\frac{(M_{cua}^t + M_{cua}^b)}{H_n}, 1.5\frac{(M_c^t + M_c^b)}{H_n}\right\}$$

$$= \max\left\{1.2 \times \frac{88.73 \times 2}{4.5}\text{kN} \cdot \text{m}, 1.5 \times \frac{(75+68)}{4.5}\text{kN} \cdot \text{m}\right\}$$

$$= \max\{47.3\text{kN} \cdot \text{m}, 47.7\text{kN} \cdot \text{m}\} = 47.7\text{kN} \cdot \text{m}$$

二级抗震等级，$\eta_{Vc} = 1.3$；

$$V_c = 1.3\frac{(M_c^t + M_c^b)}{H_n} = 1.3 \times \frac{75+68}{4.5}\text{kN} \cdot \text{m} = 41.3\text{kN} \cdot \text{m}。$$

22. 解：已知底层柱上端节点处的弯矩作用情况，如图 B-3 所示。抗震等级为二级，应满足 $\sum M_c = 1.5 \sum M_b$ 的规定。

$$\sum M_c = 708 + 708 = 1416 \text{kN} \cdot \text{m}$$

$(442+360)\text{kN} \cdot \text{m} < (388+882)\text{kN} \cdot \text{m}$

$$1.5\sum M_b = 1.5 \times (388+882) = 1905 \text{kN} \cdot \text{m}$$

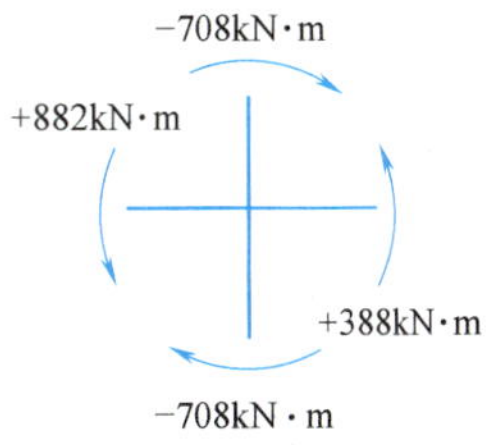

图 B-3 底层柱上端节点处的弯矩

应取 $\sum M_c$、$1.5\sum M_b$ 两者中大值 1905kN·m 来调整下柱上端弯矩设计值，有：

$$M_{cd} = 1905 \times \frac{708}{708+708}\text{kN} \cdot \text{m} = 952.5 \text{kN} \cdot \text{m}。$$

即作用于下柱上端截面的弯矩设计值为 952.5kN·m。

23. 解：

(1) 抗震等级为一级，按实配钢筋求剪力设计值 $V$

$$M_{bua} = \frac{1}{\gamma_{RE}} f_{yk} A_s^a (h_0 - a_s')$$

逆时针方向：

$$M_{bua}^l = \frac{1}{0.75} \times 400 \times (1884+314) \times (700-65-40) = 697 \text{kN} \cdot \text{m}$$

$$M_{bua}^r = \frac{1}{0.75} \times 400 \times 1256 \times (700-40-65) = 398 \text{kN} \cdot \text{m}$$

$$M_{bua}^l + M_{bua}^r = (697+398) = 1095 \text{kN} \cdot \text{m}$$

顺时针方向：

$$M_{bua}^l = \frac{1}{0.75} \times 400 \times 1256 \times (700-40-65) = 398 \text{kN} \cdot \text{m}$$

$$M_{bua}^r = \frac{1}{0.75} \times 400 \times (1884+314) \times (700-65-40) = 697 \text{kN} \cdot \text{m}$$

$$M_{bua}^l + M_{bua}^r = 398 + 697 = 1095 \text{kN} \cdot \text{m}$$

取较大者，$M_{bua}^l + M_{bua}^r = 1095 \text{kN} \cdot \text{m}$。

$$V = 1.1 \frac{M_{bua}^l + M_{bua}^r}{l_n} + V_{Gb} = 1.1 \times \frac{1095}{5.6} + 85 = 300 \text{kN}$$

（2）由 $M_b^l$、$M_b^r$ 求剪力设计值 $V$

逆时针方向：$M_b^l + M_b^r = (430+380) \text{kN} \cdot \text{m} = 810 \text{kN} \cdot \text{m}$。

顺时针方向：$M_b^l + M_b^r = 350 + 500 = 850 \text{kN} \cdot \text{m}$。

取较大者，$M_b^l + M_b^r = 850 \text{kN} \cdot \text{m}$。

$$V = \eta_{vb} \frac{M_b^l + M_b^r}{l_n} + V_{Gb} = 1.3 \times \frac{850}{5.6} + 85 = 282 \text{kN}$$

取（1）和（2）中剪力设计值较大者，$V = 300 \text{kN}$。

## 参 考 文 献

[1] 中华人民共和国住房和城乡建设部. 建筑抗震设计标准：GB/T 50011—2010（2024 年版）[S]. 北京：中国建筑工业出版社，2024.

[2] 国家质量监督检验检疫总局，国家标准化管理委员会. 中国地震动参数区划图：GB 18306—2015 [S]. 北京：中国建筑工业出版社，2016.

[3] 中华人民共和国住房和城乡建设部. 建筑结构荷载规范：GB 50009—2012 [S]. 北京：中国建筑工业出版社，2012.

[4] 中华人民共和国住房和城乡建设部. 钢结构设计标准：GB 50017—2017 [S]. 北京：中国建筑工业出版社，2018.

[5] 国家市场监督管理总局，国家标准化管理委员会. 中国地震烈度表：GB/T 17742—2020 [S]. 北京：中国标准出版社，2021.

[6] 李爱群. 工程结构抗震设计 [M]. 4 版. 北京：中国建筑工业出版社，2023.

[7] 李国强. 建筑结构抗震设计 [M]. 5 版. 北京：中国建筑工业出版社，2023.

[8] 中华人民共和国住房和城乡建设部. 工程结构通用规范：GB 55001—2021 [S]. 北京：中国建筑工业出版社，2021.

[9] 中华人民共和国住房和城乡建设部. 建筑与市政工程抗震通用规范：GB 55002—2021 [S]. 北京：中国建筑工业出版社，2021.

[10] 中华人民共和国住房和城乡建设部. 混凝土结构通用规范：GB 55008—2021 [S]. 北京：中国建筑工业出版社，2022.

[11] 中华人民共和国住房和城乡建设部. 混凝土结构设计标准：GB/T 50010—2010（2024 年版）[S]. 北京：中国建筑工业出版社，2024.

[12] 中华人民共和国住房和城乡建设部. 建筑工程抗震设防分类标准：GB 50223—2008 [S]. 北京：中国建筑工业出版社，2018.